MONOGRAFIA
A ENGENHARIA DA PRODUÇÃO ACADÊMICA

www.editorasaraiva.com.br

Manolita Correia Lima

MONOGRAFIA
A ENGENHARIA DA PRODUÇÃO ACADÊMICA

2ª edição
Revista e atualizada

ISBN 978-85-02-06326-6

Editora Saraiva

Rua Henrique Schaumann, 270
Pinheiros – São Paulo – SP – CEP: 05413-010
PABX (11) 3613-3000

SAC | 0800-0117875
De 2ª a 6ª, das 8h30 às 19h30
www.editorasaraiva.com.br/contato

Diretora editorial	Flávia Alves Bravin
Gerente editorial	Rogério Eduardo Alves
Planejamento editorial	Rita de Cássia S. Puoço
Editores	Patricia Quero
Assistente editorial	Marcela Prada Neublum
Produtores editoriais	Alline Garcia Bullara
	Amanda Maria da Silva
	Daniela Nogueira Secondo
	Deborah Mattos
	Rosana Peroni Fazolari
	William Rezende Paiva
Comunicação e produção digital	Mauricio Scervianinas de França
	Nathalia Setrini Luiz
Suporte editorial	Juliana Bojczuk
Produção gráfica	Liliane Cristina Gomes

Arte e produção	Know-how Editorial
Capa	Know-how Editorial/Juliana Modori Horie
Atualização da 6ª tiragem	ERJ Composição Editorial
Impressão e acabamento	Gráfica Paym

CIP-BRASIL. CATALOGAÇÃO NA FONTE
SINDICATO NACIONAL DOS EDITORES DE LIVROS, RJ.

L696m
2. ed.
Lima, Manolita Correia
    Manografia: a engenharia da produção acadêmica / Manolita Correia Lima. – 2. ed. rev. e atualizada – São Paulo: Saraiva, 2008.

    Apêndice
    Inclui bibliografia
    ISBN 978-85-02-06326-6

    1. Redação técnica. 2. Pesquisa – Metodologia. 3.Administração – Pesquisa – Metodologia. I. Título.

07-2589
CDD: 808.066
CDU: 001.818

Copyright © Manolita Correia Lima
2008 Editora Saraiva
Todos os direitos reservados.

2ª edição
1ª tiragem: 2008
2ª tiragem: 2009
3ª tiragem: 2010
4ª tiragem: 2014
5ª tiragem: 2014
6ª tiragem: 2015

Nenhuma parte desta publicação poderá ser reproduzida por qualquer meio ou forma sem a prévia autorização da Editora Saraiva. A violação dos direitos autorais é crime estabelecido na lei nº 9.610/98 e punido pelo artigo 184 do Código Penal.

351.306.002.006

AGRADECIMENTOS

Esta obra resulta de uma experiência docente de quase 20 anos. Ao escrevê-la, gostaríamos de contribuir com aqueles que exercitam a pesquisa como *princípio científico e educativo*[1] e, igualmente, com aqueles que se iniciam na emocionante aventura de desvendar o mundo por meio do exercício da pesquisa sistematizada.

Se nos aproximamos deste objetivo, devemos, em grande parte, aos nossos inesquecíveis professores, à leitura de autores e obras estimulantes, à contribuição de nossos colegas professores e ao aprendizado resultante do processo de orientação realizado junto aos estudantes com quem tivemos a oportunidade de trabalhar.

Nesse sentido, não poderíamos deixar de agradecer a Manuela Cruz Correia Lima, "minha" querida e eterna professora. A Yves Seghin, André Marcel d'Ans, Jean Duvignaud, Pierre Fougeyeollas, Helena Coharik Chamlian, Nílson José Machado, Sandra Maria Zákia Lian de Sousa e Belmira Oliveira Bueno, pessoas que têm contribuído em forma e graus variados para o nosso amadurecimento acadêmico e pessoal. Aos professores Marcos Amatucci, Alexandre Gracioso e Luiz Celso Piratininga pelas oportunidades de estudo e pesquisa que nos têm proporcionado e que inevitavelmente ajudam a amadurecer intelectual e profissionalmente. A Cláudio Antônio Tordino, Lilian Soares Outtes Wanderley, Pedro Lincoln Carneiro Leão Mattos e Ricardo Camargo Zagallo pelo aprendizado resultante de trocas de idéias e experiências típicas daqueles que não esqueceram que, antes de serem professores, são educadores.

Agradecemos especialmente aos estudantes, com os quais trabalhamos todos esses anos, pela crítica construtiva, amizade, estímulo, apoio e pelo permanente desafio de juntos ampliarmos as condições de aprendizagem. Certamente, sem o incentivo de todos não teríamos atribuído qualquer valor a estas páginas.

Por fim, agradecemos à direção acadêmica e administrativa da Escola Superior de Propaganda e Marketing (ESPM) pela possibilidade de continuidade dos estudos.

---

[1] Esta idéia foi construída por Pedro Demo e está particularmente organizada no livro intitulado *Pesquisa*: princípio científico e educativo. 3. ed. São Paulo: Cortez, 1992.

SOBRE A AUTORA

Manolita Correia Lima é graduada em Ciências Sociais pela Universidade Paris III, mestre em Sociologia pela Universidade Paris VII e doutora em Educação pela Universidade de São Paulo. Acumula quase vinte anos de experiência profissional como docente em programas de graduação e pós-graduação em Administração, coordenação de programas de pesquisa e direção acadêmica, em instituições localizadas no estado de São Paulo.

Além de professora, coordena o *Núcleo de Pesquisas e Publicações* e participa do Centro de Altos Estudos em Propaganda e Marketing como coordenadora de pesquisa — ambos da Escola Superior de Propaganda e Marketing. É também coordenadora da área de Ensino, Pesquisa e Formação Docente da Associação Nacional dos Cursos de Graduação em Administração (Angrad), membro do grupo de avaliadores da área de Ensino e Pesquisa em Administração e Contabilidade da Associação Nacional de Pós-Graduação e Pesquisa em Administração (Anpad), membro do conselho editorial da *Revista InternexT* (ESPM) e da *Revista Angrad*, parecerista de diversas revistas e congressos acadêmicos.

Tem investido tempo e esforços na investigação de temas que exploram aspectos ligados à metodologia de aprendizagem, à metodologia de pesquisa, à formação do Administrador e à formação de docentes para a educação superior. Atualmente, desenvolve pesquisa sobre o processo de internacionalização da educação superior. Assim, além de projetos concluídos e em andamento, tem diversos artigos publicados, é autora e co-autora de alguns livros: *A engenharia da produção acadêmica* (1997); *Perfil, formação e oportunidade de trabalho do administrador profissional* (1999); *Ensino com pesquisa:* uma revolução silenciosa (2000); *O que podemos aprender com os cursos 5A?* Análise dos cursos de graduação em administração com classificação 5A (2001); *Estágio supervisionado e trabalho de conclusão de curso:* na construção da competência gerencial do administrador (2006); entre outros.

PREFÁCIO

Manolita Correia Lima entrega agora ao grande público do ensino de graduação em Administração nova edição do livro *Monografia*: a engenharia da produção acadêmica. Que caberia "falar antes" (*praefatio*) ao leitor sobre ele? Claro, dizer que ele está "em boas mãos", nas mãos de uma boa autora, que recolhe competentemente da tradição de pesquisa acadêmica aquilo que o professor de metodologia de pesquisa ou seus alunos esperam. Mas existe alguma coisa a mais a falar, antes que o leitor mergulhe no detalhe conceitual e técnico, ou justamente, para que em tal mergulho não perca a amplidão da superfície. Cabe tomar distância e lançar um olhar sobre dois pontos: a grande intenção pedagógica da obra e uma questão básica subjacente a ela, a da produção própria do aluno, que ali desponta, mas não se esgota. Assim, o próprio leitor prosseguirá com o autor nesse esforço de responder melhor ao desafio dos processos de construção do conhecimento. E, de sua parte, este prefaciador se sentirá duplamente honrado: pela distinção da escolha e pela oportunidade, mesmo breve, de participar daquela aventura.

Toda obra reflete uma crença. Tal crença estimula o autor e interfere, sem dúvida, na escolha dos conteúdos e na satisfação própria diante da obra concluída. A autora desta obra anuncia a sua crença nos primeiros parágrafos da Introdução, ao referir-se à educação superior do aluno: "a formação de uma consciência crítica fundamentada", aquisição que "a pedagogia de ensino fundada na reprodução indefinida de conhecimentos acumulados", típica dos primeiros graus de escola, não propicia. O objetivo é "a capacitação técnica, conceptual, teórica e metodológica de jovens universitários para construir um pensamento crítico e reflexivo mais elaborado", e a monografia de conclusão de curso constitui o ponto alto desse esforço do aluno (e da escola), uma vez que deverá assumir e defender as conclusões de seu trabalho. E várias vezes repete a autora a expressão "estudante-pesquisador".

Está marcada aí a idéia da construção crítica e criativa do conhecimento e, simultaneamente, a da produção própria (a monografia). Isso suscita a questão: "pode o aluno de graduação ter produção própria?". Como essa questão está no centro de diversas decisões pedagógicas e institucionais da escola, relativas ao planejamento e avaliação dos resultados do curso, dediquemos a ela algumas linhas, inclusive porque

x   MONOGRAFIA

a própria autora, mais adiante na Introdução, diz ser "contraditório e problemático que se exija do estudante produção **acadêmica** própria" (grifo nosso).

Em nome de toda a pedagogia construtivista, que a segunda metade do século XX consagrou, depois de fundamentada epistemologicamente por J. Piaget, a resposta àquela pergunta é claramente "sim", enfaticamente "sim, deve o aluno ter produção própria!". A crença que estimula a presente obra é uma resposta nesse sentido. Deve-se reconhecer, no entanto, que a pergunta pode ser formulada de tal maneira que aquela resposta pareceria descabida: "Estudante-autor, já com produção própria?". Qual a origem do mal-entendido?

Toda pesquisa válida é construção de conhecimento. Essencialmente, conhecimento humano é criação. É criação no esforço de adaptação, próprio da vida, e, depois disso, entram máquinas e automatismos.[1] Seres vivos, *a fortiori* inteligentes, criam conhecimento. Toda percepção espontânea e realista do mundo, especialmente do mundo social e da produção competitiva, é um estímulo a isso. Cientistas, inclusive das *hard sciences*, cada vez mais distinguem da competência analítica e instrumental o ato criador da idéia ou hipótese, que orienta a experimentação. Einstein, que foi sofrível estudante de graduação e depois expressou com extrema competência matemática sua teoria, não sentia pejo de afirmar que a maior qualidade do cientista é a imaginação e que toda criação científica "surge de um ato de certo amor ao objeto".[2] Este vem atestando, da criação tecnológica, todo o colossal desenvolvimento industrial que presenciamos. Isso não é só um julgamento de valor, uma vez que prolonga a discussão.

Poder-se-ia insistir contra uma posição mais confiante em relação à chamada "produção própria do estudante", o que deve vir antes, na ordem da aprendizagem: a criação ou a competência no tratamento metodológico? Eis outro mal-entendido existente nessa distinção ou nela implícito.

Isso ocorre por dois motivos: primeiro porque toda metodologia é, em si, criação engenhosa do espírito humano, de processos cuidadosamente construídos, por gerações, para o sucesso prático de certas intenções que vieram, culturalmente, a nortear a produção de conhecimento. Essas intenções foram, desde o século XVII, a identificação e o controle do mundo que cerca o homem e lhe impõe condições que ele agora passa a ser capaz de reverter. Essa enorme construção de processos tem exigido

---

[1]   ROMESÍN, H. Maturana; GARCIA, E Vareja. *De máquinas e seres vivos*: autopoiese – a organização do vivo. 3. ed. Porto Alegre: Artes Médicas, 1997. p. 119-121.

[2]   EINSTEIN, Albert. The word as I see it. 1935, p. 125 apud POPPER, Karl. *A lógica da pesquisa científica*. 4. ed. São Paulo: Cultrix, 1989. p. 32-33.

conceituação, classificação, precisão, lógica e experimentação (fomos, talvez, até longe demais nesse caminho, e nossa prática tornou-se valor e cultura, a influenciar retroativamente o nosso modo básico de pensar, considerando a concepção do homem nas investigações experimentais sobre a mente e a consciência). Por isso, cabe repetir: nós criamos as metodologias e delas somos senhores para recriá-las, tão logo o exijam novas intenções de conhecimento, como já se anunciam necessárias para o desenvolvimento humano da cultura ocidental.

Não obstante, há um segundo motivo: Dewey, há quase um século, ensinou à pedagogia que sua prática é que ensina, que suas lições verbais são parte de práticas escolares, as quais marcam o aluno. Se cometemos o erro de separar criação e método, desde o primeiro momento, o método torna-se função da repetição e a criação se desperdiça, porque precisa de competência formal para se afirmar.

Contudo, não se encerra a criatividade em métodos e, conseqüentemente, em manuais como este de metodologia de pesquisa. O foco volta-se, então, intensamente para o momento real da prática do aluno na escola, momento no qual o manual não é a estrela. Ele não pode ser a ilusão da solução pronta e fácil, frustração de toda aspiração do conhecimento. Se a estrela é o próprio aluno, tal *status* está nas mãos do professor quando põe o manual nas mãos do aluno.

Ele, o professor, é responsável primeiro pelo estímulo no momento da criação — a sensibilidade que escolhe o problema, o enfoque original cuja formulação se transforma em "tema"; em seguida, de novo por manter o ambiente de liberdade ao discutir o procedimento metodológico mais adequado; e, mais uma vez, pelo estímulo a ver a intuição original presente ao longo do trabalho — a mesma que, pela proximidade real do objeto de interesse, deve ter inspirado hipóteses, indicadores e tópicos dos instrumentos de coleta de dados. E chegada a monografia ao seu final, será ainda o professor-avaliador quem deve destacar as conclusões, as quais não são decorrentes do método, pois procedimento metodológico algum pode ser responsável por resultados científicos,[3] são, portanto, conclusões dotadas de objetividade e acreditáveis por ele.

Assim, é com o professor que o manual de metodologia de pesquisa conta para garantir dois princípios fundamentais do campo de conhecimento de que trata este livro: o da superioridade da criação na reconstrução do conhecimento — crença afirmada pela autora — e o da indissociabilidade entre criação e método.

Então, agora, nossa pergunta ("pode o aluno ter produção própria?") caminha para um entendimento. "Produção própria" não significa "produção autóctone",

---

3   KUHN, Thomas S. *A estrutura das revoluções científicas*. 3. ed. São Paulo: Perspectiva, 1991. p. 22-23.

aquela que porventura não fosse devedora de toda a tradição social de conhecimento e método, simplesmente porque isso não existe; não é "produção única e original", pois este seria um objetivo personalístico, nada educativo. Em vez disso, "produção própria" significará, em predicação afirmativa, aquela que traz marca pessoal em seu processo de elaboração — fato que os parágrafos anteriores tentaram justificar como natural ao conhecimento e necessário à pedagogia. A expressão "produção própria" só seria mal-entendida como "instrumentalmente independente" por quem, forma-listicamente, visse a pesquisa como atividade mecânica, dominada pelo operacional. Que tal não seja a nossa suposição nesse momento!

O domínio profissional dos instrumentos é outro aspecto. Este, sim, não é exigí-vel de iniciantes, porque a pesquisa hoje profissionalizou-se. O curso tem um compromisso com a formação básica do administrador, não do pesquisador, que é o tér-mino da pós-graduação *stricto sensu*. Nesse ponto, já estamos falando da academia, ainda que em sentido muito amplo, o qual pode abranger serviços de pesquisa para o mundo da produção. A academia cultiva profissionalmente o método. Portanto, é verdade, como disse a autora, que "não se pode exigir do aluno produção acadêmica própria".

E, assim, tem-se pavimentado o campo para chegar ao que foi chamado "a gran-de intenção pedagógica da obra", que não é produzir um manual de instrumentação. Aspirou a autora à viabilização da construção criativa de conhecimento pelo aluno. Como criação e competência metodológica são inseparáveis, abre-se o espaço pró-prio do manual, porque é preciso, de alguma forma, não deixar o aluno perdido no manuseio disperso de instrumentos convencionais, pois o levaria ao formalismo, se-guido de uma sensação de relativismo dos resultados (já que acabariam de qualquer modo sendo gerados) e, mais adiante, ao descrédito na pesquisa, da qual consegui-ria "dar conta" à sua maneira. Isso a pedagogia da pesquisa de qualidade rejeita. No entanto, a apresentação ordenada e clara dos instrumentos, "em apoio ao processo" (expressão da autora) conduzido criativamente pelo professor, ajudará o aluno a não desanimar diante do caráter não espontâneo de toda competência, sobretudo em re-lação ao conhecimento de qualidade. Dessa forma, o grande tema deste livro não será método, será pedagogia!

Tenham, pois, todos os leitores, alunos, um bom estudo e, professores, um bom trabalho pedagógico!

Pedro Lincoln Mattos, Ph.D.
Professor Titular de Metodologia do Conhecimento em Administração
Universidade Federal de Pernambuco

SUMÁRIO

INTRODUÇÃO.. *1*

1 CONCEITO E PLANEJAMENTO DE PESQUISA E MONOGRAFIA *7*

1.1 Conceitos básicos *7*

    1.1.1 Pesquisa científica ou investigação científica............................ *7*

    1.1.2 Monografia *10*

        1.1.2.1 Objetivos gerais da monografia..................................... *12*

1.2 O papel das instituições de educação superior.................................... *16*

1.3 Planejando a pesquisa *18*

    1.3.1 Fases previstas em uma pesquisa de natureza
        acadêmico-científica.. *19*

2 BREVE REFLEXÃO SOBRE AS ABORDAGENS QUANTITATIVAS, QUALITATIVAS E MISTAS (OU TRIANGULAR) *27*

2.1 A natureza da abordagem quantitativa.. *27*

    2.1.1 O método *survey* como exemplo de abordagem quantitativa *29*

2.2 A natureza da pesquisa qualitativa... *32*

    2.2.1 O método de estudo de caso como exemplo de abordagem
        qualitativa *34*

    2.2.2 O método de pesquisa-ação como exemplo de abordagem
        qualitativa *37*

    2.2.3 A triangulação como tendência... *39*

.3 TIPOS DE PESQUISA E TÉCNICAS DE COLETA DE MATERIAIS – PESQUISA BIBLIOGRÁFICA E DOCUMENTAL 47

3.1 Pesquisa bibliográfica 47

    3.1.1 Definições preliminares 48

    3.1.2 Localização das fontes bibliográficas de dados e informações 52

    3.1.3 Critérios para selecionar o material bibliográfico 55

3.2 Pesquisa documental 56

    3.2.1 Tratamento dos materiais documentais 60

    3.2.2 Racionalizando a leitura como forma de estudo e/ou pesquisa 62

        3.2.2.1 Procedimentos que podem ser úteis na atividade de leitura 62

    3.2.3 Fichamento como técnica de tratamento do material bibliográfico 63

        3.2.3.1 Explicitando os conteúdos das fichas de leitura 64

.4 TIPOS DE PESQUISA E TÉCNICAS DE COLETA DE MATERIAIS — A PESQUISA DE CAMPO: OBSERVAÇÃO DIRETA EXTENSIVA — APLICAÇÃO DE QUESTIONÁRIOS E FORMULÁRIOS 69

4.1 Conceito de pesquisa de campo e as técnicas de coleta de materiais tradicionalmente utilizadas 70

    4.1.1 Observação direta e extensiva — aplicação de questionários e formulários 71

        4.1.1.1 Questionários como técnica de coleta de dados 71

        4.1.1.2 Formulários como técnica de coleta de dados 89

.5 PROCESSAMENTO E UTILIZAÇÃO DE DADOS RESULTANTES DE PESQUISA DE CAMPO 93

5.1 Tratamento estatístico dos dados em pesquisas de caráter quantitativo 93

5.2 Tratamento descritivo dos dados 96

    5.2.1 Média aritmética 96

    5.2.2 Moda 97

    5.2.3 Mediana 98

| 5.2.4 | Distribuição das proporções | 100 |

5.2.4 Distribuição das proporções *100*

5.2.5 Intervalo *100*

5.2.6 Freqüência absoluta e relativa *102*

5.2.7 Desvio-padrão *104*

5.2.8 Análise da variância *104*

5.2.9 Regressão e correlação *105*

5.3 Tratamento inferencial dos dados *105*

5.3.1 Estimação de parâmetros *106*

5.3.2 Testes de hipótese *108*

5.4 Indicações sobre a utilização de ilustrações nos textos acadêmicos *108*

.6 TIPOS DE PESQUISA E TÉCNICAS DE COLETA DE MATERIAIS — A PESQUISA DE CAMPO: OBSERVAÇÃO DIRETA INTENSIVA — REALIZAÇÃO DE ENTREVISTAS E OBSERVAÇÃO *113*

6.1 Observação direta intensiva — entrevista e observação *113*

6.1.1 Entrevista como técnica de coleta de materiais *113*

6.1.1.1 Tipos de entrevistas *115*

6.1.1.2 Avaliando os méritos da entrevista como técnica de coleta de materiais *120*

6.1.1.3 Avaliando as limitações da utilização da entrevista como técnica de coleta de materiais *121*

6.1.2 Observação como técnica de coleta de materiais *121*

6.1.2.1 A relação observador-observado *125*

6.1.2.2 A questão da sistematização da observação *126*

6.1.2.3 Avaliando os méritos da utilização da observação como técnica de coleta de materiais *127*

6.1.2.4 Avaliando as limitações da utilização da observação como técnica de coleta de materiais *128*

6.1.2.5 Sugestões que podem ajudar o jovem pesquisador a obter melhores resultados com a utilização da observação . *130*

6.1.2.6 Considerações finais sobre a técnica de observação ... *133*

6.1.2.7 Tratamento e interpretação do material coletado por meio da observação *134*

6.2 Pesquisa de laboratório *134*

.7 PROCESSO DE REDAÇÃO E ESTRUTURA DO RELATÓRIO FINAL DE PESQUISA 137

7.1 O processo redacional do relatório final de pesquisa 138

7.2 Estrutura de um relatório final de pesquisa 147

    7.2.1 Dimensões de edição 147

        7.2.1.1 Definição das fontes a serem utilizadas 148

        7.2.1.2 Organização das entrelinhas 148

        7.2.1.3 Precisões sobre o papel a ser impresso o relatório de pesquisa 149

        7.2.1.4 Estabelecimento de margens ao longo do texto 150

        7.2.1.5 Precisões sobre a margem que marca o início de parágrafos 151

        7.2.1.6 Inclusão de numeração de páginas 151

    7.2.2 Estruturação formal do texto do relatório final de pesquisa .. 152

        7.2.2.1 Capa 152

        7.2.2.2 Folha de rosto 154

        7.2.2.3 Seções opcionais 155

        7.2.2.4 Inclusão do resumo 158

        7.2.2.5 A inclusão de lista de ilustrações 160

        7.2.2.6 A inclusão de lista de abreviaturas utilizadas (quando for o caso) 161

        7.2.2.7 Elaboração do sumário 162

        7.2.2.8 Corpo do texto 164

        7.2.2.9 Inclusão de anexos e apêndices 164

        7.2.2.10 Elaboração de erratas 164

.8 REFERÊNCIAS E ELABORAÇÃO DO RELATÓRIO FINAL DE PESQUISA 167

8.1 Referências 167

    8.1.1 Referência de livros 169

    8.1.2 Referência de monografias, dissertações ou teses 172

8.1.3	Referência de publicações periódicas	*173*
	8.1.3.1 Artigos de periódicos	*173*
	8.1.3.2 Artigos de jornais	*173*
8.1.4	Referência de eventos científicos	*174*
8.1.5	Referência de materiais coletados por meio da internet	*174*
	8.1.5.1 Livros	*175*
	8.1.5.2 Periódicos	*175*
8.2	Indicação sistemática das fontes de consulta	*176*
8.3	Utilização e localização de notas de rodapé	*177*
8.4	Inclusão de citações	*177*
8.4.1	Como formular citações?	*177*
8.4.2	Utilização de locuções e de palavras em língua estrangeira...	*186*
8.5	Indicações sobre notas explicativas	*186*
8.6	A elaboração do relatório final de pesquisa	*189*
8.6.1	Elementos básicos sobre o núcleo do texto	*190*
	8.6.1.1 Elementos básicos da introdução	*190*
	8.6.1.2 Elementos básicos sobre o desenvolvimento	*191*
	8.6.1.3 Elementos básicos da conclusão	*192*
8.6.2	Indicações sobre conteúdo e forma dos apêndices e anexos	*193*
8.6.3	Indicações sobre o processo redacional do relatório de pesquisa/ do trabalho de conclusão de curso/da monografia	*194*
	8.6.3.1 Como iniciar a redação do relatório de pesquisa/do trabalho de conclusão de curso/da monografia	*195*
	8.6.3.2 Como obter uma estrutura redacional mais compreensível	*197*

.9 *CHECKLIST* E APRESENTAÇÃO ORAL DO RELATÓRIO DE PESQUISA *201*

9.1 *Checklist* proposto para o estudante-pesquisador realizar a auto-avaliação do relatório de pesquisa concluído *201*

9.2 Conteúdos básicos da defesa oral do relatório final de pesquisa, TCC, monografia e sua seqüência lógica 206

9.2.1 Abertura do evento pelo professor orientador *207*

9.2.2 Os agradecimentos proferidos pelo estudante, autor
do trabalho *207*

9.2.3 Apresentação oral do trabalho elaborado................................ *208*

9.2.4 Avaliação do TCC pelos membros da banca examinadora
e formulação de questões.. *210*

9.2.5 Argüição... *210*

9.2.6 Reunião dos membros da banca examinadora para a discussão
que resultará na definição da nota.. *211*

9.2.7 Leitura do conteúdo da ata do exame em banca *212*

9.2.8 Procedimentos que podem ajudar durante a apresentação
oral do trabalho e na argüição *212*

9.2.9 Utilizando o retroprojetor ou o *data show* *215*

● REFERÊNCIAS.. *221*

● APÊNDICE *227*

● ÍNDICE REMISSIVO *241*

INTRODUÇÃO

A política educacional que define as diretrizes do *ensino fundamental*, do *ensino médio* e da *educação superior*[1] no Brasil acumulou, ao longo do tempo, uma soma de distorções que se refletem na formação deficiente dos brasileiros, na condição de homens, cidadãos ou profissionais.[2] As falhas estruturais do processo de ensino-aprendizagem comprometem de forma incisiva o contexto educacional. Portanto, é necessário o estímulo de reflexões que subsidiem a formação de uma consciência crítica fundamentada, capaz de influir na educação de sujeitos co-responsáveis pela concepção e pela execução de um projeto de sociedade comprometido com uma vida mais justa para todos.[3]

A pedagogia de ensino fundada na reprodução indefinida de conhecimentos acumulados, que prevalece no ensino fundamental e médio, freqüentemente não capacita técnica, conceptual, teórica e metodologicamente jovens universitários para construir as bases de um pensamento crítico e reflexivo mais elaborado. Isso explica, em parte, uma série de resistências dos estudantes em relação à maioria das atividades propostas na educação superior, pois estas exigem elevado nível de disciplina, esforço, dedicação, rigor e comprometimento.[4]

O trabalho de conclusão dos programas de graduação é tido como o ápice da formação superior, momento em que cada estudante-pesquisador irá aplicar, de forma articulada, o que assimilou ao longo do curso, assumindo como autor as conclusões

---

[1] Respeitamos a nomenclatura presente no texto da Lei n. 9.424, que define as Diretrizes e Bases da Educação Superior (LDB), publicada em 24 de dezembro de 1996.

[2] Para entender melhor esta questão, leia KELLER, Vicente; BASTOS, Cleverson. *Aprendendo a aprender:* introdução à metodologia científica. 2. ed. Petrópolis: Vozes, 1991. p. 13-18.

[3] Para saber mais sobre este enfoque, leia DEMO, Pedro. *Pesquisa:* princípio científico e educativo. 3. ed. São Paulo: Cortez, 1992.

[4] Para aprofundar este assunto, leia PÁDUA, Elisabeth Matallo Marchesini de. O trabalho monográfico como iniciação à pesquisa científica. In: CARVALHO, Maria Cecília M. de (Org.). *Construindo o saber:* técnicas de metodologia científica. Campinas: Papirus, 1988. p. 149-170.

formuladas e as defendendo pela demonstração dos resultados alcançados com base nos materiais coletados, processados, descritos, interpretados e analisados. Nessa oportunidade, o grau de dificuldade que o estudante-pesquisador enfrenta é significativo, pois a monografia se constitui como o exercício acadêmico mais exigente quando comparado a projetos realizados em etapas anteriores, deixando assim, transparecer os pontos fortes e fracos da formação de cada estudante-pesquisador e também do curso em questão.

Considerando os desafios implicados em qualquer exercício autoral, de modo geral, e as dificuldades que caracterizam a elaboração de um trabalho acadêmico para o jovem graduando, o objetivo deste documento será oferecer aos estudantes-pesquisadores referenciais de caráter técnico, conceptual, teórico e metodológico que possam servir de apoio ao processo que norteará as atividades relacionadas à construção do projeto de pesquisa e sua execução, a redação e defesa oral do relatório final de pesquisa (monografia). Assim, o estudante-pesquisador vai dispor de elementos pertinentes aos objetivos que devem ser construídos ao iniciar uma pesquisa sistematizada, no planejamento das diferentes etapas que caracterizam o processo investigativo, além de explicações e exemplos da operacionalização de cada uma das etapas, de modo a reduzir a dificuldade e maximizar os resultados a serem alcançados.

O leitor mais experiente reconhecerá que esta obra trabalha o conceito de pesquisa mais próximo (embora não integralmente) de abordagens *quantitativas realistas* (ou seja, positivista ou empírica analítica) do que de abordagens *qualitativas idealistas* (ou seja, fenomenológica hermenêutica).[5] Isso se deve à conjugação de vários fatores, que descreveremos a seguir:

a) Partilhamos da visão de Goldenberg (1999) e Gamboa (1995), ao afirmarem que a combinação das abordagens quantitativas e qualitativas pode contribuir para completar e ampliar o conhecimento da realidade, uma vez que parte de concepções diferentes, embora nem sempre conflitantes. Discutindo essa questão no texto "Quantidade-qualidade: para além do dualismo técnico e de uma dicotomia epistemológica", Gamboa[6] afirma que:

> Na pesquisa em ciências sociais, freqüentemente, são utilizados resultados e dados expressos em números. Porém, se interpretados e contextualizados à

---

[5] Embora isso contrarie em grande parte nossa formação de etnóloga e socióloga.

[6] GAMBOA, Sílvio Sanches. Quantidade-qualidade: para além do dualismo técnico e de uma dicotomia epistemológica. In: SANTOS FILHO, José Camilo dos. *Pesquisa educacional*: qualitativa-quantitativa. São Paulo: Cortez, 1995. p. 106.

luz da dinâmica social mais ampla, a análise torna-se qualitativa. Ou seja, na medida em que inserirmos os dados na dinâmica da evolução do fenômeno e este, dentro de um todo maior compreensivo, é preciso articular as dimensões qualitativas e quantitativas em uma inter-relação dinâmica, como categorias utilizadas pelo sujeito na explicação e compreensão do objeto. Como vemos, a superação do falso dualismo técnico implica a abrangência de outros elementos constitutivos do processo científico.[7]

b) Considerando que a maioria dos programas de graduação explora de forma insuficiente questões de cunho epistemológico,[8] mesmo conscientes de que a realização de qualquer projeto de investigação não se restringe à definição de técnicas, métodos e abordagem quantitativas ou qualitativas, mas envolve implicações teóricas e epistemológicas,[9] é contraditório e problemático que se exijam dos estudantes produção acadêmica própria. Nossa experiência docente nos permite afirmar que se essa realidade *dificulta* o desempenho de investigações de elevado rigor (sistematização) nas fases de planejamento, coleta e análise dos *dados*[10] (características de pesquisas de natureza quantitativa realista), *inviabiliza* a realização de investigações, que, por princípio, exigem nas fases de planejamento, coleta e interpretação do *material* elevado compromisso com a flexibilidade, a subjetividade, a imprevisibilidade (características das pesquisas de natureza qualitativa idealista), uma vez que estas exigem (pois dependem de) alguma maturidade dos pesquisadores em todos os planos: técnico-instrumental, conceptual, teórico, metodológico e epistemológico.

---

[7] A propósito dessa perspectiva, leia mais em Santos Filho (1995), COOK, Thomas D.; CAMPBELL, Donald Thomas. *Quasi-experimentation*: design & analysis issues for field settings. Boston: Houghton Mifflin, 1979, Campbell (1982), Shulman (1985), Keeves (1988), Cambi (1987), Husen (1988), Gage (1989), obras indicadas por José Camilo dos Santos (1985, p. 45).

[8] A título de reforço e ilustração dessa assertiva, consulte o texto de autoria de Gilberto de Andrade Martins (Epistemologia da pesquisa em administração. In: *XXX Reunião Anual do Cladea*, 1996).

[9] A esse respeito, o professor Gamboa (1995, p. 88) afirma que "as alternativas [técnicas da investigação] devem ser colocadas no nível das grandes tendências epistemológicas que fundamentam não somente as técnicas, os métodos e as teorias, mas também a articulação desses níveis com seus pressupostos filosóficos". Nesse contexto maior de enfoques científicos, elucidam-se a dimensão e o significado das opções técnicas, sejam essas quantitativas ou qualitativas.

[10] Lofland, visando atingir maior rigor conceptual, reconhece a existência de diferenças entre *dado* e *material*. Para ele, dado seria o que "*pode ser medido, quantificado, o que está* [...] *fora de nossa consciência* [...]. [Logo, corresponderia melhor aos objetivos e às características da pesquisa quantitativa.]". Entretanto, a palavra materiais seria mais ampla, menos comprometida com a quantificação e serviria, assim, melhor aos objetivos e características da pesquisa qualitativa (LOFLAND, 1971, p. 73 apud TRIVIÑOS, A. N. *Introdução à pesquisa em ciências sociais*: pesquisa qualitativa e educação. São Paulo: Atlas, 1987).

c) É importante considerarmos que a maior parte dos professores, responsáveis pela formação acadêmica daqueles que ingressam nos programas de graduação, foi educada em uma perspectiva marcadamente positivista e, inevitavelmente, contribui para uma formação similar de seus estudantes.

d) É pertinente ressaltar que as áreas de formação em que temos acumulado alguma experiência profissional docente (administração, ciências contábeis, economia e comércio exterior) estão longe de adotarem a abordagem qualitativa idealista nas investigações realizadas. Essa abordagem é tradicionalmente mais explorada em pesquisas que envolvem as áreas de etnologia, antropologia, sociologia, comunicação, psicologia social, educação, entre outras.

e) Devemos lembrar que a formação dos professores universitários no País tem oferecido pouco suporte para trabalhar uma proposta acadêmica coerentemente definida, seja de caráter positivista, fenomenológico ou crítico. Quando muito, o que prevalece nos programas de pesquisa realizados na graduação é uma preocupação com a dimensão técnico-instrumental.

Nesse contexto, temos a ambição de contribuir para a multiplicação de experiências educacionais que tenham por meta orientar os estudantes a formularem seu próprio projeto de vida e, ao mesmo tempo, criar as condições técnicas, conceptuais, teóricas e metodológicas necessárias para que eles tenham êxito na execução de tais projetos. Estamos persuadidos a acreditar que isso pode representar um dos lastros que suportará alguma autonomia intelectual e a formação de sujeitos críticos, reflexivos, socialmente responsáveis, conseqüentes em suas ações como cidadãos e como profissionais. Por essa razão, julgamos pertinente escrever este material e, desde já, enfatizamos que *ele é integralmente dedicado ao estudante de graduação interessado em se iniciar em um projeto intelectual próprio*, capaz de ajudá-lo a se firmar como sujeito de sua própria história, responsável pelas suas escolhas e renúncias. Tal fato certamente explica a nossa preocupação com a linguagem, com a busca de uma estrutura de texto bastante didática e com a exploração de recursos ilustrativos que possam ajudar o leitor a compreender os conteúdos e saber aplicá-los. Até certo ponto, escrever este texto correspondeu a detalhar os conteúdos explorados em nossas disciplinas. Assim, esses conteúdos foram distribuídos em nove capítulos.

O primeiro capítulo busca discutir cinco conceitos-chave: as *diferentes fontes de conhecimento*, as singularidades do *conhecimento sistematizado* (ciência), o espaço do método como forma de imprimir tal sistematização ao conhecimento, a prática da pesquisa como processo de produção do conhecimento e a *monografia* como expressão dos primeiros exercícios de cunho intelectual realizados pelos estudantes vinculados a programas de graduação.

O segundo se compromete a introduzir o leitor nas discussões travadas sobre as *abordagens qualitativas e quantitativas*, considerando que essas vertentes metodológicas funcionam como uma espécie de lente que tende a influir na maneira pela qual construímos a realidade e, conseqüentemente, como a explicamos e nela intervimos.

Os conteúdos do terceiro, quarto, quinto e sexto capítulos contribuem para o jovem pesquisador entender o processo que caracteriza a *elaboração e a execução de um projeto de pesquisa*. Nestes estarão pormenorizados os recursos metodológicos disponíveis: tipos de pesquisa, técnicas de coleta e tratamento de materiais, além de recursos relativos à interpretação e análise do material coletado e tratado — seus méritos e limitações, procedimentos que caracterizam as fases de localização, registro, seleção, tratamento ou processamento.

O sétimo e oitavo capítulos ajudarão o pesquisador a articular os objetivos fixados para a investigação, com os materiais localizados, registrados, selecionados, tratados ou processados, no intuito de planejar a estrutura do relatório final de pesquisa (divulgação escrita dos resultados), tanto em termos de conteúdos quanto em termos de forma.

O conteúdo do nono e último capítulo busca reunir subsídios que ajudem o pesquisador e autor do relatório final da pesquisa a planejar a divulgação oral dos resultados alcançados pela investigação (reside na preocupação de instrumentalizá-lo para se submeter ao exame em banca).

CONCEITO E PLANEJAMENTO DE PESQUISA E MONOGRAFIA

1

"Pesquisa é um processo interminável,
intrinsecamente processual.
É um fenômeno de aproximações sucessivas
e nunca esgotado."

Pedro Demo

Neste primeiro capítulo, iremos discutir os conceitos relativos à pesquisa e à monografia, bem como as condições acadêmico-pedagógicas que uma instituição de educação superior deveria desenvolver para ser capaz de promover o *ensino com pesquisa* e o *ensino para pesquisa*. Também serão apresentadas as etapas que caracterizam o processo de planejamento de uma pesquisa de caráter sistematizado. A compreensão desses conceitos, no contexto do livro, é importante na medida em que o objetivo desta obra é contribuir para a instrumentação técnica, conceptual e metodológica daqueles que desejam realizar pesquisas sistematizadas no âmbito das disciplinas ou dos programas curriculares e de interesse curricular presentes nos cursos de graduação oferecidos pelas instituições de educação superior do País.

● 1.1 CONCEITOS BÁSICOS

□ 1.1.1 Pesquisa científica ou investigação científica

Não é tarefa simples conceituar "pesquisa" ou "investigação científica", pois, ao longo do tempo, formulou-se uma multiplicidade de significados para se referir a esses termos. Nessa perspectiva, é interessante destacar em que termos Délcio Vieira Salomon retrata tal situação:

> Há uma tendência generalizada em rotular de "pesquisa" e "trabalho científico" certas práticas acadêmicas, cuja natureza é apenas didática: treinar e iniciar em atividades científicas com o objetivo de criar e desenvolver nele [trabalho científico] a mentalidade científica. Geralmente são atividades repetitivas de experiências já

feitas, síntese de textos e semelhantes. Rigorosamente não se lhes pode atribuir o caráter científico por faltar-lhes alguns conceitos básicos: a criatividade, a contribuição substancial no processo cumulativo do conhecimento científico e, às vezes, até o nível de abstração e generalização que se exige para a investigação propriamente dita.[1]

Nessa mesma direção, Elisabeth Matallo Marchesini de Pádua acrescenta que:

> Na vida acadêmica, o termo "pesquisa" tem designado uma ampla variedade de atividades desde a coleta de dados para a realização de seminários à realização de pastas-arquivo com recortes de jornais e revistas sobre um assunto escolhido pelo professor, ou mesmo uma forma de resumo, coleta indiscriminada de trechos de vários autores sobre um determinado tema, resultando numa "colcha de retalhos" praticamente inútil ao processo de aprendizagem.[2]

Sabendo-se que a pesquisa acadêmico-científica não é produto de mera reprodução do conhecimento socialmente acumulado, devemos entendê-la no contexto da formação como "a realização concreta de uma investigação planejada, desenvolvida e redigida de acordo com as normas da metodologia consagradas pela ciência. É o método de abordagem do problema em estudo que caracteriza o aspecto científico de uma pesquisa".[3] Em termos gerais, a pesquisa acadêmico-científica pode ser entendida como "trabalho empreendido metodologicamente quando surge um problema para o qual se procura a solução adequada de natureza científica."[4] Consultando a literatura na área, é possível identificar várias outras definições de pesquisa:

a) Procedimento reflexivo-sistemático controlado e crítico, que permite descobrir novos fatos ou dados, relações ou leis, em qualquer campo do conhecimento.

b) Investigação metódica acerca de um assunto determinado, com o objetivo de esclarecer aspectos do objeto de estudo. O que poderia diferenciar a pesquisa de um estudante e a de um cientista é basicamente o seu alcance ou grau. Nesse caso, a finalidade das pesquisas na graduação é levar o estudante a refazer os caminhos já percorridos.[5]

---

[1] SALOMON, Delcio Vieira. *Como fazer um relatório de pesquisa*. 2. ed. rev. e atual. São Paulo: Martins Fontes, 1991. p. 109.

[2] PÁDUA, 1988, p. 149.

[3] RUIZ, João Álvaro. *Metodologia científica*: guia para eficiência nos estudos. São Paulo: Atlas, 1982. p. 48.

[4] SALOMON, 1991, p. 109.

[5] BASTOS, C.; KELLER, V. *Introdução à metodologia científica*: aprendendo a aprender. 2. ed. Petrópolis: Vozes, 1991. p. 55.

c) Atividade voltada para a solução de problemas, que utiliza um método para investigar e analisar essas soluções, buscando também algo *novo* no processo de conhecimento.[6]

d) Procedimento formal com método de pensamento reflexivo que requer tratamento científico e se constitui no caminho para se conhecer a realidade ou para descobrir verdades parciais. *Pesquisar* significa muito mais do que apenas buscar a verdade, encontrar respostas para questões propostas, utilizando método científico.[7]

e) Atividade científica pela qual descobrimos a realidade. Parte-se do pressuposto de que a realidade não se desvenda na superfície. Ademais, nossos esquemas explicativos jamais a esgotam, pois esta é mais exuberante do que aqueles. Assim, imaginamos que há sempre o que descobrir na realidade; isso equivale a aceitar a pesquisa como um processo interminável. É um fenômeno de aproximações sucessivas, jamais esgotado, e não uma situação definitiva diante da qual já não haveria o que descobrir.[8]

f) Processo utilizado para descobrir respostas para os problemas mediante a utilização de procedimentos científicos.[9]

g) Construção de conhecimento original. É um trabalho de produção de conhecimento sistemático, não meramente repetitivo, mas produtivo. Por isso mesmo a realização de uma pesquisa pressupõe três requisitos: 1º) a existência de dúvidas, de problemas, de perguntas que se deseja responder, solucionar fundamentadamente; 2º) o planejamento de um conjunto de etapas que permitem chegar às respostas, soluções, interpretação, compreensão da dúvida formulada; e 3º) a confiabilidade na resposta, na solução alcançada.[10]

Ponderando sobre as definições anteriores, podemos destacar os elementos que, conjugados, caracterizam a pesquisa de natureza acadêmico-científica:

---

[6] PÁDUA, 1988, p. 149.

[7] LAKATOS, Eva Maria; MARCONI, Marina de Andrade. *Metodologia do trabalho científico*: procedimentos básicos, pesquisa bibliográfica, projeto e relatório, publicações e trabalhos científicos. 2. ed. São Paulo: Atlas, 1987. p. 44.

[8] DEMO, Pedro. *Introdução à metodologia da ciência*. 2. ed. São Paulo: Atlas, 1990. p. 23.

[9] GIL, Antônio Carlos. *Técnicas de pesquisa em economia*. 2. ed. São Paulo: Atlas, 1991. p. 36.

[10] GOLDENBERG, Miriam. *A arte de pesquisar*: como fazer pesquisa qualitativa em ciências sociais. 3. ed. Rio de Janeiro: Record, 1999.

a) Atividade investigatória de *caráter formal* (não espontânea) que pressupõe investimento em estudo, reflexão e exercícios de pesquisa, capazes de levar os iniciantes e iniciados a ponderar acerca da pertinência do processo que envolve a construção de objetivos justificadores da pesquisa e a definição criteriosa do percurso metodológico mais adequado às especificidades dos objetivos fixados.

b) Atividade investigatória de natureza *sistematizada, orientada* pelo *planejamento prévio* do processo de investigação que envolve simultaneamente a localização, coleta, registro, seleção, tratamento (processamento) dos materiais que, submetidos a exercícios de descrição, interpretação e/ou análise, legitimarão as conclusões alcançadas.

c) Atividade investigatória que pressupõe *capacidade de ler e interpretar autores e textos que servirão de base para os exercícios de descrição, compreensão, e análise do material empírico coletado e selecionado* — a qualidade destes exercícios pressupõe raciocínio crítico e analítico para estabelecer relações e formular inferências com base em evidências.

d) Atividade investigatória que pressupõe a utilização da *lógica de um método* ou da combinação de diferentes métodos.

e) Consiste em atividade investigatória que objetiva legitimar as conclusões alcançadas pelo rigor com que realiza e descreve o processo de busca de *verdades, respostas, interpretações, compreensão, soluções, descobrimento da realidade* em questão.

f) Atividade investigatória que cumpre triplo desafio: contribuir para a formação científica do pesquisador, para a formulação de conhecimento novo capaz de somar algo ao que já se sabe sobre a realidade investigada e para processos conseqüentes de transformação da realidade.

g) Atividade investigatória em que, por maior que seja o aprofundamento atingido, as conclusões alcançadas jamais esgotam as explicações sobre o fato ou o fenômeno investigado.

1.1.2 Monografia

Tanto Salomon[11] quanto D'Onofrio[12] recuperam a origem do termo monografia para definir os elementos que caracterizam a estrutura desse trabalho acadêmico.

---

[11] SALOMON, 1991.

[12] D'ONOFRIO, Salvatore. *Metodologia do trabalho intelectual*. 2. ed. São Paulo: Atlas, 2000.

Respeitando o conteúdo etimológico do termo, em grego, *mónos* significa *um só* e *graphein, escrever;* assim, *monografia* pressupõe a realização de um trabalho intelectual orientado pelas idéias de *especificação,* de *foco,* de *recorte da realidade investigada, de delimitação do campo investigado, de redução da abordagem a um só tema, a uma só problemática.* A monografia apresenta-se como:

> Tratamento escrito de um tema específico que resulta da pesquisa científica com o escopo de apresentar uma contribuição relevante ou original e pessoal à ciência [...]. É o tratamento escrito aprofundado de um só assunto de maneira descritiva e analítica onde [sic] a reflexão é a tônica...[13]

A monografia, no contexto da formação acadêmica, representa o ápice de uma pirâmide em cuja base estão *o método* e as *práticas de estudo eficazes.* Assim, concluímos que o planejamento, a execução e a redação da monografia nos programas de graduação, além da defesa dos resultados em exame de banca, configuram um *ritual de passagem,*[14] pois implicam uma ruptura com o processo de mera reprodução do já sabido, do já apreendido e promovem crescimento e maturidade intelectual na medida em que pressupõem estabelecimento de novas relações entre o que já se sabe/já se conhece, além de estabelecer a relação de interdependência existente entre os universos teórico e prático.

Percebemos que esse *ritual* pressupõe não apenas a existência de um projeto norteador, autonomia de trabalho, grandeza de espírito, possibilidade de crescimento pessoal e intelectual, superação de dificuldades, disciplina, investimento em tempo e energia, capacidade de fazer e refazer, mas requer também sentimentos de insegurança, ansiedade, sofrimento e angústia resultantes de experiências vivenciadas no contexto da formação básica do estudante (ensino fundamental e médio). Isso, na maioria dos casos, além de não permitir, desestimula a busca do novo, a busca da *verdade,* fruto de processos investigatórios, terminando por contribuir para que o estudante se desvincule de qualquer responsabilidade diante da concepção e da execução de um projeto de construção ou reconstrução da sociedade.

Desprovido de instrumentos que o capacitem a agir como *sujeito* nos processos de ensino e aprendizagem, acomoda-se na atitude de reproduzir fragmentos desarticulados do conhecimento consagrado. Diante de tais circunstâncias, é possível entender

---

[13] SALOMON, 1991, p. 179.

[14] Expressão utilizada por Maria de Lourdes R. Ribeiro e Sônia H. Oliveira, responsáveis pelo Núcleo de Orientação de Trabalho Monográfico (NOTM) da Universidade Cândido Mendes/RJ.

a dificuldade de se assumir como sujeito o medo de contribuir para a definição de novos paradigmas e formular verdades, interpretações, respostas, soluções, resultados, conclusões que alterem a lógica vigente. Nesse contexto, afirmamos que, quanto mais bem definidos forem os objetivos acadêmicos, pessoais e profissionais que o exercício monográfico visa atingir, quanto maiores a motivação, o envolvimento, a identificação entre o estudante-pesquisador e o objeto da investigação, quanto mais sólida e profunda for a relação estabelecida entre o professor orientador e o estudante-pesquisador, quanto mais o estudante estiver apoiado numa formação básica sólida e em instrumentos técnico-instrumentais, conceptuais, teóricos e metodológicos que caracterizam a pesquisa de caráter acadêmico-científico, menor será o desgaste com o *ritual de passagem*.

O exercício da investigação acadêmico-científica pressupõe diferentes níveis de aprofundamento, dependendo do estágio de formação em que está o estudante-pesquisador. Nesses termos, a *monografia* configura-se como o exercício típico de conclusão dos programas de graduação, já a *dissertação* é o resultado esperado da formação do programa de mestrado, e a *tese* é o que marca a conclusão do programa de doutorado.

Portanto, considerando a lógica dos procedimentos metodológicos de investigação similar para todos os níveis dos exercícios acadêmicos anteriormente mencionados, é possível perceber que as estratégias metodológicas norteadoras para cada um deles são bastante próximas. O que irá variar é o desafio presente na construção dos objetivos justificadores da pesquisa; o nível de maturidade técnica, conceptual, teórica e metodológica do pesquisador; a sofisticação dos recursos metodológicos empregados e o nível de sistematização da pesquisa realizada; a riqueza do quadro teórico de referência e suas implicações sobre os exercícios de descrição, interpretação e/ou análise; a contribuição dos resultados atingidos para a área de conhecimento explorada e para processos de transformação da realidade.

● 1.1.2.1 Objetivos gerais da monografia

O desenvolvimento de competências intelectuais capazes de viabilizar a produção do conhecimento ou a utilização do conhecimento produzido e disponível é cada vez mais importante. O valor dos programas de formação que vislumbram a realização de pesquisas e a elaboração de monografias desde a graduação é muito grande, na medida em que esse exercício contribui para o desenvolvimento de atitudes valiosas em uma sociedade cada vez mais ancorada na informação e no conhecimento.

Detalhando esta idéia, diríamos que a complexa estrutura e o funcionamento das instituições sociais, econômicas e políticas que prevalecem nas sociedades

CONCEITO E PLANEJAMENTO DE PESQUISA E MONOGRAFIA ■ 13

pós-industriais pressupõem a substituição de antigos paradigmas, particularmente no que tange às três dimensões da realidade: o homem; as relações de caráter social, econômico e político que os homens estabelecem entre si; e a produção e a socialização do conhecimento da realidade.

A visão fragmentada do mundo, proveniente de processo contínuo de especialização, tanto na realização das atividades acadêmicas quanto nas atividades profissionais, provoca, entre outros aspectos:

a) a ausência de visão histórica consistente, crescente sentimento de irresponsabilidade diante do outro e da natureza;

b) o agravamento dos conflitos de interesse, e estes abrangem desde o conflito capital-trabalho até os conflitos por conquista de novos mercados;

c) o desequilíbrio de forças econômicas, sociais e políticas, gerando distorções não apenas nos limites regionais, mas igualmente nos limites nacional e internacional;

d) o acirramento da concorrência intercapitalista nos quadros de uma economia globalizada, gerando impacto sobre o trabalho, o capital e a hegemonia dos Estados-nações;

e) o impacto da formação dos blocos econômicos sobre os processos de produção e de consumo e sobre a política econômica nacional e internacional;

f) o impacto da reengenharia, promovendo uma revolução sobre a lógica e a estrutura dos processos produtivos e administrativos, visando atingir elevados padrões de qualidade e produtividade que garantam ampliação do nível de competitividade das organizações;

g) o crescente volume de investimento em Pesquisa e Desenvolvimento (P&D) por parte dos países desenvolvidos e, particularmente, sob o controle dos grandes grupos econômicos, gerando concentração de poder político e econômico nas mãos de poucos;

h) o reconhecimento do homem esclarecido como elemento diferenciador dos processos produtivos e administrativos das organizações, configurando-se indicadores da realidade emergente.

Esse conjunto de aspectos desencadeia verdadeira revolução sobre os processos produtivos e administrativos, o que leva a novas exigências e novas formas de estrutura e de funcionamento capazes de garantir o crescimento e/ou a sobrevivência das organizações. Mas, contrariamente, o domínio do saber no modelo social vigente tem promovido uma elite pensante comprometida em definir os rumos da sociedade e, conseqüentemente, tem excluído uma massa significativa de homens. Então, pergunta-se: como ser elite[15] em uma sociedade regida pela meritocracia? Essa sociedade, marcada por tão elevado grau de exigência e de critérios seletivos, cultua e busca nos indivíduos as características de um *super-homem*. Portanto, questiona-se: quais são os conhecimentos, as habilidades e as atitudes de que devemos dispor ou que devemos perseguir para integrar esse grupo seleto? Na verdade, são vários, mas todos derivam de núcleo comum — autoformação e autodesenvolvimento:

a) ter capacidade de raciocinar com lógica e dispor de espírito crítico, reflexivo e analítico;

b) dispor de formação polivalente, que permita trabalhar no contexto multidisciplinar, uma vez que o indivíduo deve estar disposto e motivado a assumir diferentes funções e responsabilidades simultaneamente;

c) dominar a microinformática, estar conectado aos circuitos mundiais de informação, estar capacitado para interpretar dados e informações que lhe permitam tomar decisões rápidas, com ampla margem de acerto sobre situações em contínuo processo de mudança;

d) dispor de capacidade para se ajustar às exigências de seu tempo e de promover e se adaptar às mudanças, ser flexível e versátil;

e) ter competência para contribuir para a emergência e a consolidação de ambiente e cultura que promovam a participação, engajamento, cumplicidade, compromisso, parceria e co-responsabilidade e que, ao mesmo tempo, minimizem ou anulem a cultura de submissão;

f) estar imbuído do espírito gregário, capaz de trabalhar em equipe como agente multiplicador da cultura da qualidade, eficiência, eficácia, resultados coletivos e produtividade;

g) atuar como líder; ser facilitador, catalisador de energias positivas, como um *sedutor* capaz de resgatar a co-responsabilidade, a convergência, a convivência, a sinergia em busca de objetivos comuns;

h) conviver com culturas e pessoas diferentes, reconhecendo o conflito como parte da dinâmica de funcionamento das sociedades humanas; saber conviver com diferentes emoções, expectativas, sentimentos de frustração, entre outros;

---

[15] O termo elite aqui empregado equivale ao que Jaspers denominou de "aristocracia intelectual". Deve-se destacar que, para o autor, a aristocracia intelectual não corresponde a uma aristocracia sociológica, mas traduz a liberdade que tira de si própria a sua origem (JASPERS, apud TURNER, Frank M. (Org.). *Newman e a idéia de uma universidade*. Bauru: Edusc, 2001).

i) ser um estrategista capaz de projetar o futuro (projetos pessoais, profissionais e coletivos) e desenhar cenários, com base no conjunto articulado de dados e informações de que dispõe;

j) ter capacidade e estrutura para correr riscos calculados;

k) ser contributivo, apresentando elevada capacidade de conceber e executar excelentes idéias;

l) reconhecer-se eterno aprendiz, na perspectiva do conceito de educação continuada.[16]

Orientados por esse conjunto de elementos, é possível afirmar que, em uma sociedade cujo ritmo de mudanças alcança níveis extraordinários, em que as exigências do meio para que o homem domine o arsenal científico e tecnológico são cada vez maiores e em que as *verdades científicas* assumem caráter de transitoriedade jamais visto, a educação (formal e informal) não deveria estar fundada em respostas para perguntas que não foram formuladas (pedagogia tradicional), mas, sim, na competência para formular perguntas contextualizadas e pertinentes (problematizar) e também nos referenciais teóricos e metodológicos capazes de colaborar para a busca de soluções pela investigação da realidade. Nesses termos, o conhecimento mais uma vez apresenta-se como o elemento capaz de garantir a sobrevivência do homem. E o homem que dispuser de visão fragmentada da realidade, fruto de expressiva e progressiva especialização do conhecimento, tanto em sua fase de produção como em sua fase de socialização e também na etapa de execução do trabalho, está em dessintonia com o seu tempo. O homem *racional, organizacional, social, economicus, civilizado, moderno,* nesse contexto, é substituído pelo homem. E, se for imprescindível o uso de um adjetivo, poderíamos chamá-lo de "homem integral", movido pela razão e pela emoção, pelo consciente e pelo inconsciente, pela realidade e utopia, pela ação e reflexão, pelo trabalho e pelo ócio.

Educação, formação, capacitação, treinamento e informação constituem alguns dos elementos-chave para o homem ter acesso ao universo da razão, da lógica, da previsão, do controle, da formulação de estratégias da concepção, e construção e interpretação de projeções. Permitem, ainda, ao homem dominar os símbolos que possibilitam a leitura dos fenômenos da realidade de diferentes ângulos. Uma vez fortalecido pelo

---

[16] Perfil resultante de estudos desenvolvidos sob nossa coordenação entre 1990 e 1996, com a participação de estudantes do curso de Administração de diferentes instituições de educação superior do Estado de São Paulo.

conhecimento da realidade, poderá dispor de instrumentos capazes de fazê-lo *sujeito da história,* co-responsável por um projeto de sociedade engajado no bem-estar de todos. Entretanto, em uma sociedade estratificada como a nossa, prevalece a desigualdade de oportunidades. Logo, para nos aproximarmos do perfil do "super-homem" e concorrermos ao passaporte dos inclusos ao mundo pós-industrial, só há uma via: investir em *educação, formação, competência* e *qualificação.*

Se restringirmos essas considerações ao mercado de trabalho, diríamos que possuir um diploma hoje é insuficiente, na medida em que desenvolver conhecimentos, atitudes, habilidades, competências e, igualmente, dispor de instrumentos eficientes para que o homem busque a permanente atualização constituem um dos elementos que colaboram para o ingresso no mercado de trabalho e para o sucesso profissional.

● 1.2 O PAPEL DAS INSTITUIÇÕES DE EDUCAÇÃO SUPERIOR

Cabe às instituições de educação superior assumir o compromisso efetivo de oferecerem formação acadêmica de alto nível. Para tanto, devem identificar, aplicar e aperfeiçoar estratégias didático-pedagógicas que contribuam para a elevação da qualidade da formação do estudante como pessoa, profissional e cidadão. Assim, far-se-á necessário:

a) estimular a elevação dos níveis taxonômicos da aprendizagem, possibilitando ao estudante atingir os níveis satisfatórios de relação e de análise no desenvolvimento das etapas que caracterizam o processo investigatório, elevando a qualidade do curso e, conseqüentemente, o nível de formação do estudante;

b) explorar os instrumentos técnicos, conceptuais, teóricos e metodológicos compatíveis com o exercício da pesquisa sistematizada, de forma a permitir ao estudante-pesquisador aplicar os conhecimentos desenvolvidos durante o curso na exploração de questões/dúvidas/problemas relevantes para o estudante, para a área de conhecimento e para a sociedade;

c) oferecer a oportunidade para o estudante aprofundar-se na área de conhecimento de seu maior interesse acadêmico/profissional por meio da participação de programas de pesquisa curriculares e/ou de interesse curricular;

d) edificar as bases da produção permanente de conhecimento crítico-reflexivo e atualizado sobre a realidade brasileira pela investigação metódica de temas relevantes;

e) estimular o estudante a desenvolver atitudes mais profissionais, uma vez que o exercício da pesquisa exige o contato com acadêmicos e profissionais graduados, sem o paternalismo e a passividade predominantes na relação *professor-aluno* típicas de sala de aula;

f) instrumentalizar o estudante para que possa articular de forma inteligente os referenciais de caráter teórico e os elementos de ordem prática, para estar atento à interpretação e à análise fundamentadas dos fenômenos políticos, econômicos, sociais e culturais, entre outros;

g) imprimir qualidade técnico-científica ao trabalho de conclusão de curso, de modo a contribuir efetivamente para a formação acadêmica do estudante. Isso alcançado, ampliar-se-ão as condições para que haja valorização do diploma de graduação por parte do mercado de trabalho e valorização do egresso do curso e da instituição de educação superior pela sociedade;

h) alterar a relação tradicionalmente estabelecida entre o professor e o *aluno*, horizontalizando-a, de modo a promover o professor ao posto de orientador e o *aluno*, ao de estudante-pesquisador;

i) entender o exercício da pesquisa como um conjunto de atividades capaz de estimular contínuo processo de atualização do projeto pedagógico do curso, do professor orientador e do estudante-pesquisador;

j) promover programas de palestras, seminários, publicação dos melhores relatórios de pesquisa (em conteúdo e em forma), participação em eventos cujo objetivo seja divulgar os resultados alcançados nas pesquisas realizadas pelos estudantes, imprimindo a marca de qualidade e de competência acadêmica dos corpos discente, docente e administrativo do curso e da instituição de educação superior diante da comunidade;

k) reconhecer e capitalizar o esforço e o talento de professores-orientadores e de estudantes-pesquisadores, organizando *banco de casos*, visando explorar, divulgar, socializar, atualizar, ilustrar aulas expositivas com o apoio da produção de conhecimento gerado pela atividade da pesquisa;

l) difundir os cursos oferecidos pela instituição de educação superior, tanto para o meio acadêmico como para o meio empresarial e a comunidade em geral, pela contribuição e qualidade dos resultados obtidos;

m) instrumentalizar o estudante-pesquisador para que, em etapas subseqüentes de sua formação, sinta-se capaz de estudar e produzir interpretações compatíveis com a realidade, a fim de que, de posse do arsenal teórico-metodológico, possa ser co-responsável na concepção e na execução de projetos que resultem em uma sociedade mais justa para todos;

n) por fim, oferecer experiências que, em conjunto, levem os estudantes-pesquisadores a ter prazer pelo estudo e a se posicionarem como eternos aprendizes, compromissados com o desafio da educação permanente. Estudar e aprender correspondem a atividades que dependem cada vez menos de tempo (idade) e espaço (instituições de educação).

Se entendermos a pesquisa como exercício que busca descrever, interpretar, compreender, explicar, solucionar fenômenos físicos e culturais, exigindo do pesquisador um conjunto de atitudes que estimula seu amadurecimento pessoal, intelectual, e não só profissional, o programa de graduação será, no contexto da educação formal, uma etapa informativa e formativa de profissionais, de cidadãos e de homens. Portanto, a monografia e toda a produção acadêmica desempenharão funções importantes, uma vez que exigem a aplicação dos conceitos incorporados ao longo do curso, a solução de situações-problema e a capacidade de planejar e operacionalizar estudo pontual de determinada questão, superando a reprodução do conhecimento e assumindo um exercício sistemático de produção deste, pressupondo amadurecimento intelectual, profissional e pessoal de cada estudante-pesquisador, além de valorizar mais a aprendizagem do que o ensino. Sobre essa questão, Antônio Joaquim Severino argumenta que:

> O professor universitário precisa de consolidada experiência de pesquisa para bem ensinar; o aluno da universidade precisa de uma vivência da prática investigativa para bem aprender. Com efeito, o estudante precisa fundar seu aprendizado num criterioso processo de construção do conhecimento, o que só pode ocorrer se ele conseguir aprender apoiando-se constantemente numa atividade de pesquisa, praticando uma atividade investigativa.[17]

◾ 1.3 PLANEJANDO A PESQUISA

Para viabilizar com êxito o processo de investigação científica, o pesquisador não deve menosprezar nenhuma das etapas que resultam no planejamento da pesquisa. Não é sem razão que muitos programas de graduação e de pós-graduação incluem em seus respectivos desenhos curriculares algumas disciplinas que oferecem suporte técnico, conceptual, teórico e metodológico necessário para que os estudantes formulem projetos de pesquisa consistentes e conseqüentes. Deve-se lembrar que os

---

[17] Consolidação dos cursos de pós-graduação em educação: condições epistemológicas, políticas e institucionais. In: SEVERINO, Antônio Joaquim; FAZENDA, Ovani C. Arantes (Org.). *Conhecimento, pesquisa e educação*. Campinas: Papirus, 2001. p. 56.

CONCEITO E PLANEJAMENTO DE PESQUISA E MONOGRAFIA   19

órgãos de fomento à pesquisa (Capes, CNPq, Fapesp, entre outros), antes de se decidirem pelo apoio financeiro às solicitações encaminhadas, avaliam criteriosamente a consistência dos projetos de pesquisa depositados e o *curriculum vitae* do pesquisador solicitante.

1.3.1 Fases previstas em uma pesquisa de natureza acadêmico-científica[18]

Para oferecer uma visão global sobre o processo investigativo em pesquisas sistematizadas, procuramos recorrer a uma perspectiva didática que nos permitisse reconhecer e apresentar as etapas que no conjunto retratam tal processo. Isso não equivale afirmar que tais etapas são estanques e ocorrem uma após a outra, não raro trabalhamos algumas delas simultaneamente, como teremos oportunidade de salientar na seqüência deste capítulo. Assim, o passo-a-passo da investigação que resultaria em um relatório de pesquisa satisfatório foi dividido em vinte etapas. Aproveitamos para reunir uma breve explicação sobre cada uma delas, embora nas páginas subseqüentes haja o aprofundamento das questões mais relevantes, seguido de exemplos.

1ª fase — Construção do objeto a ser investigado

Caso ainda não disponha de um objeto de estudo construído ou de um tema de investigação delimitado e justificado em termos teóricos e empíricos, deve localizar, no máximo, três *objetos* de estudo de seu maior interesse para direcionar a pesquisa exploratória a ser realizada.

2ª fase — Realização de pesquisa exploratória — Tema/justificativas teóricas e/ou empíricas

A realização de pesquisa exploratória permitirá ao pesquisador reunir elementos capazes de subsidiar a escolha do *objeto* e a construção contextualizada em termos teóricos e empíricos do *tema* que será alvo da investigação.

3ª fase — Formulação de problemas/hipóteses/variáveis e respectivas justificativas teóricas e/ou empíricas

Uma vez definido o tema e adequadamente justificado, será necessário aprofundar a pesquisa exploratória de modo a dispor de elementos que possam permitir a definição do(s) *problema(s)* a ser(em) investigado(s), da(s) *hipótese(s)* a ser(em)

---

[18] José Carlos Koche, no livro *Fundamentos da metodologia científica*. 2. ed. ampl. Caxias do Sul: Universidade de Caxias do Sul, 1988, propõe e explica o que denominou de "fluxograma da pesquisa científica".

verificada(s) ou testada(s) e das *variáveis* privilegiadas. Considerando que tudo isso deve ser justificado teórica e empiricamente, faz-se necessário ampliar e aprofundar as pesquisas bibliográficas, documentais e de campo realizadas no contexto da pesquisa exploratória.

4ª fase — Elaboração do quadro teórico de referência

O quadro teórico de referência deriva da revisão crítica da bibliografia existente sobre o tema explorado na pesquisa, reflete escolhas e articulações do referencial conceptual e teórico resultante de leituras de autores e textos, realizadas no contexto da pesquisa bibliográfica em andamento. Nesses termos, corresponde ao referencial teórico-lógico e coerentemente construído, capaz de imprimir fundamentação aos exercícios de descrição, interpretação e/ou análise do material a ser coletado ao longo do processo investigatório. Cabe destacar que o conjunto articulado dos referenciais teóricos utilizados para justificar a elaboração do tema, do problema e da hipótese configura o *embrião* do quadro teórico de referência.

5ª fase — Definição das estratégias metodológicas da pesquisa e respectivas justificativas

Uma vez delimitado o tema da investigação pela definição de *problemas, hipóteses* e *variáveis,* será necessário definir as estratégias metodológicas que viabilizarão o processo de identificação, coleta, registro, seleção, tratamento, descrição, interpretação e/ou análise do material sistematicamente reunido. Entre outras palavras, identificar e justificar a abordagem e o método que melhor se ajustam às especificidades dos objetivos da pesquisa, definir criteriosamente o universo considerado na pesquisa (população, amostra ou unidades sociais de estudo), os tipos de pesquisa a serem explorados, as técnicas de coleta de materiais, os instrumentos de coleta e registro de materiais, as técnicas de tratamento (processamento) e os recursos técnicos que se antecipam aos exercícios de descrição, interpretação e análise.

6ª fase A — Planejamento e realização da pesquisa bibliográfica

O material resultante da pesquisa bibliográfica a ser realizada ao longo da pesquisa corresponde à base de sustentação conceptual, teórica e metodológica de toda investigação acadêmica. Sem o suporte de referenciais conceptuais e teóricos consistentes, não há como fundamentar os exercícios de descrição, interpretação e análise do material coletado, mas apenas reproduzi-los com enfadonhas transcrições que nada somarão ao que já se sabe sobre o assunto explorado. Não há como sustentar hipóteses, conclusões ou inferências! Conseqüentemente, cabe enfatizar que, a partir da segunda fase da investigação, a pesquisa bibliográfica e os fichamentos resultantes são práticas indispensáveis e paralelas às diferentes fases que caracterizam o processo investigatório.

6ª fase B — Planejamento e realização da pesquisa documental

Se no planejamento da pesquisa há decisão justificada de explorar os recursos da pesquisa documental, é o momento de identificar pessoas, instituições e/ou organizações que possam dispor de arquivos pessoais e/ou arquivos públicos que contenham documentos pertinentes à pesquisa em andamento. Confirmada a existência desses documentos, sua validade para pesquisa em curso e a disponibilidade de consulta, cabe agendar a visita do pesquisador ao local, a consulta dos documentos, possibilidade de reprodução de tais documentos ou de anotações acerca de seu conteúdo. Feito isso, é necessário selecionar dados, informações, ilustrações etc. que possam fortalecer o exercício argumentativo do autor da pesquisa.

6ª fase C — Planejamento e realização da pesquisa de campo

Se no planejamento da pesquisa há decisão justificada de explorar os recursos da pesquisa de campo, é o momento de definir o universo da população-alvo da investigação. Para isso, deve-se considerar que, enquanto as pesquisas censitárias envolvem a totalidade da população investigada, as pesquisas de caráter amostral envolvem uma parcela estatisticamente representativa dessa população. Em caso de pesquisa qualitativa, é necessário definir justificadamente a(s) unidade(s) social(is) de estudo que será(ão) explorada(s). Além disso, será indispensável elaborar os instrumentos de coleta de materiais. É relevante lembrar que, em caso de pesquisa quantitativa, espera-se a elaboração de questionários e/ou formulários e, em caso de pesquisa qualitativa, espera-se a elaboração do roteiro das entrevistas e/ou a definição justificada dos aspectos que serão alvo da observação.[19]

7ª fase — Realização de projeto-piloto dos instrumentos de coleta de dados

Em caso de pesquisa de campo, uma vez elaborados os instrumentos de coleta de materiais e se houve a opção por utilizar técnicas que imprimem caráter mais quanti-

---

[19] Por configurarem estudos pouco sistematizados, as pesquisas qualitativas são minimamente rígidas nessas questões, o que justifica privilegiarem as entrevistas não-estruturadas, clínicas e não-dirigidas e a observação livre e participante como técnicas de coleta de materiais. Para maior aprofundamento sobre esta questão, consulte Triviños (1987); Grawitz (1984); Santos Filho e Gamboa (1995) e Goldenberg (1999).

tativo à análise, o estudante-pesquisador deve testar a eficácia dos questionários e/ou formulários em um grupo de aproximadamente 10% da população definida na 6ª fase B (anteriormente indicada). Porém, se houve a decisão de imprimir caráter qualitativo às interpretações do material a ser coletado, é o momento de agendar as entrevistas a serem realizadas com os contatos, sempre com o cuidado de remeter previamente o roteiro a ser respeitado (dessa forma, o pesquisador permite que o contato se prepare melhor para responder às questões previstas no roteiro da entrevista). Nos casos em que o pesquisador ponderou a importância de recorrer à observação, espera-se que estabeleça contato com as pessoas que possam autorizar sua presença no local estabelecido e o seu contato direto com os indivíduos envolvidos com o fenômeno que deseja investigar, sem nenhuma alteração da rotina.

8ª fase — Correção do instrumento-piloto

Aplicado o instrumento de coleta de material a 10% do total de respondentes, é indispensável que o pesquisador avalie as limitações do(s) instrumento(s) de coleta de materiais (relativas à linguagem, à extensão do instrumento, ao tempo envolvido em sua aplicação, à seqüência das perguntas privilegiadas etc.) e corrija eventuais falhas identificadas, sabendo que deverá justificar as possíveis alterações.

9ª fase — Planejamento, realização e registro das entrevistas

Ao decidir por realizar pesquisa de campo, o pesquisador deve considerar a pertinência desse recurso para os objetivos perseguidos. Secundariamente, é preciso ponderar que as técnicas envolvidas na coleta de material pressupõem elevado investimento em tempo e que, freqüentemente, o ritmo do processo de coleta e a qualidade do material obtido não dependem apenas de sua boa vontade. Por isso mesmo é relevante que o pesquisador avalie os méritos e as limitações de cada técnica de coleta de materiais antes de decidir pela aplicação de uma ou mais delas. Cabe destacar que o material resultante de entrevistas realizadas só tem valor de fundamentação quando registrado em fita cassete ou em vídeo, e que o material derivado da observação só conquista valor equivalente quando resulta em diários de campo sistematicamente elaborados.

10ª fase — Tratamento dos materiais de origem primária

Em caso de pesquisa quantitativa, concluída a etapa de coleta, registro e seleção de dados, é o momento de iniciar o processamento estatístico destes. Já em caso de pesquisa qualitativa, recomenda-se que o tratamento do material ocorra simultaneamente ao processo de coleta. Esse procedimento ajudará sobremaneira ao pesquisador corrigir rotas, aprofundar mais alguns aspectos identificados como relevantes, diversificar, ampliar ou reduzir o número de entrevistas inicialmente previsto, avaliar a suficiência do material resultante da observação, entre outros. Cumpre lembrar também que, enquanto os dados resultantes da aplicação de questionários e formulários devem ser processados (ou tabulados), os materiais resultantes da realização de entrevistas devem ser transcritos das fitas cassete para o papel, na íntegra (cabeçalho, perguntas, respostas), e ser submetidos à análise de conteúdo. Para tanto, precisam ser fichados, extraindo-se o que irá subsidiar o pesquisador no momento de fundamentar descrições, interpretações e análises, sem perder de vista o tema/problema. Os procedimentos que caracterizam o tratamento dos conteúdos do diário de campo são similares aos indicados para os materiais resultantes de entrevistas realizadas.

11ª fase A — Avaliação da suficiência dos materiais coletados e tratados

No momento em que o pesquisador estiver com o material coletado (por meio da realização de pesquisas bibliográficas, documentais e de campo) adequadamente tratado, é oportuno dedicar atenção à *avaliação* de sua suficiência qualitativa e quantitativa tendo como parâmetro a fundamentação necessária das descrições, interpretações, análises, demonstrações e inferências que o permitirá comprovar a validade da(s) hipótese(s) formulada(s) e, caso não trabalhe com hipóteses, se o material coletado permite vislumbrar, por exemplo, respostas ou soluções acerca do problema formulado.

11ª fase B — Complementação da coleta dos materiais

Em caso negativo, o pesquisador deve identificar e recorrer a outras fontes de materiais, efetuar a complementação da coleta dos materiais, processá-los adequadamente, de modo a dispor de elementos suficientes para fundamentar os conteúdos da redação da monografia.

11ª fase C — Formulação do "índice provisório"

Em caso afirmativo, o pesquisador deve iniciar o processo de redação do desenvolvimento do relatório de pesquisa desenhando a estrutura do "índice provisório". Esta corresponde ao plano da redação, uma espécie de "mapa dos conteúdos a serem privilegiados", algo como um "esqueleto que reflete a estrutura do texto" a ser desenvolvido de forma seqüencialmente lógica — normalmente dispondo as idéias mais gerais e abstratas nos primeiros capítulos e as idéias mais específicas e concretas nos últimos capítulos.

12ª fase — Formulação do "índice sumarizado"

Concluído o "índice provisório" do desenvolvimento do relatório final de pesquisa, é o momento de transformá-lo em "índice sumarizado". Nessa oportunidade, o pesquisador irá identificar e explicitar o objetivo de cada capítulo em função do objetivo da investigação e irá igualmente apontar as bases de fundamentação que apoiarão descrições, interpretações, análises e conclusões parciais.

13ª fase — Elaboração da primeira versão da redação do relatório de pesquisa

Ao concluir o "índice sumarizado", o pesquisador terá condições de transformá-lo na primeira versão do relatório de pesquisa, bastando, para isso, aprofundar exaustivamente os conteúdos tratados em cada capítulo do desenvolvimento com o suporte do material adequadamente coletado, tratado e corretamente referenciado ao longo do texto.

14ª fase — Revisão do conteúdo do desenvolvimento

Terminada a redação da primeira versão do desenvolvimento, é recomendável que o autor do relatório de pesquisa revise o conteúdo e a forma de cada capítulo, ponderando a adequação da evolução lógica dos conteúdos, a coerência da fundamentação de descrições, interpretações e análises presentes nos diferentes capítulos, a estrutura redacional dos capítulos, subcapítulos, parágrafos, títulos e subtítulos, notas de rodapé, citações, quadros, gráficos, tabelas, figuras e outros.

15ª fase — Redação das seções complementares do relatório de pesquisa

Finalizadas a redação e a revisão do desenvolvimento do texto, o autor do relatório de pesquisa deve elaborar a conclusão, em seguida, a introdução e, por último, rever as referências bibliográficas que contribuíram para fundamentar o conteúdo do desenvolvimento, além de configurar capa e folha de rosto, agradecimentos, epígrafe e sinopse (se houver), índice de figuras (se houver mais de cinco figuras no desenvolvimento do texto) e sumário. Se houver necessidade, organizar apêndices e anexos.

16ª fase — Digitação do relatório de pesquisa

É desejável que a digitação dos conteúdos das diferentes seções do relatório de pesquisa seja realizada simultaneamente ao processo de elaboração. Com isso o autor ganha tempo e racionaliza o trabalho operacional.

17ª fase — Revisão do conteúdo e da forma do relatório de pesquisa

No momento da revisão final do relatório de pesquisa, é importante o autor considerar elementos pertinentes ao conteúdo e à forma. Assim, cabe observar a evolução lógica dos diferentes capítulos, dos subcapítulos e dos diferentes parágrafos contidos nos capítulos, o nível de aprofundamento e a clareza dos aspectos tratados, a coerência da argumentação. É relevante revisar também a forma, repassando, por exemplo, títulos, formação de parágrafos, gramática, acentuação e pontuação no material impresso, além dos aspectos mecanográficos.

18ª fase — Revisão final da última versão do relatório de pesquisa

Corrigir eventuais equívocos e lapidar a apresentação da monografia, identificando e corrigindo repetições de termos e de texto, avaliando a pertinência de notas de rodapé efetivamente esclarecedoras, verificando a indicação correta e sistemática de fontes de consulta, checando a clareza impressa às figuras incluídas no texto e à seqüência da numeração, observando a padronização das citações etc.

19ª fase — Encadernação e entrega da monografia ou do relatório final de pesquisa

Agendar o serviço de encadernação junto a profissionais competentes com antecedência mínima de cinco dias. Verificar o material recebido no que tange à cor da capa, às informações pertinentes ao dorso da obra, informações típicas de uma capa, existência de todas as páginas, inexistência de páginas dispostas de forma incorreta, entre outras. Depositar o número de cópias exigido pelo regulamento do programa cursado.

20ª fase — Defesa oral dos resultados da pesquisa realizada

Preparar o material de suporte para a participação no exame oral previsto. Nessa ocasião, uma banca examinadora avaliará a monografia e o nível de domínio do autor em relação aos conteúdos tratados no texto final do relatório de pesquisa.

BREVE REFLEXÃO SOBRE AS ABORDAGENS QUANTITATIVAS, QUALITATIVAS E MISTAS (OU TRIANGULAR)

2

"O desenvolvimento da ciência não se efetua por acumulação dos conhecimentos, mas por transformação dos princípios que organizam o conhecimento. A ciência não se limita a crescer mas em transformar-se."

Thomas Khum

Para entender as implicações que resultam da escolha de determinado método de investigação — método de estudo de caso, método *delphi*, método *grounded theory*, método de pesquisa-ação, método *survey*, por exemplo — ou determinado tipo de pesquisa — bibliográfica, documental, de campo ou de laboratório, por exemplo —, determinadas técnicas de coleta, tratamento, interpretação e análise dos materiais reunidos, é indispensável perceber aspectos que caracterizam as abordagens metodológicas de natureza quantitativa e qualitativa, uma vez que, dependendo dessa escolha, os recursos técnicos e os procedimentos metodológicos variam. É com essa preocupação que discutiremos alguns aspectos relacionados à natureza das respectivas abordagens metodológicas — quantitativa, qualitativa, mista ou triangular —; para tanto, os conteúdos farão particular referência aos métodos *survey*, estudo de caso e pesquisa-ação.

● 2.1 A NATUREZA DA ABORDAGEM QUANTITATIVA

Os métodos submetidos à lógica quantitativista se prestam a subsidiar pesquisadores que desejam realizar pesquisas cujo propósito está orientado pela necessidade de verificar hipóteses previamente formuladas e identificar a existência ou não de relações entre variáveis privilegiadas. Ainda hoje grande parte da literatura disponível sobre metodologia de pesquisa reconhece os processos intrínsecos aos métodos de vertente quantitativa como condição *sine qua non* de cientificidade para a investigação dos fenômenos físicos e culturais. Os argumentos freqüentemente utilizados para justificar essa visão metodológica ressaltam:

a) a objetividade e o rigor reconhecidos nesse tipo de método;

b) a possibilidade de explorar critérios probabilísticos na seleção da amostra;

c) a existência de instrumentos de coleta de dados estruturados e previamente testados (questionários e formulários), capazes de imprimir elevada sistematização ao processo de coleta de dados;

d) a existência e o uso de mecanismos de controle durante o processo investigatório;

e) a existência de rigorosas regras de procedimentos que possibilitam a previsão do conjunto de etapas que caracterizam a investigação;

f) a representatividade estatística da população investigada amplia a credibilidade das conclusões alcançadas;

g) a existência e o uso de *softwares* agilizam o processamento dos dados, a comparação entre categoria de análise e ampliam a confiabilidade do processamento dos dados;

h) a existência e o uso de sofisticadas técnicas estatísticas na análise dos dados processados;

i) as conclusões alcançadas permitem a generalização dos resultados;

j) as resultados alcançados suportam a formulação de leis ou explicações gerais decorrentes da regularidade do fenômeno investigado.

A pesquisa de campo de caráter quantitativo é orientada pelo raciocínio hipotético dedutivo. O que isso implica? Nesse exercício investigatório, o pesquisador parte de consistente quadro teórico de referência; formula justificadamente as hipóteses sobre o fenômeno objeto da investigação; identifica as conseqüências da hipótese formulada; delineia o universo da pesquisa ou define criteriosamente a amostra que será estudada e define de maneira fundamentada as variáveis (independentes e dependentes) que serão consideradas. O processo de coleta de dados prioriza números ou informações que possam ser quantificadas, os dados coletados e processados são interpretados e analisados com os recursos oriundos da Estatística, e a preocupação central reside em testar a hipótese para validá-la ou não.[1]

Ao explorar os recursos metodológicos permitidos pela abordagem quantitativa, o pesquisador pode considerar o conjunto da população (pesquisa censitária) ou um subconjunto desta população (pesquisa amostral). Por mais que a decisão de realizar pesquisas censitárias ou amostrais dependa da natureza do problema formulado e

---

[1] MOREIRA, Daniel Augusto. *O método fenomenológico na pesquisa*. São Paulo: Thomson, 2002.

das hipóteses testadas, é importante não desconsiderar o investimento em tempo, recursos humanos e financeiros que a pesquisa de campo irá implicar. De forma bastante geral é possível elencar aspectos favoráveis e desfavoráveis ao uso da pesquisa amostral.

QUADRO 2.1 Aspectos favoráveis e desfavoráveis ao uso de pesquisa amostral

Aspectos favoráveis à realização de pesquisa amostral	Aspectos desfavoráveis à realização de pesquisa amostral
— Maior agilidade no processo que envolve coleta e registro dos dados	— Localização e acesso aos respondentes
— Reduzido número de pesquisadores e auxiliares de pesquisa	— Desconsideração de variáveis qualitativas relevantes para o estudo realizado
— Maior agilidade na seleção, processamento, descrição, interpretação e análise dos dados	— Problemas de representatividade estatística da amostra
— Menores custos envolvidos	— Limitações metodológicas que invalidam exercícios de extrapolação dos resultados para o universo investigado

Fonte: FREITAS, Henrique et al. O método de pesquisa *survey*. *Revista de Administração de Empresas*, São Paulo, USP, v. 35, n. 3, jul./set. 2000; DOWNEY, Kirk; IRELAND, Duane. Quantitative versus qualitative: the case of environmental assessment in organizational study. *Administrative Science Quarterly*, v. 24, n. 4, p. 630-637, Dec. 1979.

Ao longo do tempo é possível perceber que a abordagem quantitativa ganhou diferentes denominações. Assim, as abordagens *quantitativa realista, empírica analítica* ou de *cunho positivista* figuram exemplos do que estamos afirmando.

2.1.1 O método *survey* como exemplo de abordagem quantitativa

O método de pesquisa *survey* — ou levantamento amostral de dados — é, atualmente, o que melhor representa as características da pesquisa quantitativa, isso porque corresponde à realização de pesquisa de campo, na qual a coleta de dados é realizada por meio de aplicação de questionário e/ou formulário, respeitando escalas de medidas, junto a uma amostra estatisticamente representativa da população. O método *survey* corresponde a levantamentos de caráter amostral em que o pesquisador necessita coletar dados que quando registrados, selecionados e processados permitam a realização de exercícios de descrição, interpretação e análise comparativa (análise de correlação), capazes de legitimar explicações a respeito de fatos, atitudes, preferências, crenças e comportamentos. Colabora ainda nos estudos de natureza prospectiva na medida em que permite a formulação de previsões que expressam as crenças que as pessoas têm sobre eventos futuros.[2]

Dependendo dos objetivos que o pesquisador se compromete a alcançar, as pesquisas que fazem uso desse método podem ser classificadas em:[3]

a) **Survey exploratória** — quando a investigação se compromete a identificar o espectro de variáveis que interferem em determinado fenômeno. Ou seja, identificar as variáveis que se revelam independentes e as que se revelam dependentes no âmbito do fenômeno em análise. Investigar, igualmente, até que ponto tais variáveis podem ser medidas e, em caso afirmativo, como seria possível realizar tal medição.

b) **Survey explanatória** — a investigação se compromete a testar uma teoria e, para tanto, se empenha em explicar fundamentadamente as relações causais possíveis de estabelecer.

c) **Survey descritiva** — a investigação se compromete a identificar quais situações, eventos, atitudes ou opiniões estão manifestos em determinada população, ou descrever a distribuição de algum fenômeno ocorrido com tal grupo, tendo como referência uma amostra estatisticamente representativa da população.

d) **Survey longitudinal** — investigação da evolução ou das transformações, ou ainda das mudanças ocorridas em determinadas variáveis no curso de diferentes espaços de tempo.

e) **Survey corte-transversal** — investigação se compromete a identificar e explicar uma ou mais variáveis no limite de um determinado espaço de tempo.

O planejamento de pesquisas que envolvem o uso do método *survey* pode ser exemplificado tendo em vista a existência de expressiva regularidade nos passos que caracterizam o processo investigatório. Na seqüência, tal processo, que caracteriza a adoção desse método, foi dividido em doze etapas para que o leitor disponha de visão de conjunto acerca das fases envolvidas na concepção e execução de pesquisas norteadas pela utilização de seus recursos metodológicos.

---

[2] MOREIRA, 2002.

[3] FREITAS, Henrique et al. O método de pesquisa *survey*. *Revista de Administração de Empresas,* São Paulo, USP, v. 35, n. 3, jul./set. 2000.

BREVE REFLEXÃO SOBRE AS ABORDAGENS QUANTITATIVAS, QUALITATIVAS E MISTAS (OU TRIANGULAR) ■ 31

QUADRO 2.2 Síntese dos passos que caracterizam pesquisas de cunho quantitativo aplicadas às organizações (Método de Pesquisa *Survey* aplicado em estudos organizacionais)

1) Realizar pesquisa exploratória de forma que os resultados permitam formular e justificar teórica e empiricamente:
   i. a definição delimitada do tema da pesquisa;
   ii. a construção do problema, ou seja, da dúvida que a pesquisa se presta a responder ou solucionar;
   iii. a formulação das hipóteses que serão verificadas no curso da pesquisa e respectivas conseqüências;
   iv. a definição das variáveis independentes e dependentes consideradas.

2) Definir e justificar as estratégias metodológicas que viabilizarão a realização dos processos de localização, coleta, registro, seleção, processamento, descrição, interpretação e análise dos dados:
   i. considerando que a pesquisa será de natureza amostral, cabe definir criteriosamente o tipo de amostra que será utilizado (probabilística ou não probabilística, por exemplo), o mapeamento e a localização das pessoas que formarão a amostra (ciente de que ao ser calculada ela deverá representar, estatisticamente, o universo da pesquisa);
   ii. considerando que a adoção do método quantitativo pressupõe a realização de pesquisa de campo — de caráter quantitativo —, cabe decidir e justificar o tipo de recurso técnico mais ajustado às exigências da pesquisa: aplicação de questionário ou de formulário;
   iii. considerando que as respostas registradas pelos respondentes devem ser processadas, definir os recursos técnicos que serão explorados no processamento dos dados.

3) Revisar a literatura pertinente ao tema, problema, hipóteses e variáveis privilegiadas com a intenção de construir as bases do quadro teórico de referência. Uma vez construído, esse referencial permitirá ao pesquisador elaborar instrumentos de coleta de dados consistentes e adequados às especificidades do objeto investigado, além de imprimir sentido aos dados coletados, selecionados e processados, no momento da análise. É pertinente enfatizar que os dados só ganham sentido no contexto cognitivo resultante do referencial teórico que suportará descrições e análises comparativas.

4) Elaborar o instrumento de coleta de dados (questionário ou formulário).

5) Objetivando aperfeiçoar o instrumento de coleta de dados de forma que ele assegure a medição do que a pesquisa se propôs, é recomendável aplicar o questionário ou formulário-piloto em uma pequena parcela da amostra considerada na pesquisa, para, em seguida, proceder à correção das eventuais falhas identificadas — sejam elas de conteúdo e/ou de forma.

Continua

32 ■ MONOGRAFIA

Continuação

6) Em caso de aplicação de questionário, elaborar a correspondência de encaminhamento do instrumento, discriminando, nesta ocasião:

   i. os objetivos da pesquisa e sua relevância para a área de conhecimento explorada;

   ii. a(s) instituição(ões) ou o(s) organismo(s) patrocinador(es) da pesquisa;

   iii. a importância da colaboração do respondente;

   iv. os procedimentos relativos ao preenchimento e à devolução do material;

   v. a data limite de retorno do questionário adequadamente preenchido;

   vi. o registro do compromisso de resguardar a confidencialidade dos dados e dos resultados isolados;

   vii. o registro do compromisso de — uma vez concluída a pesquisa — remeter cópia do sumário executivo dos resultados conquistados para o respondente;

   viii. destacar o(s) nome(s), a formação e o vínculo institucional do(s) pesquisador(es) responsável(is) pela pesquisa.

7) Elaborar o cronograma de execução do projeto de pesquisa de forma a distribuir realisticamente as etapas que caracterizam o processo investigatório no tempo.

8) Aplicar o questionário ou formulário.

9) Em caso de coleta de dados por meio da aplicação de questionários, selecionar aqueles respondidos adequadamente.

10) Processar os questionários selecionados ou os formulários aplicados (tratamento estatístico dos dados).

11) Explorar o quadro teórico de referência na realização de exercícios que envolvem descrição, interpretação e análise dos dados.

12) Elaborar o relatório de pesquisa em que fiquem explicitados os objetivos justificadores da pesquisa; o referencial teórico explorado nos exercícios de interpretação e análise; os recursos de caráter metodológico utilizados na coleta, registro e processamento dos dados; a descrição, interpretação e análise dos dados que permitiram a afirmação ou a infirmação da hipótese verificada.

Fonte: Elaborado pela autora.

● 2.2 A NATUREZA DA PESQUISA QUALITATIVA

Os qualitativistas rejeitam o pressuposto que reconhece a existência de um único método de investigação, válido para todas as ciências, sejam elas físicas ou culturais. Para tanto, argumentam que a especificidade do objeto de investigação próprio das ciências humanas e sociais pressupõe a concepção e adoção de métodos que sejam capazes de respeitar tais singularidades. Rejeitam, igualmente, a tese que defende a supremacia dos métodos quantitativos sobre os métodos qualitativos com argumentos que atestam a cientificidade dos primeiros em detrimento dos segundos. Na ótica dos qualitativistas, parece totalmente inaceitável legitimar as conclusões das investigações que exploram métodos quantitativos pela simples adoção de processos investigatórios pautados na quantificação. E, por isso mesmo, são métodos reconhecidos pela possibilidade de suportar a formulação de leis ou de explicações gerais.

Em vez disso, argumentam só ser possível imprimir significado aos fenômenos humanos com o apoio de exercícios de interpretação e compreensão, pautados na observação participante e na descrição densa — exercícios de apreensão da realidade que subvertem a separação epistêmica existente entre sujeito (aquele que investiga) e objeto (aquele que é objeto da investigação), e para isso é necessário expressiva dedicação em tempo e reflexão.[4] Dessa forma, as chances de esses fenômenos serem interpretados da perspectiva dos atores neles envolvidos e no contexto em que eles ocorrem e se ampliam. Assim, os qualitativistas resumem os méritos desse tipo de abordagem em cinco pontos principais:

a) A importância do singular assumida na investigação dos fenômenos sociais acaba contribuindo no resgate da idéia de o homem ser reconhecido como o *singular universal* no processo investigatório.

b) Valoriza a idéia de intensidade em detrimento da idéia de quantidade.

c) A credibilidade das conclusões alcançadas é reflexo das multiperspectivas resultantes de diferentes fontes de consulta exploradas no contexto dos métodos de cunho qualitativo. Isso pressupõe um olhar profundo e prolongado sobre realidade investigada.

d) A quantidade de tempo envolvida no processo de investigação somada à intensidade dos contatos estabelecidos entre o pesquisador e os sujeitos da investigação correspondem a fatores que reduzem significativamente a *fabricação* de comportamentos "maquiados", convenientes, de *fachada*.

e) A quantidade de tempo envolvida no processo de investigação somada à multiplicidade de fontes de evidência figuram fatores que dificultam o pesquisador manter *pré-conceitos* frente ao objeto da investigação.

Ao longo do tempo é possível perceber que a abordagem qualitativa ganhou diferentes denominações: *abordagem qualitativa idealista, abordagem fenomenológica*

---

[4] Para ampliar a compreensão dos argumentos explorados na fundamentação desta crítica, recomenda-se a leitura de: LIMA, Manolita Correia. O método de pesquisa-ação nas organizações: do horizonte político à dimensão formal. *Revista Gestão,* Universidade Federal de Pernambuco, v. 3, n. 2, maio/ago. 2005. Disponível em: <http://www.gestaoorg.dca.ufpe.br>.

34 ■ MONOGRAFIA

hermenêutica, método etnográfico, método monográfico, método funcionalista, método de estudo de caso e *método de pesquisa-ação* são alguns exemplos. Considerando a importância que estes dois últimos métodos assumem nas áreas ligadas à Administração, Comunicação, Serviço Social, Contabilidade, entre outras, iremos aprofundar alguns aspectos relativos a eles na seqüência da obra.

☐ 2.2.1 O método de estudo de caso como exemplo de abordagem qualitativa

O **método de estudo de caso** corresponde a uma das formas de realizar pesquisas empíricas de caráter qualitativo sobre um fenômeno em curso e em seu contexto real. Parte da premissa de que é possível explicar um determinado fenômeno com a exploração intensa/exaustiva de uma única unidade de estudo (estudo de caso holístico) ou de várias unidades de estudo (estudo de casos múltiplos, segmentado ou comparativo), para possibilitar a elaboração de exercícios de análise comparativa. Ele envolve a realização de exercícios sistematizados de descrição, interpretação e análise da(s) unidade(s) de estudo considerada(s), utilizando, para isso, diferentes fontes de evidência com o objetivo de compreendê-la internamente de acordo com seus próprios termos. Assim, não é exagero afirmar que a adoção desse método, em oposição aos métodos de vertente quantitativa que privilegiam análises estatísticas, viabiliza imersão integral, profunda e minuciosa do pesquisador na realidade social investigada.[5]

Com o objetivo de favorecer a formação de visão de conjunto para os pesquisadores não iniciados no método de estudo de caso, apresentamos, na seqüência, as etapas que podem refletir o passo-a-passo de uma investigação norteada pelo uso do método anteriormente citado. Com isso espera-se que os jovens pesquisadores possam avaliar o nível de complexidade presente nesse recurso metodológico e sua pertinência diante das especificidades do tema e do problema que desejam investigar.

Embora saibamos que qualquer processo investigatório é iniciado com a formulação de um projeto de pesquisa capaz de apontar de forma justificada direções (objetivos) e caminhos (procedimentos metodológicos), não é possível alimentar a idéia de que tal planejamento seja seguido à risca. Nas palavras de Goldenberg, em estudos de caso:

---

[5] Para aprofundar esta questão, sugerimos a leitura: GODOY, Anilda S. Estudo de caso qualitativo. In: GODOI, Christiane K. et al. *Pesquisa qualitativa em estudos organizacionais*: paradigmas, estratégias e métodos. São Paulo: Saraiva, 2006; GOLDENBERG, 1999; YIN, Robert K. *Estudo de caso*: planejamento e métodos. 2. ed. Porto Alegre: Bookman, 2001.

O pesquisador deve estar preparado para lidar com uma grande variedade de problemas teóricos e com descobertas inesperadas, e, também, para reorientar seu estudo [na medida em que] é muito freqüente que surjam novos problemas que não foram previstos no início da pesquisa e que se tornam mais relevantes do que as questões formuladas inicialmente.[6]

QUADRO 2.3 Síntese dos passos que caracterizam pesquisas de cunho qualitativo (Método de Estudo de Caso aplicado em estudos organizacionais)

1) Formulação de um projeto de pesquisa consistente para que haja clareza de definições e de justificativas teórico/empíricas relativas:

   i. aos objetivos que a pesquisa se compromete a alcançar (definição do tema e construção dos problemas devidamente contextualizados). Nesse caso, os problemas investigados devem ressaltar eventos em curso já que o método de estudo de caso não se presta a realizar investigações históricas e tampouco prospectivas;

   ii. à revisão crítica da literatura cujo resultado terá dupla função: apontar para a viabilidade da pesquisa proposta e servir de referencial teórico capaz de apoiar os exercícios de interpretação e análise do material coletado;

   iii. à definição das estratégias metodológicas que permitirão o alcance dos objetivos fixados por meio do estudo de caso: tipos de pesquisa, tipos de técnicas de coleta de materiais, tipos de instrumentos de coleta de materiais, tipos de técnicas de tratamento, interpretação e análise dos materiais coletados. Considerar a importância de prever a realização de pesquisa de campo concentrada nos limites de uma unidade social de estudo (uma equipe, um departamento, uma instituição, uma organização, uma comunidade, entre outros) ou em mais de uma unidade social de estudo. Considerar, ainda, que qualquer que seja a modalidade de método de estudo de caso adotada far-se-á necessário estabelecer os critérios adotados em sua seleção. Tais critérios derivam necessariamente da representatividade qualitativa da(s) unidade(s) social(is) de estudo selecionada(s);

   iv. à obtenção de documento assinado pelo(s) responsável(is) da(s) unidade(s) social(is) de estudo considerada(s) na investigação, formalizando a autorização para a realização da pesquisa de campo nos termos previstos no projeto de pesquisa e para a divulgação dos resultados alcançados;

   v. ao cronograma de atividades envolvidas na execução do projeto de pesquisa.

Continua

[6] GOLDENBERG, 1999, p. 35.

Continuação

2) Em qualquer dos tipos de método de caso, será imprescindível a elaboração de um protocolo de estudo. Esse documento contribuirá para a sistematização do processo de registro do material coletado e para a construção das bases de validação das conclusões que a pesquisa vier a alcançar. Nesses termos, haverá necessidade de definir:

   i. os aspectos que serão explorados nas pesquisas bibliográficas, documental e de campo. Para isto, será necessário o pesquisador considerar as questões-problema norteadoras da pesquisa e as fontes de dados e informações exploradas nos exercícios de interpretação e análise que legitimarão as conclusões alcançadas;

   ii. o material bibliográfico que imprimirá fundamentação conceptual e teórica às descrições, interpretações e análises da problemática investigada;

   iii. as técnicas de coleta de materiais que melhor se ajustem às especificidades do tema e do problema de pesquisa (entrevista em profundidade, observação participante, discussões em grupo, levantamentos de documentos, entre outras). É pertinente destacar que a credibilidade dos resultados alcançados pelos estudos de caso, dentre outras coisas, depende da multiplicidade de fontes confiáveis de consulta, exploradas durante o processo investigatório;

   iv. os instrumentos de coleta de materiais: roteiro de entrevista, organização dos grupos de discussão, mapa do processo de observação, concepção de um diário de pesquisa, entre outros;

   v. os agentes envolvidos na pesquisa a ser realizada;

   vi. os espaços a serem privilegiados durante o processo de coleta de material e o tempo envolvido nessa empreitada;

   vii. a previsão de como os materiais serão sistematicamente registrados (gravação das entrevistas a serem realizadas; elaboração de fichas para registrar no diário de observação e para fazer anotações diversas, prevendo a necessidade de registrar os eventos com recursos iconográficos, tais como fotos, desenhos, plantas etc., e prever a contribuição de montar quadros, sínteses com a elaboração de fluxogramas, tabelas etc.);

   viii. a previsão de equipamentos necessários tais como: gravador, *software*, câmara fotográfica, filmadora, salas especiais para realização de discussões em grupo etc.

3) Tratamento do material coletado e registrado para viabilizar descrições, interpretações e análises. Cabe destacar que em investigações orientadas por métodos de vertente qualitativa as atividades de coleta, tratamento, seleção, interpretação e análise ocorrem simultaneamente. Apenas dessa forma será possível avaliar a pertinência e a suficiência do material reunido, a necessidade de ampliar ou reduzir as fontes de consulta, a importância de aprofundar aspectos inicialmente não previstos, o estabelecimento de categorias norteadoras dos exercícios de descrição, interpretação e análise etc.

Continua

Continuação

4) Elaboração do relatório de pesquisa de modo que fiquem claros:
    i. os objetivos que justificaram a realização da pesquisa;
    ii. os recursos metodológicos explorados;
    iii. a caracterização da(s) unidade(s) social(is) de estudo;
    iv. a descrição, interpretação e análise dos materiais coletados com o suporte do referencial teórico privilegiado;
    v. a apresentação das conclusões alcançadas.

Fonte: Elaborado pela autora.

□ **2.2.2 O método de pesquisa-ação como exemplo de abordagem qualitativa**

A **pesquisa-ação** corresponde a um método que tem por característica principal articular, simultaneamente, o exercício da pesquisa à ação participante sobre a realidade, objeto da investigação. Parte do pressuposto de que o(s) pesquisador(es) e os atores envolvidos no processo investigatório são agentes complementares na medida em que são co-responsáveis pelas etapas que caracterizam a concepção do projeto de pesquisa, a sua execução e a elaboração dos resultados alcançados, tanto em termos de produção quanto de aplicação do conhecimento. Tem o propósito de explicar alguns aspectos da realidade para, assim, ser possível agir/intervir sobre ela, identificando problemas, formulando, experimentando, avaliando e aperfeiçoando alternativas de solução, em situação real, com a intenção de contribuir para o aperfeiçoamento contínuo dessa realidade, objeto de investigação.

Quando adotada no estudo das organizações, é possível reconhecer como singularidade desse método de pesquisa o fato de ele contribuir para a aprendizagem organizacional e para o crescimento dos colaboradores, uma vez que pressupõe sua participação ativa no processo investigatório. Além disso, figura como valioso instrumento de apoio ao processo decisório, por meio da produção e da utilização simultâneas dos conhecimentos consolidados[7].

[7] Para maior aprofundamento deste método, sugerimos a leitura: MACKE, Janaina. A pesquisa-ação como estratégia de pesquisa participativa. In: GODOI, 2006; LIMA, 2005; ANDALOUSSI, Khalid. *Pesquisas-ações*: ciências, desenvolvimento, democracia. São Carlos: EdUFSCar, 2004; MORIN, André. *Pesquisa-ação integral e sistêmica*: uma antropologia renovada. Rio de Janeiro: DP&A Editora, 2004; BARBIER, René. *A pesquisa-ação*. Brasília: Plano Editora, 2002; THIOLLENT, Michel. *Pesquisa-ação nas organizações*. São Paulo: Atlas, 1997; THIOLLENT, Michel. *Metodologia da pesquisa-ação*. 6. ed. São Paulo: Cortez, 1994.

38 ■ MONOGRAFIA

Para favorecer a formação de visão de conjunto entre os pesquisadores não iniciados no método de pesquisa-ação, serão descritas as etapas que podem refletir o passo-a-passo de investigações norteadas pelo uso desse método.

QUADRO **2.4** Síntese dos passos que caracterizam uma pesquisa de cunho qualitativo aplicada às organizações (Método de Pesquisa-Ação aplicado em estudos organizacionais)

1) Devido ao nível de complexidade e às singularidades que caracterizam o processo investigatório orientado por esse método de pesquisa, é desejável que o pesquisador não iniciado adote critérios claros para escolher a organização-alvo da pesquisa, ou seja, a unidade social de estudo. Nessa direção, sugere-se que dê prioridade a organizações:

   i. de pequeno ou de médio porte, pouco burocratizadas e menos complexas;

   ii. que exerçam gestão democrática de caráter participativo;

   iii. predispostas a se conhecer para se transformar;

   iv. cuja liderança tenha conhecimento das implicações do método e esteja comprometida com o processo e com os resultados da investigação, considerando a impossibilidade de realizar esse tipo de experiência à revelia dos membros da organização e tampouco de suas lideranças;

   v. predispostas a se repensarem, abertas a processos de mudança e que reconheçam a pesquisa como uma oportunidade para tomar decisões legitimadas pela participação dos colaboradores na investigação que derivou o plano de ação proposto.

2) Nesse tipo de método, a realização da pesquisa exploratória será imprescindível para haver condições efetivas de o pesquisador e de os representantes da organização-alvo partilharem a responsabilidade pela formulação do projeto. Isso requer:

   i. a elaboração de diagnóstico organizacional que permita mapear a situação da organização no intuito de identificar o(s) problema(s) norteador(es) da investigação;

   ii. a realização de discussões que levem à identificação do(s) problema(s) que será(ão) privilegiado(s) naquela etapa da pesquisa;

   iii. a definição das estratégias metodológicas que viabilizarão a execução do projeto de pesquisa e o alcance dos objetivos fixados;

   iv. a elaboração de quadro teórico de referência que — quando adequadamente aprofundado — orientará descrições, interpretações e análises dos materiais coletados e tratados, além de fundamentar as ações sugeridas;

   v. a formação de equipes interdisciplinares que participarão das etapas de concepção e de execução do projeto de pesquisa, a definição da modalidade de participação de cada equipe formada e respectivos coordenadores;

   vi. o estabelecimento de cronograma de trabalho em que o espaço dedicado à realização de reuniões e seminários seja privilegiado, considerando que tais atividades se revelam efetivas oportunidades de consolidação dos grupos de trabalho e de socialização dos resultados parciais alcançados, desencadeando decisões coletivas sobre os rumos da pesquisa.

Continua

Continuação

3) Uma vez o projeto de pesquisa concluído, inicia-se a fase de coleta, tratamento, pré-análise e discussão dos materiais oriundos de diferentes tipos de fontes de pesquisa. Embora esse método seja reconhecido como uma expressão da vertente qualitativa, atualmente as triangulações de dados são bem-vistas por este recurso favorecer a ampliação das fontes de materiais que, uma vez tratados e interpretados — com base no quadro teórico de referência elaborado —, fundamentarão as proposições presentes na etapa de intervenção. Assim, figuram como exemplos de recursos técnicos de coleta de materiais: pesquisas bibliográficas e documentais; observação direta e participante; entrevistas individuais, coletivas, espontâneas, estruturadas, focais, em profundidade; registro de depoimentos; dinâmicas de grupo; *focus group;* questionários orgânicos etc.[8]

4) Na seqüência, o método pressupõe a fase de ação. Nessa oportunidade, a elaboração, a proposição e a negociação de ações de intervenção na organização serão apoiadas pela interpretação e análise dos materiais coletados e tratados. A proposição de intervenções aceita pelos representantes da organização será implementada na forma de ações-piloto. Dependendo dos resultados alcançados, as ações propostas podem sofrer alterações que assegurem a eliminação ou a redução de efeitos indesejados.

5) Concluída a avaliação dos resultados alcançados com os planos de ações corrigidos, eles podem ser adotados pela organização com ou sem a participação do(s) pesquisador(es).

6) Por último, ocorre a fase de resgate do conhecimento formulado no curso dos processos de produção e aplicação do conhecimento. E o processo investigatório pode ser reiniciado, desta vez privilegiando outro problema diagnosticado.

Fonte: Elaborado pela autora.

O método de pesquisa-ação é facilmente associado à figura de um espiral em que a investigação traduz o interminável processo de busca de conhecimento orientado pelo desejo de influir sobre a transformação das pessoas para que elas possam transformar a realidade.

2.2.3 A triangulação como tendência

Como apresentado anteriormente, a abordagem qualitativa está associada à idéia de que o indivíduo é o elemento fundamental do exercício que propõe interpretar a

---

[8] Alderfer (apud THIOLLENT, 1997, p. 70) entende por questionário orgânico o instrumento de coleta de dados em que, ao ser formulado, seu idealizador se revela preocupado em respeitar a linguagem, a cultura e os valores do grupo formado pelos respondentes em potencial. Conseqüentemente, recomenda que este instrumento de coleta de dados seja elaborado, testado e aplicado depois da realização de entrevistas e do tratamento e da interpretação preliminares das respostas obtidas.

40 █ MONOGRAFIA

realidade social. Na prática, explora predominantemente materiais qualitativos, uma vez que o processo de localização e coleta desses materiais pode incluir informações expressas em forma de discurso (oral e escrito), fotografias, pinturas, filmes, observação de comportamento, entre outras fontes.[9] A abordagem qualitativa pressupõe a investigação de aspectos sociologicamente construídos e que, por isso, não são facilmente mensuráveis. Reforçando essa idéia, Denzin e Lincoln asseguram que:

> A palavra qualitativa implica numa ênfase em processos e significados que não são rigorosamente examinados ou medidos (se forem medidos) em termos de quantidade, intensidade ou freqüência. Os pesquisadores qualitativos enfatizam a natureza sociologicamente construída da realidade, o relacionamento íntimo entre o pesquisador e o que é estudado, além das restrições situacionais que moldam a investigação. Tais pesquisadores enfatizam a natureza valorativa da pesquisa. Eles procuram respostas para perguntas que realçam como a experiência social é criada e ganha significado. [10]

É oportuno ressaltar que a definição de Sociologia formulada por Weber[11] apresenta flagrante aderência aos princípios que regem as abordagens de cunho qualitativo na medida em que o autor afirma que "Sociologia significa uma ciência que pretende compreender interpretativamente a ação social e assim explicá-la em seu curso e seus efeitos." Por essa razão a teoria sociológica elaborada pelo referido autor é denominada de *metodologia compreensiva* — afinal objetiva compreender o significado da ação social.

Já a abordagem quantitativa está ancorada ao modelo de pesquisa hipotético-dedutivo. Isto quer dizer que, ao iniciar a investigação, o pesquisador parte de um quadro teórico de referência em que são formuladas hipóteses sobre os fenômenos que se deseja estudar. Nesse caso, a coleta de materiais enfatiza dados e informações contidas em números que permitirão verificar a validade das hipóteses formuladas. Em pesquisas acadêmicas, além de os dados serem processados e analisados com o suporte de recursos estatísticos, são interpretados com o apoio do quadro teórico de referência construído. A partir dos dados processados, interpretados e analisados, as conclusões obtidas podem ser generalizadas para o universo maior de sujeitos.[12] A objetividade e a clareza impressas aos resultados alcançados com a pesquisa figuram como as principais

---

9   POPE, Catherine; MAYS, Nick. Reaching the parts other methods cannot reach. *Administrative Science Quarterly,* n. 4, p. 560-569, Dec. 1979.

10   DENZIN, Norman; LINCOLN, Yvonna. *Handbook of qualitative research.* 2nd ed. Thousand Oaks: Sage, 2000. p. 1.

11   WEBER, Max. *Economia e sociedade.* 3. ed. Brasília: Editora UnB, 1994. p. 3.

12   POPE; MAYS, 1979.

Breve Reflexão sobre as Abordagens Quantitativas, Qualitativas e Mistas (ou Triangular) 41

vantagens dessa abordagem, segundo os quantitativistas; no entanto, os equívocos no processo de generalização dos resultados e a desconsideração de variáveis qualitativas relevantes para o estudo realizado correspondem a algumas de suas desvantagens ou limitações.[13] A adoção de abordagens quantitativas na investigação de temas ligados às Ciências Sociais funciona como uma espécie de transposição dos experimentos e do empirismo que caracterizam as pesquisas realizadas no campo das Ciências Naturais.

Diante do exposto, torna-se evidente que as abordagens quantitativa e qualitativa diferenciam-se em diversos aspectos, a começar pela postura epistemológica de cada uma. Essa diferença de postura reflete duas visões praticamente opostas tanto em relação ao papel da pesquisa empírica quanto à própria natureza do ser humano. De um lado, a *vertente positivista* advoga que os métodos das Ciências Naturais devem ser transpostos, tanto quanto possível, ao estudo do homem; já a *vertente interpretativista*, ao contrário, defende que o estudo do homem, devido às especificidades do ser humano, pressupõe a utilização de um conjunto metodológico diferente, considerando que o homem não é um organismo passivo, mas, sim, destinado a (re)interpretar continuamente o mundo em que vive — dessa forma, se constrói, desconstrói e reconstrói permanentemente.[14]

Em períodos recentes é crescente o número de autores que coloca em dúvida a dicotomia que opõe as abordagens quantitativa e qualitativa, e percebe-se crescente valorização de pesquisas acadêmicas que combinam o uso de recursos metodológicos típicos de métodos quantitativos e qualitativos.[15] A literatura na área tem denominado esse procedimento de triangulação.[16] De acordo com Vergara, o termo triangulação é originário da navegação e da estratégia militar — no âmbito dessas áreas, ela é utilizada com o intuito de determinar a exata posição de determinado objeto e, para

---

[13] DOWNEY, Kirk; IRELAND, Duane. Quantitative versus qualitative: the case of environmental assessment in organizational study. *Administrative Science Quarterly*, v. 24, n. 4, p. 630-637, Dec. 1979.

[14] DOWNEY; IRELAND, 1979.

[15] Em Administração, o texto de Marcelo Milano Falcão Vieira é um bom exemplo do que queremos destacar: VIEIRA, Marcelo Milano Falcão. Por uma boa pesquisa (qualitativa) em administração. In: VIEIRA, Marcelo Milano Falcão; ZOUAIN, Deborah Moraes Zouain (Org.). *Pesquisa qualitativa em administração*. Rio de Janeiro: Editora FGV, 2004.

[16] Ao tratar de percursos metodológicos típicos de pesquisas acadêmicas, tanto Patton (apud YIN, 2001, p. 119-121) quanto Denzin (apud VERGARA, Sylvia Constant. *Métodos de pesquisa em administração*. São Paulo: Atlas, 2005 (capítulo 22) reconhecem a existência de quatro tipos distintos de triangulação que podem ser utilizados nas investigações sistematizadas: a) a triangulação de fontes de material, b) a triangulação de pesquisadores, c) a triangulação de teorias e d) a triangulação metodológica capaz de explorar recursos típicos dos métodos quantitativos e qualitativos.

tanto, considera-se diversos pontos de referência. No âmbito das Ciências Sociais, assegura a autora, a triangulação pode ser definida como "uma estratégia de pesquisa baseada na utilização de diversos métodos para investigar um mesmo fenômeno"[17] objetivando validar interpretações mais acuradas e alcançar uma compreensão mais ampla e profunda da realidade investigada.

De acordo com Pourtois,[18] triangulação prevê a interpretação articulada de diferentes pontos de vista com o objetivo deliberado de interpretar, compreender e explicar a complexidade do comportamento humano e, dessa forma, ampliar a confiança dos resultados alcançados pela pesquisa realizada. As reflexões de Jick[19] são igualmente pertinentes pelo fato de o autor destacar que, ao permitirem combinações de abordagens quantitativas e qualitativas, as triangulações tendem a favorecer o estabelecimento de ligações entre descobertas obtidas por meio de diferentes fontes, ilustrá-las e torná-las mais compreensíveis; podem também conduzir a paradoxos, oferecendo novas direções aos problemas pesquisados, permitindo maior aprofundamento do objeto investigado. Conseqüentemente, a triangulação pode trazer como contribuição ao trabalho de pesquisa, combinações de procedimentos de cunho racional e intuitivo, capazes de colaborar para a melhor compreensão daquilo que se pretende investigar.

Pineau[20] associa triangulação à Trigonometria ao destacar que nessa área a triangulação permite a medição do relevo. Conseqüentemente, a idéia de cruzamento pode assumir tanto a *dimensão horizontal* — sem ultrapassar um único nível — quanto a *dimensão trigonométrica*, capaz de associar as dimensões horizontais e verticais para expressar as noções de altura e profundidade. Assim, a triangulação permite o desenho de mapas muito precisos. Na medida em que o conhecimento é representado por meio de mapas, redes, teias em forma de textos tecidos pelo cruzamento de diferentes fios, acaba por negar e subverter a idéia de um conhecimento que pode ser acumulado, que evolui linearmente e que seu desenvolvimento depende de pré-requisitos. Nas palavras de Pineau,[21] na medida em que "triangular" pressupõe que o estudioso se abra para uma figura nova, uma e trina — o triângulo —, não faz sentido

---

[17] VERGARA, 2005, p. 257, capítulo 22.

[18] POURTOIS, apud PINEAU, Gaston. *Temporalidades na formação*: rumo a novos sincronizadores. São Paulo: Triom, 2004. p. 203.

[19] JICK, Todd D. Mixing qualitative and quantitative methods: triangulation in action. *Administrative Science Quarterly*, v. 24, n. 4, p. 601-611, Dez. 1979.

[20] PINEAU, 2004.

[21] PINEAU, 2004, p. 205.

limitar a triangulação ao cruzamento de duas fontes de informação. Conseqüentemente, aprender a utilizar suas diferentes formas (para apreender o relevo social e as diferenças de níveis existentes) não é tarefa fácil, mas certamente é desafiadora em pesquisas de vanguarda, as quais não buscam certezas, mas possibilidades criteriosamente desenhadas e fundamentadas. O texto de Downey e Ireland[22] se preocupa em elencar alguns aspectos favoráveis ao emprego conjunto de abordagens mistas, calcadas na combinação das dimensões qualitativas e quantitativas. Entre outras vantagens, esse enfoque:

- Amplia a possibilidade de o pesquisador alcançar algum controle sobre os vieses resultantes do uso de métodos quantitativos por meio da compreensão da perspectiva dos agentes envolvidos no fenômeno investigado (pelo uso do método qualitativo).
- Amplia a possibilidade de identificar variáveis específicas (com o uso do método quantitativo) sem comprometer a formação de uma visão global do fenômeno investigado (resultante do uso do método qualitativo).
- Amplia as condições que favorecem a possibilidade de o pesquisador completar um conjunto de fatos e causas associadas ao emprego de metodologia quantitativa com uma visão da natureza dinâmica da realidade.
- Viabiliza a possibilidade de o pesquisador enriquecer constatações obtidas de condições controladas (típicas dos métodos quantitativos) com materiais obtidos no contexto natural de sua ocorrência (característica dos métodos qualitativos).
- Amplia as condições que favorecem a possibilidade de reafirmar validade e confiabilidade das descobertas conquistadas pela pesquisa concluída com o emprego de técnicas diferenciadas e complementares.

Na literatura consultada,[23] os autores reconhecem a existência de diferentes níveis em que a triangulação pode ser utilizada nas pesquisas acadêmicas. Ao conhecê-los notamos que seu uso é muito mais freqüente do que imaginávamos, certamente muitas pesquisas exploram esse recurso sem que o pesquisador perceba, em um primeiro momento:

a) A *triangulação de teorias* — de forma articulada, o pesquisador faz uso de diferentes perspectivas teóricas. Entre os diversos níveis de triangulação, é

---

[22] DOWNEY; IRELAND, 1979.
[23] PATTON, 1987, apud YIN, 2001, p. 121; DENZIN, 1978, apud VERGARA, 2005, p. 258.

aquele mais complexo porque pressupõe elevado domínio dos referenciais teóricos existentes para que haja condições de identificar teorias que não sejam excludentes, e sim passíveis de complementaridade.

b) A *triangulação de métodos* pode ser realizada de forma simultânea ou de forma seqüencial:

    i.   na *triangulação simultânea,* o pesquisador utiliza simultaneamente métodos qualitativo e quantitativo. Nesse caso, a interação entre os métodos explorados não ocorre na fase de coleta de dados e informações, mas nas etapas que envolvem interpretação e análise do material coletado e elaboração das conclusões;

    ii. na *triangulação seqüencial,* o pesquisador utiliza resultados alcançados com a exploração de um método para planejar a utilização do método seguinte. Atualmente, a triangulação seqüencial ainda é mais freqüentemente utilizada, não raro pesquisadores iniciam o processo investigativo com a realização de pesquisas quantitativas visando, dessa forma, conhecer o fenômeno de perspectiva macro para, então, aprofundar exaustivamente os resultados conquistados com pesquisas de natureza qualitativa. Ou, ao contrário, entendem os recursos típicos do método qualitativo como propícios para realização de pesquisas exploratórias cujos resultados favoreçam a identificação de hipóteses que valham a pena ser verificadas e/ou de variáveis que mereçam ser quantificadas.

c) A *triangulação de dados* — faz uso combinado de diversas fontes de dados, podendo envolver diferentes momentos (tempo), diferentes locais (espaço) e diferentes atores (informantes). Entre os diversos níveis de triangulação é aquele mais freqüentemente utilizado na medida em que os métodos subordinados à abordagem qualitativa ultrapassam a pouca representatividade quantitativa pela representatividade qualitativa, alcançada pela combinação de múltiplas fontes de consulta de tal modo que o exercício interpretativo possa tecer redes interpretativas validadas pela multiplicidade de "fios" que articula.

d) A *triangulação de pesquisadores* — envolve a formação de equipe multidisciplinar na investigação de um mesmo fenômeno (exemplo: administrador, estatístico e sociólogo). Com isso, deseja-se alcançar múltiplos objetivos:

    i.   reconhecer que a complexidade dos fenômenos investigados requer leituras que subvertam a especialização disciplinar;

ii. ampliar o espectro de visão sobre o fenômeno investigado sem, contudo, comprometer a profundidade das interpretações e análises, tampouco das conclusões alcançadas;

iii. reduzir possíveis vieses interpretativos dos pesquisadores resultantes da subjetividade intrínseca a qualquer processo de investigação.

No entanto, é oportuno registrar que para os qualitativistas esse procedimento metodológico é inaceitável, considerando que o material explorado em pesquisas de cunho qualitativo objetiva fundamentar uma compreensão profunda do fenômeno social investigado, apoiada no pressuposto da maior relevância do aspecto subjetivo da ação social. Nesses termos, é compreensível que reconheçam as limitações dos recursos quantitativos (particularmente da Estatística) como método capaz de abarcar os fenômenos complexos e a singularidade dos fenômenos que não podem ser compreendidos ou explicados pela aplicação de questionários ou de formulários. Por essas razões, destacam que, "enquanto os métodos quantitativos supõem uma população de objetos comparáveis, os métodos qualitativos enfatizam as particularidades de um fenômeno em termos de seu significado para o grupo [humano] pesquisado".[24]

[24] GOLDENBERG, 1999, p. 50.

TIPOS DE PESQUISA E TÉCNICAS DE COLETA DE MATERIAIS — PESQUISA BIBLIOGRÁFICA E DOCUMENTAL

3

"Ler é retomar a reflexão de outrem como matéria-prima
para o trabalho de nossa própria reflexão."

Marilena de Souza Chauí

Os diferentes tipos de pesquisa — pesquisa bibliográfica, documental, de campo e de laboratório — abrigam um conjunto de técnicas de coleta de materiais. Estas funcionam como instrumentos confiáveis para possibilitar ao pesquisador sistematizar o processo de localização, coleta, registro e tratamento dos materiais (dados e informações) julgados como necessários à fundamentação das descrições, interpretações, discussões, análises e reflexões na medida em que permitem ao pesquisador dispor de referencial indispensável para a fundamentação da solução do problema investigado ou da verificação da hipótese formulada.

As pesquisas de caráter bibliográfico, de campo, de laboratório e documental correspondem às modalidades mais freqüentemente exploradas em investigações de natureza acadêmica. Por essa razão, nos próximos capítulos, cada uma delas será objeto de reflexão. Assim, teremos oportunidade de conceituar, caracterizar, apontar os pontos fortes e as limitações de cada uma, reunir os procedimentos que caracterizam os processos de localização, coleta, registro, seleção, tratamento, interpretação e análise do material capaz de ser reunido com o suporte de cada uma delas. Procuramos, dentro do possível, intercalar exemplos ilustrativos do que será explicado em uma dimensão mais abstrata, na preocupação de tornar o conteúdo do texto mais compreensível.

3.1 PESQUISA BIBLIOGRÁFICA

Para que haja maior compreensão do conceito, da utilização e do processo que caracteriza a realização de pesquisas bibliográficas no processo investigativo, apresentamos um fluxograma ilustrativo. Explicações e exemplificações estarão detalhadas nas páginas seguintes.

FIGURA 3.1 Operacionalização da pesquisa bibliográfica

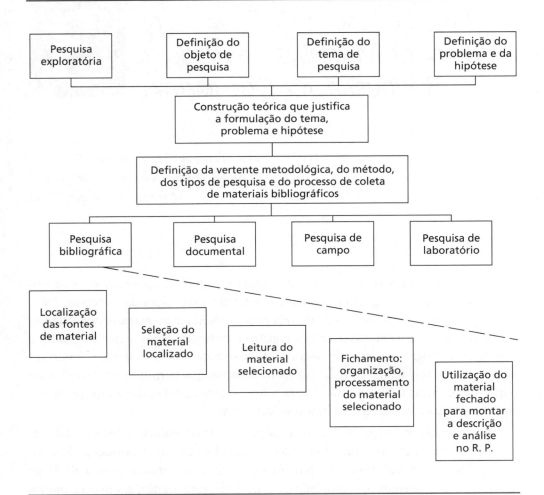

Fonte: Elaborada pela autora.

◻ 3.1.1 Definições preliminares

Pesquisa bibliográfica é a atividade de localização e consulta de fontes diversas de *informação escrita* orientada pelo objetivo explícito de coletar materiais mais genéricos ou mais específicos a respeito de um tema.[1] A etimologia grega da palavra **bibliografia** (*biblio* = livro; *grafia* = descrição, escrita) sugere que se trata de um estudo

---

[1] ALMEIDA JR., J. B. O estudo como forma de pesquisa. In: CARVALHO, 1988, p. 110.

de *textos impressos*. Assim, pesquisar no campo bibliográfico é procurar no âmbito dos livros, periódicos e demais documentos escritos as informações necessárias para progredir na investigação de um tema de real interesse do pesquisador.[2]

Para esclarecer, destacamos que a fonte de materiais advindos de pesquisas bibliográficas é constituída de publicações que assumem a forma de livros, dicionários, enciclopédias, artigos publicados em periódicos (revistas e jornais) ou em anais de reuniões acadêmicas, ensaios, resenhas, monografias, relatórios de pesquisas, dissertações, teses, apostilas, boletins.[3]

No contexto de pesquisa acadêmica, os textos teóricos assumem uma importância relevante, tanto como apoio para o pesquisador formular e justificar os *problemas* e as *hipóteses* que irá explorar como na definição de um *método de interpretação* e/ou *análise* da questão tratada (explicitado no conteúdo do *quadro teórico da monografia* ou do *relatório de pesquisa*) e no contexto do exercício analítico da problemática. No esforço de conceituar os textos teóricos, é possível afirmar que:

> São as obras que expressam um conhecimento do mundo e que se diferenciam de outras expressões simbólicas, e mesmo de outras expressões do conhecimento, à medida que são sistematizados, organizados, metódicos. Expressam os saberes produzidos pelos homens ao longo da História e refletem infinitas posições a respeito das questões suscitadas no enfrentamento com a natureza, com os homens e com a própria produção do saber. Como toda obra humana, são imprimidos pela marca da historicidade, "carregam" os significados impressos pelo tempo e espaço que são produzidos. 'Expressam o enfrentamento de seus autores com o mundo'. Traduzem as angústias, os problemas, as questões que são suscitadas pelo mundo e que desafiam os homens, autores dos textos, das obras.[4]

Furlan ressalta uma questão relevante quando afirma que:

> Os textos teóricos se constituem (sic) em instrumentos privilegiados da vida de estudos na universidade, pois é através deles que os estudantes se relacionam com a produção científica e filosófica, é através deles que se torna possível participar do universo de conquistas nas diversas áreas do saber. É por isso que aprender a compreendê-los se coloca como tarefa fundamental de todos aqueles que se dispõem a decifrar melhor o mundo.[5]

---

[2] ALMEIDA JR., 1988, p. 111.

[3] Caso o pesquisador venha a consultar a obra de Lakatos e Marconi (1991, p. 183), verá que as referidas autoras envolvem elementos próprios à pesquisa documental na pesquisa bibliográfica, e isso contraria o conceito de pesquisa bibliográfica.

[4] FURLAN, Vera Irma. O estudo de textos teóricos. In: CARVALHO, 1988, p. 132.

[5] Ibid., p. 33.

Provavelmente alguém possa questionar: até que ponto é válido utilizar a produção teórica já publicada? Até que ponto ela representa, apenas, o passado? Até que ponto utilizá-la representaria o já conhecido, o já sabido, não permitindo a edificação de novas interpretações dos fenômenos, não permitindo o registro da visão pessoal do autor, comprometendo a criatividade intrínseca dos processos investigativos? Sabemos que o conhecimento com bases científicas é resultado de um esforço contínuo do homem objetivando interpretar o meio em que vive, tanto em sua dimensão natural como cultural. Nesse esforço, a ciência é reconhecida como um conhecimento *provisório, histórico, inacabado,* responsável por um processo contínuo de atualização, *correção, aprofundamento, ampliação* e *aperfeiçoamento* do que já conquistou como interpretação do meio. Para tanto, estudiosos constituíram tipos de pesquisas, técnicas de coleta de materiais e técnicas de interpretação e análise para viabilizar as investigações sistematizadas que realizam. Portanto, os recursos metodológicos — tipos de pesquisa, técnicas de coleta de materiais e técnicas de análise — não são receitas infalíveis nem fórmulas mágicas que garantem a segurança de resultados inquestionáveis pela pretensa cientificidade do processo investigativo, mas são *instrumentos* capazes de, se bem utilizados, minimizar os eventuais equívocos e otimizar a validade dos resultados alcançados.

Nesse esforço interpretativo, a ciência está comprometida com *o rigor de demonstração* seja no plano teórico, empírico ou ainda no plano empírico-teórico — resultante do uso de raciocínios indutivos e dedutivos. Assim, muitas das conclusões resultantes desse esforço configuraram conceitos, teses, teorias e leis. Estes, adequadamente articulados, permitem ao autor da pesquisa construir referenciais teóricos capazes de fundamentar descrições, interpretações, análises e conclusões. Logo, ao pesquisarmos, não partimos da "tábula rasa" (ou do nada, do zero, do vácuo) na medida em que alguma coisa já foi investigada, afirmada e concluída — de forma fundamentada — sobre o fato ou o fenômeno investigado. Se contarmos com referenciais teóricos consistentes, que possam oferecer elementos capazes de auxiliar-nos a reforçar nossos esquemas explicativos, interpretativos, compreensivos, reflexivos, analíticos, devemos explorá-los para que contribuam para a elevação da credibilidade do que estamos produzindo em termos de exercício acadêmico-científico.

Portanto, em uma investigação em que houve efetiva exploração dos recursos da pesquisa bibliográfica, o pesquisador não deveria restringi-la a um único autor nem a uma soma de citações, por mais pertinentes que sejam. Deve, sim, reunir articuladamente um conjunto de autores, preferencialmente aqueles mais renomados na discussão da questão explorada como problema, que em sua produção intelectual tenha publicado conteúdos que possam servir de base para fundamentar uma *discussão teórica.* Assim, além de localizar, ler, interpretar as idéias do autor, selecionar criteriosamente partes da obra que podem colaborar para o desenvolvimento da investigação em curso e fichar tais conteúdos, o pesquisador deve explorar o material, saber articular as idéias de forma a dispor de elementos que lhe permitam concretizar não apenas um estudo de caráter descritivo, mas atingir o nível interpretativo e analítico da questão.

Lembramos que, no cronograma de atividades elaborado, a pesquisa bibliográfica antecede as pesquisas de campo, documentais e de laboratório, permanecendo paralela às técnicas de coleta de materiais pertinentes a cada modalidade de pesquisa (observação, entrevista, formulário, questionário, discussões em grupo, por exemplo) na medida em que funciona como uma espécie de lente que permitirá ao pesquisador olhar e ver, ou seja, imprimir sentido ao conjunto de materiais que coletou e, dessa forma, dispor de critérios que permitam a definição de categorias de análise, de argumentos que validam os exercícios que envolvem interpretação de dados e informações e o estabelecimento de relações com sentido.

Não raro confunde-se pesquisa bibliográfica com pesquisa exploratória, entretanto, nem sempre a pesquisa bibliográfica é exploratória e pouco freqüentemente a pesquisa exploratória está restrita ao âmbito da pesquisa bibliográfica. Então, cabe perguntar: o que se deve entender por pesquisa exploratória? Quando a sua utilização é recomendada? Qual é o seu alcance em termos de resultados? Embora esta seja sistematizada e geralmente explore múltiplas fontes de consulta — levantamentos bibliográficos, documentais e/ou de campo —, ela não se presta a formular conclusões, no sentido de alcançar soluções ou respostas para o problema investigado. O processo investigatório está orientado pela necessidade de reunir indícios que permitam a formulação justificada de hipóteses que, no âmbito de pesquisas posteriores, possam ser verificadas para então validar as conclusões alcançadas. O uso da pesquisa exploratória é justificado em duas situações:

1) Na etapa de elaboração do projeto de pesquisa. Por quê? A construção dos objetivos que justificam a realização da pesquisa requer conhecimento acerca do que já foi publicado sobre o tema — ou seja, implica investimento em tempo para o pesquisador produzir uma espécie de *estado da arte* sobre o que deseja investigar. Dessa forma, terá condições de identificar, por exemplo, novas possibilidades de interpretação, outras alternativas de aplicação do conhecimento consagrado, aspectos que merecem ser atualizados, conclusões que carecem de revisão, ampliação e/ou aprofundamento etc. Além disso, o domínio de autores, textos e idéias corresponde à matéria-prima que será alicerce do quadro teórico de referência, ou seja, do referencial conceptual e

52 ■ MONOGRAFIA

teórico que será explorado nos exercícios de interpretação e análise do material que vier a ser coletado por meio de uma ou mais fontes de consulta. Por último, a literatura consultada contribuirá para o pesquisador formular critérios de escolha dos recursos metodológicos mais adequados, considerando as especificidades dos objetivos perseguidos.

2) Na pesquisa de vanguarda, isto é, na investigação de temas/problemas que estão localizados na fronteira do conhecimento e, por isso, há pouco ou nenhum conhecimento sistematizado ou referencial teórico confiável sobre o que é tratado. Aqui fica evidente que as limitações da investigação não permitem a formulação de conclusões, e sim a elaboração de hipóteses.

☐ **3.1.2 Localização das fontes bibliográficas de dados e informações**

A delimitação do objeto de investigação por meio da formulação do tema, da elaboração do problema e da construção da(s) hipótese(s) permitirá ao pesquisador realizar a pesquisa bibliográfica orientado por objetivos previamente fixados, com direção, sentido e possibilidade de racionalizar as diferentes etapas indicadas anteriormente na medida em que só é possível obter eficiência nas etapas de localização, coleta e fichamento do material bibliográfico quando está definido o que se deseja, o que se quer, ou seja, o objetivo a ser perseguido pela investigação. É nessa direção que a professora Vera Irma Furlan destaca a importância de a leitura de um texto ser norteada por objetivos previamente estabelecidos. Assim, o pesquisador, ao explorar o conteúdo de um texto, está preocupado em encontrar fundamentos que o ajudem a responder às questões suscitadas pela sua investigação por meio do enfrentamento das posições construídas pelo(s) autor(es) lido(s). Logo, se esforça para buscar pistas que o auxiliem no desvendamento da realidade construída. "É somente neste encontro histórico, onde experiências diferentes se defrontam, que é possível a compreensão e interpretação dos textos."[6]

Para obter maior êxito na etapa de localização de fontes bibliográficas capazes de contribuir para o tema/problema/hipótese concebidos, sugerimos que o pesquisador:

a) visite o banco de dados informatizado das bibliotecas e centros de documentação, localize autores e textos que explorem o tema, recorra às notas de rodapé e à bibliografia utilizada pelo autor dos textos para acessar outras referências bibliográficas, repetindo a operação sucessivamente;

...................■

[6] FURLAN, 1988, p. 133.

Tipos de Pesquisa e Técnicas de Coleta de Materiais — Pesquisa Bibliográfica e Documental 53

b) dê especial atenção a monografias, dissertações e teses que atingiram excelentes níveis em seus resultados. Esse material, freqüentemente, é rigoroso na indicação de fontes bibliográficas atualizadas;

c) concentre-se, sempre que possível, no potencial dos *periódicos técnico-científicos*[7] (jornais, revistas, anais de reuniões acadêmicas, boletins, relatórios de pesquisa), pois, freqüentemente, em textos curtos, esse tipo de publicação trata o tema interpretando dados e fornece informações bastante atualizadas com o suporte de referenciais teóricos consistentes;

d) consulte professores, pesquisadores, especialistas no assunto, buscando identificar outras alternativas para novas fontes bibliográficas pertinentes, confiáveis e atualizadas;

e) visite livrarias (físicas e virtuais), verifique o que foi recentemente publicado em termos de livros e periódicos sobre o assunto que se propõe a explorar na investigação iniciada;

f) invista tempo na visita a sebos, que costumam oferecer boas oportunidades de localização e compra de excelentes materiais bibliográficos, quando bem explorados;

g) visite sites de instituições que disponham de materiais atualizados e confiáveis sobre suas respectivas áreas de especialização. São bons exemplos a Empresa Brasileira de Pesquisa Agropecuária (Embrapa), o Departamento Intersindical de Estatística e Estudos Socioeconômicos (Dieese), a Federação das Indústrias do Estado de São Paulo (Fiesp), o Banco Central (Bacen), o Serviço Brasileiro de Apoio às Micro e Pequenas Empresas (Sebrae), a Fundação Instituto de Pesquisa Econômica (Fipe), a Fundação do Desenvolvimento Administrativo (Fundap), o Fundação Sistema Estadual de Análise de Dados (Seade), a Fundação Centro de Estudos do Comércio Exterior (Funcex), Banco Nacional de Desenvolvimento Econômico e Social (BNDES), a Associação Brasileira das Agências de Publicidade (Abap), o Instituto Nacional de Colonização e Reforma Agrária (Incra), o Instituto de Pesquisa Econômica Aplicada (Ipea), o Instituto Brasileiro do Meio Ambiente e dos Recursos Renováveis (Ibama), o Instituto Nacional de Metrologia, Normalização

---

[7] Sublinhamos que os periódicos de grande alcance, de natureza jornalística, e não técnico-científica (como revistas semanais e jornais de grande circulação), em um estudo acadêmico não têm credibilidade científica para dar suporte à discussão, análise e demonstração. Seu valor no texto assume caráter meramente ilustrativo.

e Qualidade Industrial (Inmetro), o Fundo Monetário Internacional (FMI), o Banco Mundial, a Organização Mundial do Comércio (OMC), a Organização para a Cooperação Econômica e o Desenvolvimento (OCDE), a Organização das Nações Unidas para a Educação, a Ciência e a Cultura (Unesco), a Organização Internacional do Trabalho (OIT), a Fundo das nações Unidas para a Infância (Unicef), Instituto Ethos, entre outros;[8]

h) consulte sites de editoras que tradicionalmente publicam na área explorada pela pesquisa. Nessa oportunidade, solicite um exemplar do catálogo atualizado das obras que ela disponibiliza no mercado editorial. Esse material, além de ser distribuído gratuitamente, em geral, reúne a referência bibliográfica completa das obras publicadas e uma interessante síntese dos conteúdos explorados pelo(s) autor(es);

i) também pelos *sites* das instituições como Sindicato da Micro e Pequena Indústria do Estado de São Paulo (Simpi), a Federação do Comércio de São Paulo (FCESP), a Associação Nacional dos Fabricantes de Veículos Automotores (Anfavea), a Federação Brasileira de Bancos (Febraban), os sindicatos, as câmaras de comércio, as secretarias, as associações, os conselhos de classe, entre outros, conheça o funcionamento dessas organizações: tipos de materiais de que dispõem, horário de atendimento ao público, natureza dos serviços que prestam à comunidade de pesquisadores etc.;[9]

j) consulte centros de documentação informatizados e tente cruzar os termos-chave da investigação iniciada. Isso permitirá a localização de referências bibliográficas atualizadas e os respectivos sumários das obras selecionadas. Para tanto, deve-se lembrar que quanto mais o pesquisador tenha delimitado o campo investigado mais o rastreamento se concentrará em obras pertinentes à pesquisa realizada. Assim, é aconselhável, por exemplo, além de estabelecer os termos-chave presentes no tema/problema/hipótese, informar o idioma que o pesquisador tem condições de ler e interpretar, o período que interessa à abordagem em vias de ser construída, o espaço geográfico privilegiado, os autores e/ou instituições que despertam maior interesse, os periódicos mais renomados na área investigada etc.;

[8] Esta obra organiza um apêndice com sites de busca nas áreas de Administração, Marketing, Finanças, Comércio Exterior, Economia, Meio Ambiente, entre outras.

[9] Consulte no apêndice desta obra os sites dessas e de outras instituições úteis para quem estuda e pesquisa.

TIPOS DE PESQUISA E TÉCNICAS DE COLETA DE MATERIAIS — PESQUISA BIBLIOGRÁFICA E DOCUMENTAL 55

k) busque na internet, em jornais, revistas, murais, centros acadêmicos, possibilidades de cursos, palestras, treinamentos, que eventualmente são divulgados e participe desses eventos, buscando alternativas para obter mais indicações de contatos e referências bibliográficas sobre seu tema/problema/hipótese.

3.1.3 Critérios para selecionar o material bibliográfico

Se considerarmos que a obtenção de materiais bibliográficos em escala mundial tem se tornado cada vez mais acessível com a globalização do mercado editorial, não parece exagero afirmar que, ultimamente, os pesquisadores sofrem mais com o expressivo volume de obras publicadas do que com sua escassez. Dito isso, um dos desafios que os pesquisadores iniciantes enfrentam é dispor de critérios que possam favorecê-los no processo de seleção dos materiais bibliográficos a que tiveram acesso. Parece, então, útil reunir indicações que possam contribuir para o estabelecimento de alguns critérios:

a) sempre que possível, priorize os títulos originais em detrimento das traduções;

b) priorize os autores clássicos em detrimento de releituras desses autores elaboradas por terceiros (interpretações);

c) leia as obras mais gerais para chegar às obras que discutem a questão de forma específica;

d) evite os ensaios, pois eles tendem a traduzir a perspectiva do autor sem, entretanto, ter obrigação de apoiar o raciocínio construído em referenciais bibliográficos consultados ou em evidências;

e) lembre-se de que materiais de natureza jornalística, obtidos por meio de consultas a revistas e jornais de tiragem comercial, só servem para ilustrar o raciocínio construído e jamais para fundamentar argumentos ou conclusões alcançadas;

f) não despreze o valor dos artigos publicados em periódicos técnico-científicos indexados ou em anais de reunião acadêmica na medida em que eles podem representar material atualizado, sintético e de qualidade em razão dos rigorosos critérios a partir dos quais eles são selecionados;

g) priorize autores renomados no assunto, ou seja, autoridades, especialistas com domínio teórico reconhecido nacional ou mundialmente;

h) não conhecendo o autor, considere seu currículo, ou seja, sua formação acadêmica, experiência profissional, produção acadêmica anterior e posterior, e pondere sobre os conteúdos da introdução (objetivos que o texto pretende alcançar) e da conclusão (contribuições do autor ao tema tratado), além da qualidade das notas explicativas e das referências bibliográficas indicadas e utilizadas. Isso corresponde a indícios da maturidade técnica, conceptual, teórica e metodológica do autor em questão. Além disso, consulte sites de busca e verifique o quanto o autor é citado e em que condições (se o que escreve é objeto de crítica ou se colabora na fundamentação do raciocínio de terceiros);

i) invista tempo de estudo para ampliar o repertório conceptual, teórico e metodológico e, assim, atingir o domínio da terminologia utilizada pelos autores consultados de modo a poder melhor avaliar o material localizado.

● 3.2 PESQUISA DOCUMENTAL

Não raro os pesquisadores iniciantes entendem que todo e qualquer processo investigatório pressupõe o uso de recursos metodológicos que viabilizem o contato direto do pesquisador com o fato/fenômeno investigado. Nesse caso, desconsideram o potencial presente na diversidade de documentos passíveis de serem explorados de forma sistemática. De acordo com a Associação Brasileira de Normas Técnicas (NBR 6023, 2002), *pesquisa documental* corresponde a:

> Qualquer suporte que contenha informação registrada, formando uma unidade, que possa servir para consulta, estudo ou prova. Inclui impressos, manuscritos, registros audiovisuais e sonoros, imagens, sem modificações, independentemente do período decorrido desde a primeira publicação.

De acordo com os termos da definição proposta pela ABNT, a pesquisa documental pressupõe o exame ou o reexame de materiais que ainda não receberam qualquer tratamento analítico, no objetivo de fundamentar interpretações novas ou complementares sobre o que está sendo investigado. Referindo-se à importância metodológica da pesquisa documental, Bardin[10] afirma que:

> Apelar para [...] instrumentos de investigação laboriosa dos documentos, é situar-se ao lado daqueles que, [...] querem dizer não à *"ilusão da transparência"* dos factos (sic) sociais, recusando ou tentando afastar os perigos da compreensão espontânea. É igualmente *"tornar-se desconfiado"* relativamente aos pressupostos, lutar contra a evidência do saber subjectivo (sic), destruir a intuição em proveito do *"construído"* [...] Esta atitude de *"vigilância crítica"*, exige rodeio metodológico e o emprego de

[10] BARDIN, Laurence. *Análise de conteúdo*. Lisboa: Edições 70, 1977. p. 28.

"técnicas de ruptura" e afigura-se tanto mais útil para o especialista das ciências humanas, quanto mais ele tenha [...] uma impressão de familiaridade face ao seu objecto (sic) de análise. É ainda dizer não *"à leitura simples do real"*, sempre sedutora, forjar conceitos operatórios, aceitar o caráter provisório de hipótese, definir planos experimentais ou de investigação...

A *pesquisa documental* é uma das mais importantes fontes de dados e informações, particularmente se for considerado o caso de investigações cujo tema pressupõe a utilização dos recursos típicos de pesquisas *ex-post-facto*.[11] Assim, figura recurso metodológico indispensável quando o pesquisador necessita explorar temas ou aspectos do tema que recuperam dimensões históricas da realidade. Elencamos, em seguida, alguns exemplos de temas que podem ser investigados com a exploração intensiva da pesquisa documental:

a) A construção e a administração das estradas de ferro no Sul do Brasil, e os interesses econômicos e políticos da Inglaterra.

b) As relações possíveis de serem estabelecidas entre a emergência, o desenvolvimento e a consolidação do movimento feminista e a inserção da mulher como mão-de-obra fabril no mercado de trabalho formado por empresas industriais inglesas.

c) A formação e as características das primeiras empresas brasileiras criadas por imigrantes italianos fixados em São Paulo no início dos anos 1930.

d) Os argumentos que têm sido utilizados pela historiografia do sistema de educação superior para justificar o fato de o Brasil ser reconhecido como um País "antiuniversitário".

e) A compreensão da cultura empresarial brasileira por meio de biografias de empreendedores brasileiros.

A utilização da pesquisa documental resulta de fontes primárias ou secundárias. São documentos oriundos de fontes primárias aqueles produzidos por pessoas que vivenciaram diretamente o evento investigado; já os documentos oriundos de fontes secundárias são aqueles coletados por pessoas que não estavam presentes na sua ocorrência.[12]

---

[11] A definição deste conceito está registrada na nota de rodapé n. 11 do Capítulo 6.

[12] GODOY, Anilda Schmidt. Pesquisa qualitativa e suas possibilidades. *Revista de Administração de Empresas*, São Paulo: Fundação Getulio Vargas, v. 35, n. 2, mar./abr. 1995.

Uma das características que singulariza a pesquisa documental é a diversidade e a dispersão das fontes de consulta que é capaz de reunir. Assim, as fontes de documentos podem ser originárias de:

a) *arquivos públicos* capazes de reunir arquivos de tribunais, cadastro de professores e estudantes de determinada escola, leis, estatutos, ofícios, relatórios, anuários, atas, memorandos, projetos de lei, registros de nascimento/óbito/casamento, escrituras de compra e venda, hipotecas, falências e concordatas, inventários, fotos, documentários, entre outros;

b) *arquivos particulares* capazes de reunir correspondências, diários, autobiografias, vestuários, utensílios, fotos, pinturas, filmes, plantas, mapas, entre outros;

c) *fontes estatísticas* de responsabilidade de órgãos particulares ou oficiais, tais como: Instituto Brasileiro de Geografia e Estatística (IBGE), Instituto Brasileiro de Opinião Pública e Estatística (Ibope), Instituto Gallup, Empresa Brasileira de Pesquisa Agropecuária (Embrapa), os Departamentos Municipais e Estaduais de Estatística, Banco Central, Federação das Indústrias do Estado de São Paulo (Fiesp), entre outros.

Com a leitura dos exemplos anteriores, não é difícil imaginar que os documentos oficiais, oriundos de arquivos públicos e de fontes estatísticas, são muito mais acessíveis à consulta e utilização a qualquer pesquisador do que os documentos resultantes de arquivos particulares, seja no âmbito das organizações (documentos internos) ou das pessoas (documentos particulares).

Não é raro os iniciantes em pesquisas sistematizadas entenderem que as fontes documentais se restringem à forma *escrita*, tais como publicações parlamentares, documentos jurídicos, dados estatísticos, publicações administrativas, documentos particulares, projetos, entre outros. No entanto, os documentos podem assumir também a forma *iconográfica* (estampas, gravuras, pinturas, fotos, desenhos, filmes, peças publicitárias, mapas, plantas, croquis etc.) e a forma de *objetos diversos* (fósseis, cerâmicas, vestuários, utensílios, artefatos etc.).

Em um processo investigatório, os recursos da pesquisa documental podem ser explorados para diversos fins. Como exemplos indicamos quatro deles:[13]

---

[13] BAILEY, 1982, apud GODOY, 1995, p. 22.

a) permite ao pesquisador investigar fatos/fenômenos ligados a pessoas, grupos sociais, organizações, comunidades humanas, civilizações etc., com os quais não tem acesso por meios diretos, seja pelo fato de eles não existirem mais, seja por motivo de distâncias geográficas ou sociológicas impostas pelas circunstâncias;

b) permite ao pesquisador contextualizar o objeto da investigação de modo a resgatar perspectivas culturais, sociais, históricas, econômicas e políticas que influenciam diretamente o fato/fenômeno estudado sem, no entanto, provocar algum tipo de alteração no comportamento dos sujeitos envolvidos;

c) permite ao pesquisador realizar investigações de fatos/fenômenos a partir da realidade intrínseca aos autores envolvidos, considerando aspectos pertinentes à organização social destes, à expressão de hábitos, costumes, valores, linguagens e outros;

d) investindo um tempo razoavelmente reduzido, é possível viabilizar a realização de investigações que envolvem períodos longos, na intenção de identificar e explicar uma ou mais tendências no comportamento de um determinado fato/fenômeno.

No entanto, o uso de pesquisas documentais apresenta algumas limitações que, pela importância, merecem ser destacadas e ponderadas pelos pesquisadores interessados em explorar este recurso metodológico:

a) A maioria dos documentos explorados pelas pesquisas documentais não foi produzida com o objetivo de servir de fonte de informações para as pesquisas sociais. Nesse caso, o material explorado pode suscitar a ocorrência de diferentes vieses que merecem ser enfrentados pelo pesquisador.

b) A inexistência de um formato padrão em tais documentos dificulta sobremaneira o seu tratamento (pré-análise, análise e análise de resultados).

c) É difícil o estabelecimento de critérios capazes de validar as escolhas dos documentos que podem efetivamente contribuir para a fundamentação de discussões travadas ao longo da pesquisa. Nesse sentido, a questão reside em saber até que ponto os documentos acessíveis ao pesquisador são de fato os mais relevantes, os mais confiáveis e os mais significativos sobre o que está sendo investigado.

d) Ao adotar a técnica de análise de conteúdo de cunho quantitativo, torna-se indispensável considerar que os documentos dificilmente constituem amostras quantitativamente representativas do fato/fenômeno investigado.

60 ◼ MONOGRAFIA

Ante as contundentes limitações anteriormente apontadas, é possível assegurar que, embora a pesquisa documental represente importante fonte de informação, em pesquisas acadêmicas ela merece ser explorada de forma combinada, ou seja, envolvendo simultaneamente outras fontes de consulta. Além disso, para que a interpretação dos documentos ultrapasse pré-conceitos e eventuais vieses do pesquisador, é necessário dispor de consistente quadro teórico de referência.

◻ **3.2.1 Tratamento dos materiais documentais**

Em investigações sistematizadas, os documentos podem ser utilizados como provas daquilo que está sendo afirmado pelo pesquisador ou podem ser interpretados com base em referenciais teóricos compatíveis com as exigências do tema/problema norteadoras da investigação. Por, em grande parte, constituírem material primário sobre o qual o pesquisador tem enorme responsabilidade no processo de coleta, tratamento e utilização, os documentos devem ser criteriosamente registrados. Tratando-se de documentos escritos, caso não sejam reproduzidos no texto do relatório de pesquisa, e a origem, referenciada na bibliografia, devem vir fotocopiados no anexo como prova do que está sendo afirmado. Caso se trate de documentos de natureza iconográfica, devem ser fotocopiados ou fotografados para ilustrar as discussões e constituírem evidências do que se assume no desenvolvimento do relatório de pesquisa ou devem ser organizados em seus anexos.

A análise de conteúdo é um recurso técnico bastante explorado para tratar materiais de cunho documental. Ao reunirem algumas definições sobre o que entendem por análise de conteúdo, Ghiglione e Matalon[14] privilegiam uma concepção quantitativa:

a) a análise de conteúdo pressupõe um conjunto de procedimentos que visa fixar a extensão e a regularidade de referências, atitudes ou temas contidos em mensagens e documentos;

b) a análise de conteúdo pressupõe a descrição objetiva, sistemática e quantitativa de conteúdos simbólicos;

c) a análise de conteúdo figura recurso técnico que permite a realização de inferências por meio da identificação sistemática e objetiva das características específicas de determinada mensagem;

---

[14] GHIGLIONE, Rodolphe; MATALON, Benjamin. *Les enquêtes sociologiques*: theories et pratiques. Paris: Armand Cohn, 1970.

TIPOS DE PESQUISA E TÉCNICAS DE COLETA DE MATERIAIS — PESQUISA BIBLIOGRÁFICA E DOCUMENTAL 61

d) a análise de conteúdo figura instrumento de análise que só ganha credibilidade quando o pesquisador dispõe de repertório teórico consistente para poder imprimir sentido aos conteúdos dos documentos analisados.

No entanto, Godoy salienta que o conteúdo de qualquer comunicação é capaz de veicular um conjunto de significações de um emissor para um receptor. Dessa forma, pode ser interpretado com o uso de técnicas de análise de conteúdo na medida em que estas partem do princípio de que "por trás do discurso aparente, simbólico e polissêmico, esconde-se um sentido que convém desvendar".[15] Nessa direção, Bardin assegura que análise de conteúdo traduz um conjunto de técnicas de análise das comunicações, objetivando formular, por meio de procedimentos sistemáticos e na medida do possível, objetivos de descrição do conteúdo das mensagens, indicadores — quantitativos ou qualitativos — que permitam a inferência de conhecimentos relativos às condições de produção/recepção (variáveis inferidas) das mensagens analisadas.[16]

Na tentativa de imprimir cientificidade aos materiais de natureza qualitativa, por muito tempo essa técnica foi reduzida ao cálculo do índice de freqüência em que certas características eram reconhecidas nos conteúdos dos documentos analisados. Porém, com o crescente espaço conquistado pelos qualitativistas, a importância do esforço interpretativo do material documental vem sendo cada vez mais valorizada. Nesse tipo de análise, o maior desafio consiste em o pesquisador identificar e compreender as características, as estruturas ou os modelos que estão subjacentes aos fragmentos de mensagens presentes nos documentos selecionados e analisados.

É possível assegurar que a realização da análise de conteúdo está organizada em três fases distintas, embora complementares:[17]

a) a pré-análise do material documental corresponde ao momento em que o material é consultado, selecionado e criteriosamente organizado;

b) a efetiva análise do material documental selecionado com vistas a alcançar algum nível de codificação, classificação e categorização. Esse processo pode envolver idéias, conceitos, valores, termos, sentenças, parágrafos, textos etc.;

c) a análise dos resultados reflete a etapa de tratamento e interpretação dos materiais codificados, classificados e categorizados na busca de alcançar

---

[15] GODOY, 1995, v. 3, p. 27.
[16] BARDIN, apud GODOY, 1995, v. 35, n. 2.
[17] GODOY, 1995, v. 3, p. 27.

padrões, estabelecer tendências ou conceber algum tipo de relação. Nessa etapa, se espera que o pesquisador ultrapasse o conteúdo manifesto dos documentos e alcance o conhecimento latente destes, que ultrapasse as dimensões explícitas presentes na aparência para alcançar a dimensão oculta, subterrânea. E isso só é possível com o esforço interpretativo.

Caso o pesquisador tenha utilizado documentos escritos e iconográficos, ressalta-se a obrigação de referenciar corretamente as fontes de consulta na bibliografia. Nesse caso, é desejável que o pesquisador subdivida as referências bibliográficas em *livros, periódicos* e *documentos*.

3.2.2 Racionalizando a leitura como forma de estudo e/ou pesquisa

Uma elevada capacidade de realizar leituras e alcançar níveis interessantes de interpretação são competências que devem ser desenvolvidas por qualquer pesquisador. O estudo realizado por meio do exercício da leitura é indispensável durante o processo investigativo, pois lhe permite dispor de lentes para olhar e imprimir sentido ao que vê. Assim, sugerimos que o pesquisador:

a) Leia orientado por objetivos claramente definidos e lembre-se de que tais objetivos devem refletir os que foram estabelecidos para a pesquisa iniciada. Por conseguinte, que ele busque responder questões como: o que espera da leitura iniciada/realizada? Qual é a estrutura de raciocínio construída pelo autor? Em que repousa a consistência dos argumentos elaborados pelo autor? Em que medida o conteúdo do texto ou parte dele pode contribuir para a pesquisa em curso?

b) Utilizando as recomendações anteriormente reunidas, avalie o material bibliográfico localizado e procure selecionar — para investir em uma efetiva leitura — aqueles que melhor se ajustam às exigências da pesquisa iniciada. Esse cuidado é particularmente importante quando o pesquisador está submetido a um cronograma de trabalho muito justo.

c) Lembre-se de que o exercício da leitura eficaz não é caracterizado pela velocidade com que se lê, mas a forma pela qual se lê. Parece oportuno destacar que a velocidade com que a leitura pode ser realizada depende de diferentes fatores, particularmente do domínio conceptual e teórico existente sobre o tema tratado.

3.2.2.1 Procedimentos que podem ser úteis na atividade de leitura

A função da *primeira* leitura de um texto é permitir ao leitor identificar tudo aquilo que não entendeu, mas que compromete a interpretação dos conteúdos presentes no

Tipos de Pesquisa e Técnicas de Coleta de Materiais — Pesquisa Bibliográfica e Documental ■ 63

texto lido. Poderiam ser exemplos disso: termos, expressões, conceitos, idéias, argumentos, exemplos, datas, nomes de pessoas, referências a fatos históricos, referência a outros textos etc. Feito isso, o leitor deve superar as zonas de desconhecimento consultando artigos, dicionários, livros técnicos, professores, especialistas etc.

A função da *segunda* leitura é permitir que o leitor busque o entendimento do *todo*, da unidade de pensamento formulada pelo autor, da estrutura subjacente ao texto escrito, ou seja, os elementos-chave do texto. Isso permite ao leitor elaborar o "esqueleto", a "espinha dorsal" que sustenta os conteúdos do texto, o mapa da redação, as idéias-chave do raciocínio.

E, por fim, a *terceira* e última leitura permitirá ao leitor buscar a identificação, a compreensão efetiva dos conceitos fundamentais, dos argumentos teóricos que imprimem consistência e credibilidade à análise e às contribuições do autor, ou seja, a essência do texto, tendo como filtro seletivo as necessidades que os objetivos da investigação realizada impõem.

Enfatiza-se que o pesquisador só estará capacitado para fichar o conteúdo do texto lido quando superar com êxito as três etapas descritas. Isso é facilmente entendido caso se considere que a capacidade de resumir idéias está diretamente relacionada com a profundidade com que o texto foi estudado e os conteúdos interpretados porque compreendidos. Desprovidos dessa compreensão, tendemos a transcrever grande parte dos conteúdos, uma vez que tudo passa a parecer relevante. Conseqüentemente, a tendência de os estudantes transcreverem fragmentos dos textos consultados sem atingir o mínimo de articulação entre as partes se deve à insuficiência de domínio dos conteúdos, o que é resultado de uma leitura inadequada. É impossível escrever sobre um assunto que se desconhece, sobre o que se entende parcial ou superficialmente.

□ **3.2.3 Fichamento como técnica de tratamento do material bibliográfico**

Além de corresponder a um tipo de pesquisa, a pesquisa bibliográfica é uma técnica de coleta de materiais imprescindível em estudos de caráter acadêmico, pois o relatório de pesquisa pressupõe uma *revisão da literatura disponível sobre o tema tratado*, o que, de certa forma, permite ao pesquisador avaliar o estado da arte do que está investigando, não correndo o risco de "reinventar a roda". Permite, igualmente, a construção do quadro teórico de referência cujo conteúdo irá subsidiar a interpretação e/ou análise do material coletado e tratado. Assim, o *fichamento* do material bibliográfico consultado é um procedimento essencial para qualquer exercício acadêmico, particularmente quando o objetivo do pesquisador é desenvolver uma monografia, uma dissertação ou uma tese. Por se tratarem de textos longos, manter a unidade do desenvolvimento e imprimir evolução lógica das idéias ao escrever capítulos e subcapítulos é um exercício desafiador.

O fichamento do material bibliográfico, criteriosamente selecionado, permite ao pesquisador formular um ordenamento lógico e crítico das unidades de pensamento do texto lido, garantindo melhores resultados na aprendizagem e permitindo a maximização do aproveitamento dos argumentos úteis para fundamentar descrições, interpretações, discussões, análises, reflexões dos problemas investigados ou verificações e demonstrações das hipóteses norteadoras da pesquisa.

O material bibliográfico consultado pode ser "fichado" em arquivos, dentro de "pastinhas" do Word, em que são anotadas, de forma ordenada e criteriosa, as referências bibliográficas consultadas, seguindo sempre as normas da Associação Brasileira de Normas Técnicas (ABNT). O pesquisador faz sínteses do pensamento do autor lido, extrai as citações que podem reforçar os argumentos no momento da redação e, ao analisar o conteúdo lido, faz articulações pertinentes ao objeto da investigação em curso e já formula algumas conclusões preliminares.

■ 3.2.3.1 Explicitando os conteúdos das fichas de leitura

Como todo texto, uma ficha de leitura não é um produto acabado. Ela pode e deve evoluir, deixando transparecer o amadurecimento intelectual do estudante-pesquisador, particularmente em relação à problemática explorada. Por isso, sugerimos que as fichas de leitura sejam realizadas no computador para que, com o tempo, seja possível inserir alterações derivadas da ampliação da compreensão intelectual do pesquisador. Assim, é possível afirmar que uma ficha de leitura reflete o domínio do pesquisador sobre o assunto investigado quando é capaz de registrar três momentos diferentes, embora complementares, da leitura realizada. Nesse sentido, o conteúdo do corpo de uma ficha de leitura (parte central) transita entre momentos em que o pesquisador é capaz de:

a) *reconhecer e sintetizar* partes importantes da obra lida, tendo como filtro das idéias a natureza do problema investigado ou o conteúdo das hipóteses verificadas;

b) *reconhecer e extrair citações* que possam traduzir os conceitos-chave do assunto tratado ou que possam refletir a capacidade de síntese do autor lido, ou que recuperem os argumentos utilizados por ele, ou que sirvam de exemplos/ilustrações do que está em discussão, ou, ainda, que contribuam para destacar a genialidade com que as idéias do autor lido foram escritas;

TIPOS DE PESQUISA E TÉCNICAS DE COLETA DE MATERIAIS — PESQUISA BIBLIOGRÁFICA E DOCUMENTAL   65

c) *fundamentar exercícios de reflexão e análise* em que o autor da ficha possa estabelecer relações com outras obras consultadas, estabelecer relações com materiais obtidos de outras fontes de consulta e alcançar inferências que contribuirão de forma singular no momento da redação do relatório final de pesquisa.

É necessário estabelecer uma simbologia que permita ao pesquisador reconhecer os conteúdos que traduzam momentos de síntese das idéias do autor da obra lida, momentos de reprodução de partes relevantes e momentos de reflexão e análise. Como sugestão, o autor da ficha pode organizar o material da seguinte maneira:

a) quando o corpo da ficha de leitura resumir as idéias do autor da obra consultada, o pesquisador registra o conteúdo correspondente entre asteriscos (*);

b) quando o corpo da ficha de leitura resgatar citações textuais, o pesquisador registra o conteúdo correspondente entre aspas (" ");

c) quando o corpo da ficha de leitura traduzir momentos de reflexão e análise cujo mérito, competência e responsabilidade são única e exclusivamente do autor da ficha, o pesquisador registra o conteúdo correspondente entre barras (/ /).

Essa simbologia facilitará o processo redacional da monografia ou do relatório de pesquisa na medida em que o material resultante da pesquisa bibliográfica está adequadamente processado. Assim, quando o autor da monografia ou do relatório de pesquisa estiver explorando o material obtido e processado, saberá reconhecer os conteúdos da ficha de leitura, ou seja, passagens que resumem as idéias do autor, citações que compilam literalmente passagens de obra e momentos de análise do material em questão.

A margem superior esquerda das fichas de leitura é destinada para o pesquisador discriminar o(s) capítulo(s) e/ou subcapítulo(s) cujo conteúdo pode ser apoiado pelos conteúdos impressos nas fichas elaboradas. Isso agiliza o processo redacional e reduz o retrabalho característico da etapa de elaboração do texto.

A parte central, à esquerda da ficha de leitura, é destinada para o registro do número da(s) páginas(s) ou dos capítulos a que se refere o resumo, para as citações e as análises elaboradas, de modo a facilitar as indicações sistemáticas das fontes de consulta, no momento da redação da monografia ou do relatório de pesquisa.

A parte inferior, à esquerda, é destinada ao número de registro da obra na biblioteca. Isso facilitará a identificação e a localização rápida do material, racionalizando o tempo investido durante eventuais consultas posteriores ao mesmo material.

Na parte superior da ficha deve estar discriminada a referência bibliográfica da obra: autor, título, subtítulo, número de edição, local de edição, editora e ano de publicação. Isso facilitará ao autor da monografia ou do relatório de pesquisa indicar sistematicamente e de forma correta a origem dos materiais bibliográficos resumidos, citados e/ou analisados, sem que ele tenha que recorrer à obra. Além disso, permitirá ao pesquisador elaborar corretamente a parte da monografia ou do relatório de pesquisa correspondente às *referências bibliográficas* dos textos efetivamente explorados.

Na parte inferior da ficha, indicam-se as bibliotecas em que há exemplares da obra em questão e o número de exemplares de que cada uma delas dispõe. A importância dessa informação é para que, em uma situação emergencial que exija eventual consulta à obra em questão, o autor tenha maiores chances de encontrar o material na biblioteca que dispuser de maior número de exemplares.

Considerando o número crescente de estudantes-pesquisadores que tem acesso aos recursos da informática, sugerimos que gravem seus fichamentos em arquivos organizados por capítulo. Essa prática facilitará o processo de complementação do texto da ficha, que fatalmente ocorrerá como reflexo do amadurecimento intelectual do pesquisador.

FIGURA **3.2**   Exemplo de padronização de um fichamento

Número do capítulo e/ou subcapítulo que será apoiado pelo conteúdo da ficha de leitura	Referência bibliográfica da obra consultada (respeitar a norma da ABNT NBR 6023, 2002)
Número da(s) página(s) a que se refere o conteúdo da ficha	**CONTEÚDO/SÍMBOLO** ● Utilize asterisco (*) quando resumir os argumentos do autor que serão úteis à fundamentação das discussões; ● Utilize aspas (" ") quando transcrever partes do conteúdo da obra consultada; ● Utilize barras (/ /) quando analisar o conteúdo parcial ou global da obra consultada. Esta padronização permitirá diferenciar o que é de responsabilidade do autor da obra consultada e o que é responsabilidade do autor da ficha de leitura.
Número de registro da obra na biblioteca	Nome da biblioteca e número de exemplares disponíveis.

Fonte: Elaborada pela autora.

Figura 3.3   Modelo de fichamento

Capítulo 7	CORIAT, B. *La robótica.* Madri: AGGrupo, 1985. 170 p.
p. 13 a 16	* O autor se propõe a fundamentar discussão sobre até que ponto a robótica implica um conjunto de novos elementos para a automação das fabricações industriais, tendo em vista a existência e a possibilidade de se usar os recursos da eletrônica e a microeletrônica na produção material. Para tanto, direciona seu estudo às indústrias manufatureiras, principalmente às de produção em escala.*
p. 17	*Apoiado por referencial histórico, Coriat demonstra que a automação não é um fenômeno novo. Desde o século XIX, cadeiras/matérias como mecânica, física e hidráulica já embasavam os processos de automação industrial, como a motorização, a transmissão e a operação. Novidade nessa área só ocorreu a partir dos anos 1950 com a introdução da microinformática e da microeletrônica. O uso intenso dessas inovações tecnológicas imprime impulso maior à produção e ao processo de robotização.
p. 23	Coriat demonstra que: "Numa economia duramente golpeada pela crise, a robótica aparece como um fator de aceleração dos desequilíbrios". /É interessante verificar que a automação está ligada a problemas de natureza essencialmente diferente da produção em processo contínuo. Quanto ao aumento da produtividade, sua importância para as empresas e para a economia de qualquer país é inquestionável. No entanto, o que é importante ponderar é seu impacto social como um todo, considerando, por exemplo, o nível de emprego, a convivência de operários/empregados/funcionários/colaboradores e robôs num mesmo ambiente de trabalho e, também, os impactos da introdução de novas tecnologias na formulação de políticas educacionais.
381.243	Biblioteca Sérgio Milliet — Centro Cultural São Paulo. Um exemplar.

Fonte: Elaborada pela autora.

TIPOS DE PESQUISA E TÉCNICAS DE COLETA DE MATERIAIS — A PESQUISA DE CAMPO: observação direta extensiva — aplicação de questionários e formulários

4

"Para mim as idéias são como nozes, até hoje não descobri melhor processo para saber o que está dentro de uma e de outras, senão quebrando-as."
Machado de Assis

Nos capítulos anteriores, os conceitos de pesquisa acadêmica, abordagem metodológica — quantitativa, qualitativa e mista — e método de investigação foram apresentados, explicados e ilustrados com exemplos.

Os aspectos relativos à pesquisa bibliográfica — conceito, importância no processo investigatório e forma de realização — foram explanados no Capítulo 3. Neste capítulo dar-se-á continuidade às explicações pertinentes aos tipos de pesquisa, e o seu conteúdo aprofundará aspectos relacionados à pesquisa de campo que envolve a exploração da observação direta e extensiva, particularmente aquela realizada por meio da aplicação de questionários e/ou formulários.

Para que haja maior compreensão do conceito, da utilização e da realização da pesquisa de campo no processo investigatório, particularmente quando envolve uma multiplicidade de técnicas de coleta de materiais, construímos um fluxograma ilustrativo cujas partes serão explicadas e exemplificadas nas páginas seguintes.

FIGURA 4.1   Fluxograma do processo de operacionalização da pesquisa de campo

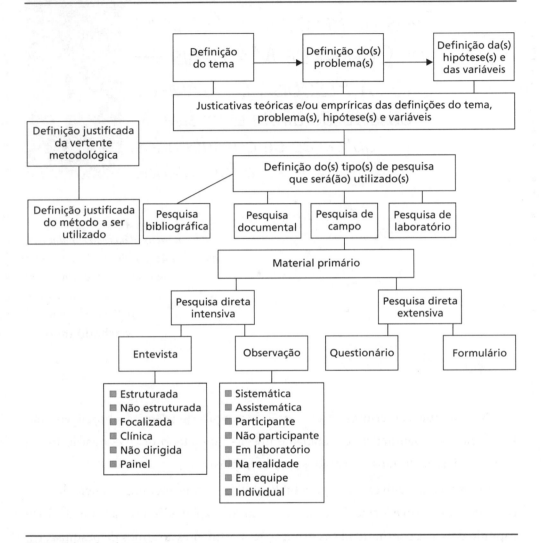

Fonte: Elaborada pela autora.

● 4.1 CONCEITO DE PESQUISA DE CAMPO E AS TÉCNICAS DE COLETA DE MATERIAIS TRADICIONALMENTE UTILIZADAS

A **pesquisa de campo** pressupõe a apreensão dos fatos/variáveis investigados, exatamente onde, quando e como ocorrem. Nessas circunstâncias, o pesquisador deve definir o que e como irá apreender a realidade, considerando as especificidades do que está investigando. Para isso, deve estar ciente de que, tanto utilizando recursos metodológicos quantitativos quanto recursos metodológicos qualitativos, deve coletar os materiais de forma sistematizada, registrá-los, selecioná-los e organizá-los sem qualquer tipo de manipulação, sem experimentação. Sublinhamos que, dependendo da abordagem adotada pelo pesquisador, se mais quantitativa realista ou mais qualitativa idealista, o nível de sistematização dos processos de coleta, tratamento e análise dos materiais reunidos pode ser maior ou menor.

De acordo com a Figura 4.1, as técnicas de coleta de materiais tradicionalmente utilizadas na pesquisa de campo de caráter qualitativo são *observação direta e intensiva,* que incluem a observação sistemática, assistemática, participante, não-participante, individual, em equipe, em laboratório, na realidade, e as entrevistas estruturada, não-estruturada, focalizada, clínica, não-dirigida e painel. Já as técnicas de coleta de materiais tradicionalmente utilizadas na pesquisa de campo de caráter quantitativo envolvem a utilização da *observação direta e extensiva*, realizada por meio da aplicação de questionários e/ou formulários.

□ **4.1.1 Observação direta e extensiva — aplicação de questionários e formulários**

● **4.1.1.1 Questionários como técnica de coleta de dados**

Questionário[1] corresponde a uma técnica de coleta de dados utilizada em pesquisas de campo que envolve a observação direta da realidade (diferentemente da pesquisa bibliográfica e documental) de forma extensiva, razão pela qual está intrinsecamente associada aos métodos subordinados à abordagem quantitativa. É resultado da formulação e da aplicação de uma série ordenada de questões e alternativas de respostas cujo teor detalha aspectos relativos à hipótese verificada e às variáveis privilegiadas. Essas questões devem, necessariamente, ser respondidas por escrito e na ausência do pesquisador.[2] O instrumento de coleta de dados é remetido para o respondente de diferentes formas: por meio de agências de correio, portador, mala direta, anexado a um produto ou por meios eletrônicos, necessariamente acompanhado de correspondência explicativa. O conteúdo dessa correspondência, embora sintético, deve:

---

[1] Para os pesquisadores que têm domínio da língua francesa, o texto de autoria de Ghiglione e Matalon (1970) figura um clássico sobre o assunto. Nessa obra é possível encontrar detalhes sobre o processo de planejamento das enquetes, preparação dos instrumentos de coleta, aplicação e tratamento estatístico dos dados coletados além de sua análise e interpretação. GHIGLIONE; MATALON, 1970.

[2] LAKATOS; MARCONI, 1991, p. 201.

a) explicitar os objetivos da pesquisa em andamento e a metodologia privilegiada;

b) afirmar a relevância dos objetivos fixados;

c) enfatizar a importância da colaboração do contato na direção das respostas às questões propostas;

d) registrar o compromisso de remeter o "sumário executivo" dos resultados alcançados;

e) indicar os organismos e/ou instituições patrocinadoras da pesquisa em questão;

f) oferecer instruções sobre a forma de preenchimento do instrumento de coleta de dados;

g) assumir o compromisso de respeitar o sigilo tanto referente ao nome do respondente quanto ao nome da instituição a que está vinculado;

h) apresentar a forma pela qual fará o tratamento dos dados coletados;

i) reunir as instruções necessárias sobre a forma de devolução do instrumento de coleta de dados adequadamente preenchido;

j) estipular a data-limite para o respondente devolver o material preenchido;

k) apresentar o(s) autor(es) da pesquisa (nome e sobrenome, nome da instituição a que está vinculado seja por motivo de estudo, seja por motivo de trabalho) e o tipo de vínculo — estudante, professor, pesquisador, gerente de marketing, diretor do departamento de vendas, entre outros.

Exemplo de correspondência capaz de acompanhar um questionário

São Paulo, 19 de junho de 2007.

Caro(a) colega,

Realizamos pesquisa sobre a internacionalização da educação superior com a intenção de identificar o lugar que o Brasil ocupa nesse processo e explicar suas implicações para estudantes, professores, pesquisadores, instituições educacionais e o País. Para tanto, a equipe de pesquisadores conta com o financiamento do Núcleo de Pesquisa e Publicação (NuPP) e do Centro de Altos Estudos em Propaganda e Marketing (CAEPM), ambos mantidos pela Escola Superior de Propaganda e Marketing.

Na primeira etapa da investigação, os pesquisadores se dedicaram a elaborar cuidadosa revisão crítica da literatura disponível e paralelamente realizaram exaustivo levantamento documental. Objetivando identificar potenciais interlocutores, em 2006 esse material foi transformado em seis artigos acadêmicos, submetidos a diferentes congressos, apresentados e discutidos entre colegas.

TIPOS DE PESQUISA E TÉCNICAS DE COLETA DE MATERIAIS — A PESQUISA DE CAMPO 73

Com a ampliação e aprofundamento da compreensão acerca do tema investigado, houve segurança para iniciar a pesquisa de campo por meio da aplicação deste questionário cujos dados resultantes serão objeto de discussão em uma dinâmica de grupo que envolverá oito experientes pesquisadores em gestão universitária.

Considerando que o alvo da pesquisa são instituições de educação superior que institucionalizaram programas de internacionalização, o questionário é endereçado para o responsável pelo departamento de relações internacionais. É importante esclarecer que os dados obtidos com a aplicação do instrumento serão objeto de tratamento em conjunto, conseqüentemente, será desnecessária a identificação do respondente e do nome de sua respectiva instituição. Tendo em vista as limitações do cronograma de trabalho, solicitamos que a devolução do questionário preenchido não ultrapasse o dia 20 de julho de 2007. Para tanto, basta utilizar o envelope-resposta anexo.

Ressaltamos que sua percepção sobre o processo de internacionalização do sistema de educação superior, em geral, e do sistema de educação superior brasileiro, em particular, é de fundamental importância para o êxito desta pesquisa. Considerando o interesse que o tema tem suscitado entre os colegas e a existência de poucos textos em língua portuguesa que aprofundem a questão, comprometemo-nos a apresentar e discutir, nos diversos fóruns acadêmicos, os resultados parciais e final da pesquisa em andamento.

Agradecemos antecipadamente a colaboração de todos os respondentes e colocamo-nos à disposição para quaisquer esclarecimentos que se façam necessários.

Atenciosamente,

Profa. Dra. Manolita Correia Lima
Coordenadora do Núcleo de Pesquisas
e Publicações da ESPM

Prof. Dr. Fábio Contel
Professor dos cursos de Administração
e Relações Internacionais da ESPM

Prof. Dr. Alexandre Gracioso
Diretor Acadêmico da ESPM

Levando-se em consideração o baixo índice de retorno dos questionários aplicados (número que corresponde geralmente a cerca de 25%)[3] e a freqüência de questões

---

[3] LAKATOS; MARCONI, 1991, p. 201.

respondidas de forma inadequada ou não respondidas, alguns procedimentos podem contribuir para minimizar essa tendência indesejada:[4]

a) a idoneidade da instituição a que o pesquisador está vinculado;

b) a credibilidade da(s) instituição(ões) patrocinadora(s) da pesquisa;

c) interesse que o tema suscita no respondente;

d) a competência técnica/teórica que o contato apresenta para responder adequadamente ao questionário;

e) a clareza na formulação das questões e a pertinência das alternativas de respostas elencadas;

f) a extensão do questionário e o tempo envolvido em seu preenchimento — lembrando que questionários excessivamente curtos são instrumentos de coleta de dados insuficientes; entretanto, está provado que questionários em que se demore mais de vinte minutos para preenchê-los é ineficiente, ou haverá muitas questões em branco ou um índice de retorno insatisfatório;[5]

g) a adequação do material ao perfil do respondente quanto ao conteúdo, à terminologia, à estrutura redacional, à seqüência das questões e à apresentação gráfica. Estes são elementos que podem estimular ou desestimular o respondente a cooperar. Assim, sugerimos a supressão de formulações muito longas e complexas, a apresentação em mais de cinco alternativas de resposta para questões de múltipla escolha, formulações ambíguas, constrangedoras, comprometedoras, questões que induzem a determinadas respostas, questões excessivamente pessoais;

h) a qualidade da correspondência que acompanha o questionário em termos de conteúdo e de forma;

i) a estimativa do período de tempo necessário para o respondente preencher e devolver o questionário. É importante ponderar que pouco tempo é inútil, na medida em que o processo envolve tempo para emitir, preencher e devolver o instrumento. No entanto, envolver um período de tempo excessivamente longo faz o contato esquecer, engavetar, perder o questionário, comprometendo, assim igualmente, o tratamento estatístico dos dados e os resultados da pesquisa. Logo, o ideal será o pesquisador utilizar o bom senso para poder calcular uma média de tempo realista;

---

[4] SELLTIZ, C. et al. *Métodos de pesquisa nas relações sociais*. São Paulo: EPV/Edusp, 1965. p. 281.

[5] Não é raro encontrar autores que atrelam o índice de devolução dos questionários enviados ao número de questões formuladas. Isso reflete um equívoco: é possível complicar a formulação de uma questão a ponto de desestimular alguém a responder, por exemplo.

Tipos de Pesquisa e Técnicas de Coleta de Materiais — a Pesquisa de Campo **75**

j) oferecer alternativas de devolução do questionário preenchido (por meios eletrônicos, portador, fax ou agências de correio, lembrando que, neste caso, deverá anexar envelope selado e discriminar endereço de envio).

□ *4.1.1.1.1 Avaliando a eficiência do questionário como instrumento de coleta de dados*

Como todo instrumento de coleta de dados, os questionários têm méritos e limitações. Assim, o pesquisador deve ponderar os prós e os contras antes de planejar as estratégias metodológicas que irá utilizar no processo de coleta de dados, considerando:

Prós	Contras
a) possibilidade de contar com dados atualizados sobre o tema/problema investigado; b) dispor de expressivo volume de dados em um período de tempo relativamente curto; c) possibilidade de alcançar amplo espaço geográfico e vasto número de pessoas, simultaneamente; d) independer da existência de uma equipe adequadamente treinada para aplicar o questionário; e) dependendo da estrutura das questões formuladas, a aplicação de questionários pode resultar em materiais qualitativos e quantitativos; f) estimular a cooperação do respondente na medida em que respeita o anonimato daqueles que respondem o instrumento; g) resultar em um material mais aprofundado, considerando o tempo que o contato dispõe para responder e a liberdade que o instrumento oferece; h) minimizar distorções das respostas registradas na medida em que o pesquisador estará ausente e não exercerá influências diretas sobre o respondente; i) custo operacional relativamente baixo, pois se restringe a despesas relativas às cópias do instrumento, ao envio e à respectiva devolução.	a) baixo índice do retorno do material devidamente preenchido; b) recebimento tardio (após a redação do relatório final de pesquisa) do material preenchido; c) número significativo de respostas incompletas ou respondidas de forma errada, ou, ainda, em branco (destaca-se, particularmente, as questões abertas que exigem mais tempo do respondente, competência técnica e conceptual, raciocínio lógico e elevada capacidade de expressão escrita); d) considerando a ausência do pesquisador no momento do preenchimento do questionário, torna-se impossível esclarecer eventuais dúvidas quanto à formulação de algumas questões, prejudicando o resultado esperado; e) o universo de respondentes é reduzido, pois pressupõe a existência de um nível de escolaridade compatível com o teor do questionamento proposto (estima-se que, quanto mais elevado o nível de formação do respondente, mais expressiva será sua colaboração); f) relativo comprometimento da fidelidade das respostas registradas pelo contato, inicialmente em razão de níveis variáveis de indução que a formulação das questões sugere e, posteriormente, diante da pouca possibilidade de o pesquisador ter condições de controlar e verificar a veracidade das respostas registradas e das circunstâncias em que foram escritas.

76 ◼ MONOGRAFIA

☐ *4.1.1.1.2 Elaborando o questionário*

Formular um questionário requer cuidados que visam maximizar seu grau de eficiência no processo investigatório, isto é, conseguir coletar dados que uma vez processados e interpretados colaborem para a verificação da hipótese testada. Assim, torna-se necessário o pesquisador atentar para alguns aspectos que podem ajudar nessa empreitada:

a) ter domínio do referencial conceptual e teórico existente sobre o tema/ problema/hipótese investigados para, dessa forma, reunir elementos que lhe permitam elaborar questões adequadas e alternativas de resposta pertinentes;[6]

b) orientar-se pelos objetivos da pesquisa e pelo perfil do respondente para formular as questões e as alternativas de respostas, ponderando sobre a adequação do conteúdo, a lógica impressa à seqüência das questões, a pertinência da linguagem e a conveniência da profundidade, complexidade, estrutura das questões e das respostas propostas;

c) preocupar-se em formular questões imprescindíveis à pesquisa, ponderando sempre sobre a necessidade dos dados que resultarão e em sua efetiva importância para o processo de fundamentação dos exercícios de descrição, interpretação e análise da problemática norteadora da pesquisa;

d) agrupar questões respeitando algum princípio lógico e evolutivo — partir de questões gerais até chegar a questões mais específicas, partir de questões impessoais até chegar a questões mais pessoais;

e) enumerar corretamente as questões e as alternativas da resposta. Esse procedimento facilitará o preenchimento do instrumento pelo contato e a tabulação posterior dos dados pelo pesquisador.

Se considerarmos a estrutura das perguntas de um questionário, elas são classificadas em: perguntas abertas, perguntas fechadas, perguntas de múltipla escolha. Vejamos a seguir como elas se definem.

----

[6] Caso isso não ocorra ainda, será inevitável trabalhar, pelo menos inicialmente, com alternativas técnicas menos sistematizadas, mais abertas, mais exploratórias. Isso permitirá identificar as variáveis que mais influenciam o fenômeno investigado para formular instrumentos de coleta de dados mais sistematizados e, logo, capazes de medir, de quantificar a importância de tais variáveis sobre o fenômeno.

Perguntas abertas ou livres

As **perguntas abertas ou livres** permitem ao respondente desenvolver o conteúdo e a forma das respostas de forma livre. Elas viabilizam a obtenção de materiais qualitativos na medida em que correspondem a questões cujo aprofundamento e a abrangência das respostas dependem única e exclusivamente do respondente. Embora as respostas obtidas permitam a realização de um tratamento qualitativo, via de regra o material é explorado quantitativamente por meio da análise de conteúdo.[7] Como?

a) Inicialmente, é imprescindível a leitura corrida de todas as respostas registradas a partir de uma mesma questão.

b) Em função da freqüência com que uma determinada idéia foi expressa nas respostas registradas pelos respondentes, o pesquisador estabelece categorias de resposta.

c) Uma vez formuladas tais categorias, elas permitem a quantificação dos conteúdos na direção de um tratamento estatístico.

Conseqüentemente, por exigir mais tempo, domínio técnico e conceptual, raciocínio lógico e analítico, além de competência redacional do contato, um questionário de perguntas abertas geralmente desestimula o desenvolvimento das respostas, fato que resulta em um número significativo de respostas insatisfatórias (truncadas, confusas, incompletas, erradas ou simplesmente em branco).

Além disso, exatamente porque a estrutura desse tipo de questão permite a obtenção de materiais qualitativos, a tabulação de seu conteúdo é complexa e bastante demorada, pois requer maior competência do pesquisador nas fases de interpretação das respostas, formulação de categorias quantificáveis, tratamento estatístico com base em tais categorias, seleção e análise dos dados resultantes.

Considerando que o questionário é um instrumento de coleta de dados típico de pesquisas de caráter quantitativo (*survey,*[8] por exemplo), é possível afirmar que os

---

[7] Este conceito será aprofundado em capítulos subseqüentes deste livro.

[8] O método de pesquisa *survey* corresponde a uma abordagem quantitativa do fenômeno investigado. Envolve, necessariamente, a realização de uma pesquisa de campo em que a coleta de dados é feita por meio de aplicação e questionário e/ou formulário. A sua utilização pressupõe uma pesquisa amostral — quando o pesquisador considera apenas uma amostra estatisticamente representativa da população investigada.

recursos presentes nas questões abertas só deverão ser explorados quando o pesquisador se defronta com aspectos do tema/problema investigado e percebe que ainda não tem o domínio suficiente para elaborar perguntas, tampouco alternativas de respostas capazes de cobrir todas as exigências da pesquisa.

Ao pensar na importância das questões abertas em uma pesquisa sistematizada, nas complicações que podem engendrar e na inexperiência dos jovens pesquisadores, sugerimos que, na medida do possível, essa estrutura de questões seja limitada a 25% do questionário, no máximo, e que esse tipo de pergunta seja formulada mais ao final do questionário, momento em que o respondente estará mais familiarizado e envolvido com os aspectos tratados — conseqüentemente, mais apto para completar, de forma aprofundada, as respostas com informações essenciais à compreensão e análise da problemática investigada.

QUADRO **4.1** Exemplos de perguntas abertas

a) Considerando a experiência profissional que V.Sa. acumulou como responsável pela área de Recursos Humanos desta empresa, quais são as perspectivas profissionais dos egressos de programas de graduação em Administração no contexto do atual sistema produtivo?

b) Por que, em processos seletivos orientados para identificar pessoas capazes de exercer funções administrativas, a empresa aceita candidatos com formação em diversas áreas — Engenharia, Direito, Economia, Contabilidade etc.?

c) Qual é o impacto do controle da inflação sobre o poder de compra de pessoas pertencentes às classes C e D?

d) Do seu ponto de vista, qual é a política de investimento adotada pelo setor automobilístico brasileiro após a abertura de mercado e que relação ela tem com o avanço do desemprego?

e) Em que termos é possível explicar a política externa adotada pelo atual governo brasileiro?

Perguntas fechadas

Dependendo do autor consultado, as **perguntas fechadas** também são denominadas dicotômicas, limitadas ou alternativas fixas.[9] Perguntas fechadas são aquelas que oferecem apenas duas alternativas como resposta. Por isso, obtêm dados precisos, de

---

[9] LAKATOS; MARCONI, 1991.

caráter eminentemente quantitativo (ou seja, dados numéricos que, uma vez tabulados, permitem a produção de tabelas e gráficos). Dependendo da abrangência da pesquisa, a aplicação de questionários formulados com base em perguntas fechadas pode constituir instrumentos de coleta de dados plenamente satisfatórios — *o perfil socioeconômico dos estudantes que concluem um programa de MBA em Administração na University of Cambridge, a cultura enquanto aspecto facilitador do processo de aprendizagem organizacional na Organização X.*

Essa estrutura de pergunta facilita o preenchimento do material pelo contato, tabulação, interpretação e análise dos dados pelo pesquisador, visto que as respostas tendem a alcançar alguma objetividade. Entretanto, restringe ao máximo a resposta do contato, pois não permite o aprofundamento dos conteúdos explorados, não permite maiores explicações sobre o objeto da investigação, não abre espaço para justificações ou exemplificações, não tolera discordâncias, apenas quantifica opiniões. Assim, o pesquisador deve ter consciência de que a formulação desse tipo de pergunta reproduz, em graus variados, um processo de indução sobre as respostas assinaladas pelo contato. Não é sem razão que as perguntas fechadas se apresentam como estruturas de questões plenamente aceitas nas investigações de vertente quantitativa realista, mas são bastante criticadas por pesquisadores que realizam investigações de natureza qualitativa idealista.

QUADRO **4.2** Exemplos de perguntas fechadas de natureza dicotômica

a) Você é a favor ou contra a adoção do imposto único? ( ) A favor. ( ) Contra. b) A escola de origem do candidato a estagiário corresponde ao principal critério adotado pelo processo seletivo deste banco? ( ) Sim. ( ) Não. c) Na sua opinião, o governo Luiz Inácio Lula da Silva conseguirá ampliar as taxas de crescimento do País? ( ) Conseguirá. ( ) Não conseguirá. d) Você está satisfeito ou insatisfeito com a forma pela qual a empresa X organiza o serviço pós-venda? ( ) Estou satisfeito. ( ) Estou insatisfeito.

Perguntas de múltipla escolha

As perguntas de **múltipla escolha** são fechadas na medida em que selecionam uma série de alternativas de respostas previamente concebidas em razão do referencial teórico explorado e das variáveis que supostamente interferem no fenômeno investigado. Considerando o conteúdo, estão subdivididas em *perguntas-mostruário* (ou leque, ou cafeteria), *perguntas de estimação* (ou avaliação) e *perguntas semi-abertas*.

Perguntas-mostruário

Nas **perguntas-mostruário,** as alternativas prováveis de resposta estão listadas após a formulação da questão. A elaboração desse tipo de pergunta requer expressivo domínio teórico dos aspectos explorados pelo tema/problema da pesquisa. Conforme as instruções registradas no questionário, o respondente poderá escolher e indicar uma ou mais alternativas de resposta. Esse tipo de pergunta obtém dados precisos e de caráter quantitativo. Sua estrutura facilita a colaboração do respondente, a tabulação e a análise dos dados pelo pesquisador. Embora restrinja o leque de resposta(s), é mais ampla do que as questões dicotômicas. Resguardadas as proporções, também apresenta um relativo poder de indução sobre o respondente.

Quadro 4.3 Exemplos de perguntas fechadas do tipo mostruário

a) Qual é o fator determinante na elevação da taxa de desemprego entre os jovens de 15 a 24 anos no Estado de São Paulo? ( ) Excesso de oferta de mão-de-obra qualificada. ( ) Excesso de oferta de mão-de-obra com experiência profissional. ( ) Limitações na formação dos jovens. ( ) Ausência de experiência profissional entre os jovens. ( ) Necessidade de reduzir custos para ampliar competitividade no setor. b) Quais são os fatores que contribuem para a excelência da formação de um profissional de alto nível na área de *management*? ( ) Projeto pedagógico inovador. ( ) Capacidade de atrair, selecionar e manter bons estudantes. ( ) Capacidade de atrair, selecionar e manter bons professores. ( ) Perfil das lideranças acadêmicas do curso e da instituição de educação superior. ( ) Qualidade e quantidade do acervo da biblioteca tradicional e virtual.

Tipos de Pesquisa e Técnicas de Coleta de Materiais — a Pesquisa de Campo **81**

Perguntas de estimação ou de avaliação

Nas **perguntas de estimação ou de avaliação,** as alternativas prováveis de resposta estão listadas após a questão. Conforme as instruções registradas no questionário, o respondente poderá escolher e indicar uma ou mais alternativas de resposta. Invariavelmente, a formulação da pergunta solicita julgamento, estimação, avaliação segundo uma escala que remete ao grau de intensidade crescente ou decrescente. Obtém dados precisos de caráter quantitativo; por isso mesmo, são facilmente tabulados. Podem permitir a elaboração de interpretações e análises interessantes quando esse tipo de formulação é associado a questões abertas. Nesse caso, são denominadas questões *semi-abertas* e a margem de indução sob as respostas registradas pelos respondentes é expressivamente reduzida.

QUADRO 4.4 Exemplos de perguntas fechadas de estimação ou de avaliação

a) Como o(a) Sr.(a) avalia os resultados do trabalho realizado pelos colaboradores incorporados à empresa na condição de estagiários?

( ) Ótimo.

( ) Bom.

( ) Regular.

( ) Insatisfatório.

b) Qual é o seu nível de interesse por eventos que tenham como objetivo discutir questões relevantes sobre a gestão de pequenas e médias empresas do setor industrial brasileiro e exportadoras?

( ) Alto.

( ) Médio.

( ) Baixo.

c) Na sua opinião, qual é o peso ideal dos conteúdos que privilegiam as dimensões práticas e teóricas em cursos de graduação em Administração?

( ) 25% prática e 75% teórica.

( ) 50% prática e 50% teórica.

( ) 75% prática e 25% teórica.

Perguntas semi-abertas

Nas **perguntas semi-abertas,** há a preocupação de o pesquisador minimizar os efeitos indesejados das **perguntas abertas** e das **perguntas fechadas,** na direção do que já foi antes explicado. Assim, ele dará oportunidade de o respondente elaborar uma alternativa de resposta capaz de traduzir com maior fidedignidade aquilo que sabe/pensa sobre o tema/problema investigado na medida em que não se identifica com as alternativas propostas pelo instrumento de coleta. Essa arquitetura de questão reúne três vantagens:

a) evita induzir o respondente a respostas que não correspondem à realidade dos fatos;

b) pode revelar aspectos novos para o pesquisador;

c) evita divagação na resposta registrada, uma vez que o respondente dispõe das alternativas já elencadas e estas podem orientar a elaboração sintética da idéia que deseja expressar.

QUADRO **4.5** Exemplo de perguntas semi-abertas

a) Qual é a maior contribuição que a realização do Trabalho de Conclusão de Curso (TCC) pode representar para a sua formação acadêmica?
( ) Superar deficiências de cunho teórico acumuladas ao longo do curso, em determinadas disciplinas.
( ) Desenvolver conhecimentos, habilidades e atitudes de pesquisador.
( ) Ampliar e aprofundar meus conhecimentos sobre a área em que tenho interesse de atuar profissionalmente.
( ) Dispor de visão de conjunto das diferentes áreas de conhecimento exploradas pelos programas de graduação em Administração.
( ) Outra alternativa. Qual?_____
b) Por que você assina o jornal *Valor?*
( ) Porque esse diário tem foco na área econômico-financeira.
( ) Porque esse diário está "antenado" com as exigências de uma economia globalizada ao veicular notícias locais, regionais, nacionais e internacionais.
( ) Porque esse diário, além de privilegiar a notícia, dispõe de excelentes comentaristas.
( ) Porque esse diário investe em jornalismo investigativo.
( ) Por outras razões. Quais?_____

Se considerarmos o objetivo das perguntas de um questionário, estas são classificadas em:

a) questões de fato;

b) questões de ação;

c) questões de intenção;

d) questões de opinião;

e) questões-índice ou teste (de caráter pessoal e impessoal).

Questões de fato

As **questões de fato** remetem a dados objetivos sobre o respondente, tais como idade, gênero, estado civil, nacionalidade, local de residência, nível de escolaridade, profissão, setor de atividade, cargo ocupado, experiência profissional, faixa salarial, entre outros. O pesquisador deve munir-se de cuidados no momento da elaboração desse tipo de questão para não desencadear constrangimentos, visto que aqui estamos na esfera do pessoal. Recomenda-se que esse tipo de pergunta seja organizado no final do questionário, e não em seu início, porque se acredita que ao finalizar o preenchimento do instrumento o respondente já esteja suficientemente envolvido com o tema tratado e interessado nos resultados da pesquisa. A título de exemplo, deve-se lembrar que nem todas as pessoas aceitam responder perguntas relativas a sua idade.

QUADRO 4.6 Exemplos de formulação de questões de fato

---

a) Idade:
   ( ) De 20 a 29 anos.
   ( ) De 30 a 39 anos.
   ( ) De 40 a 49 anos.
   ( ) Mais de 50 anos.
b) Gênero:
   ( ) Feminino.
   ( ) Masculino.
c) Estado civil:
   ( ) Solteiro.
   ( ) Casado.
   ( ) Separado.
   ( ) Viúvo.
d) Nível de formação:
   ( ) Graduação.
   ( ) Especialização.
   ( ) Mestrado.
   ( ) Doutorado.
e) Instituição de educação superior em que concluiu o último nível de formação pós-secundária: _____
f) Tempo de experiência profissional enquanto gerente de produto:
   ( ) Menos de três anos.
   ( ) De três a cinco anos.
   ( ) De seis a sete anos.
   ( ) De oito a dez anos.
   ( ) Mais de dez anos.
g) Empresas em que exerceu o cargo de gerente de produto durante os últimos dez anos: _____
_____
h) Produtos cujo projeto de lançamento coordenou nos últimos três anos: _____

---

84 ■ MONOGRAFIA

Questões de ação

As **questões de ação** objetivam identificar atitudes, opções, decisões, ações assumidas pelo respondente. Por ser passível de invadir o universo pessoal, elas devem ser bem formuladas para não suscitar reações negativas de rejeição e de constrangimento.

QUADRO 4.7 — Exemplos de formulação de questões de ação

a) Qual é a área que escolheu para investir em uma especialização profissional?
( ) Finanças.
( ) Sistemas de Informação.
( ) Marketing.
( ) Recursos Humanos.
( ) Estratégia.
( ) Outra. Qual? _____
b) Qual é o perfil dos profissionais que recrutou nos últimos doze meses?
( ) Especialistas com visão sistêmica.
( ) Profissionais com ampla experiência profissional na área.
( ) Profissionais polivalentes.
( ) Profissionais com elevada capacidade de trabalhar em equipe.
( ) Profissionais com expressiva experiência internacional.
( ) Outro. Qual? _____
c) Como avalia o modelo de gestão que prevalece nas empresas familiares do setor calçadista situado no Estado de São Paulo?
( ) Em franco processo de profissionalização.
( ) Comprometido com o processo de modernização indispensável em um contexto de globalização de mercados.
( ) Tradicional e reativo.
( ) Investindo com moderação e cautela em mudanças que impliquem alteração do modelo de gestão que vem garantindo resultados.
( ) Avalia de outra forma. Qual? _____

Questões de intenção

As **questões de intenção** visam conhecer as posturas do indivíduo diante de certas circunstâncias, de determinados cenários previamente construídos, de certas projeções e expectativas. Sublinhamos que os dados obtidos com a aplicação desse tipo de questão não passam de aproximações, visto que pertencem ao universo da simulação.

QUADRO 4.8 Exemplos de formulação de questões de intenção

a) Em que termos poderia traduzir o projeto que irá concretizar ao concluir o curso de graduação em Administração?

( ) Investir em um negócio próprio.

( ) Crescer na empresa da própria família.

( ) Fazer carreira em uma grande empresa

( ) Iniciar um programa de pós-graduação.

( ) Realizar um estágio internacional.

( ) Outro projeto? Qual?_____

b) Caso a política econômica do atual governo consiga manter a inflação sob controle, quais os investimentos que pretende injetar na empresa, considerando o longo prazo (dez anos)?

( ) Investir em programas de capacitação dos colaboradores.

( ) Investir em novas tecnologias de produção.

( ) Ampliar a carteira de produto existente na empresa.

( ) Investir na ampliação do mercado internacional.

( ) Prevê outras alterações? Quais?_____

c) Tendo em vista que pretende viabilizar o projeto de criação de um novo negócio, para isso pretende (é possível indicar mais de uma alternativa de resposta):

( ) Especializar-se na área em que deseja investir.

( ) Acumular alguma experiência profissional na área envolvida pelo negócio pretendido.

( ) Identificar agências de financiamento capazes de investir no negócio pretendido.

( ) Identificar um sócio confiável para dividir o sonho de criar um negócio próprio.

( ) Elaborar previamente um plano de viabilidade econômico-financeira do negócio pretendido.

( ) Prevê outras iniciativas? Quais?_____

Questões de opinião

As **questões de opinião** objetivam conhecer valores, visões, impressões, experiência do respondente. Elas são muito utilizadas em pesquisas de mercado que buscam conhecer o perfil dos clientes potenciais ou as alterações ocorridas no perfil dos clientes conquistados. Em pesquisas de marketing, elas podem contribuir para as empresas conhecerem a sua imagem institucional e a avaliação da carteira de produtos que oferece ao mercado. Visto o caráter pessoal que este tipo de questão pode suscitar, o questionário deve ser elaborado com muita atenção e bom senso.

Quadro 4.9 Exemplos de formulação de questões de opinião

---

a) Ao adquirir produtos de higiene pessoal, produzidos e comercializados pela empresa X, qual é o fator que mais influencia a sua decisão de compra?

( ) A qualidade dos produtos.

( ) O preço dos produtos.

( ) A embalagem dos produtos (beleza, praticidade e segurança das embalagens).

( ) Os projetos sociais patrocinados por esta empresa.

( ) As promoções oferecidas aos clientes.

( ) Outro aspecto. Qual? _____

b) Na sua opinião, quais dos atributos abaixo enumerados refletem melhor a imagem da montadora de veículos X?

( ) Tradição.

( ) Modernidade.

( ) Confiabilidade.

( ) Segurança.

( ) Sofisticação.

( ) Outro atributo. Qual? _____

c) Na sua opinião, o problema da educação superior brasileira se deve (indicar uma única alternativa de resposta):

( ) Às debilidades presentes na formação resultante do ensino fundamental e médio.

( ) Às debilidades existentes na maioria dos projetos pedagógicos dos cursos oferecidos.

( ) Às deficiências identificadas no processo seletivo de estudantes e professores.

( ) Ao baixo nível que caracteriza a produção acadêmica de discentes e docentes.

( ) Ao fato de os cursos serem na maioria das vezes noturnos.

d) Se forem consideradas as expectativas do mercado de trabalho no setor bancário carioca, na sua opinião, qual é o perfil profissiográfico que os cursos de Administração com habilitação em Finanças deveriam contribuir para desenvolver?

( ) Formar um especialista com visão de conjunto.

( ) Formar um generalista com visão de foco.

( ) Formar um empreendedor.

( ) Formar um estrategista.

( ) Formar um eterno aprendiz.

Questões-índice ou teste

As **questões-índice ou teste** buscam, de forma indireta, obter dados que, de forma direta, provavelmente não conseguiriam suscitar reações negativas no respondente. A origem social do respondente, sua remuneração por eventuais serviços

TIPOS DE PESQUISA E TÉCNICAS DE COLETA DE MATERIAIS — A PESQUISA DE CAMPO 87

prestados, suas convicções políticas, sua visão de democracia racial, entre outros, correspondem a exemplos do que estamos querendo destacar.

QUADRO **4.10** Exemplos de questões que geram distorções nas respostas

---

a) Na sua empresa, há discriminação ou não do trabalho feminino?

( ) Sim.

( ) Não.

b) Em qual categoria socioeconômica você se insere?

( ) A

( ) B

( ) C

( ) D

c) Como você é capaz de controlar o sentimento de inveja que a convivência com os seus pares é capaz de desencadear na empresa em que trabalha?

( ) Não costumo cultivar este tipo de sentimento.

( ) Sou capaz de controlar este tipo de sentimento.

( ) A inveja faz parte da convivência entre as pessoas que disputam as mesmas oportunidades.

( ) A inveja pode ser administrada pelas chefias da empresa.

( ) A inveja pode ser um sentimento positivo nas empresas quando bem administrado.

□ *4.1.1.1.3 Como dispor as perguntas no questionário*

Alguns cuidados podem contribuir para a concepção de um questionário que estimule o respondente a cooperar com o pesquisador. Na seqüência reuniremos as recomendações mais relevantes:

a) em mensagem anexa ao questionário, evidenciar a importância da pesquisa, a importância de o respondente preencher o instrumento e a possibilidade de conhecer os resultados alcançados;

b) adequar a linguagem utilizada ao perfil do respondente para que haja compreensão a respeito do que é perguntado e das alternativas de resposta oferecidas;[10]

....

[10] Esta preocupação é expressa por Alderfer e Smith (1982, apud THIOLLENT, 1997, p. 70) quando os autores formulam o conceito de "questionário orgânico" — instrumento de coleta de dados em que, ao ser formulado, há explícita preocupação em respeitar a linguagem e a cultura do respondente. Com isso, ao mesmo tempo em que amplia as condições que favoreçam o envolvimento dos respondentes, reduz a distância psicológica existente entre pesquisador e respondente.

88 ■ MONOGRAFIA

c) iniciar o conteúdo do questionário por perguntas que explorem aspectos gerais da problemática investigada para, posteriormente, chegar a formular perguntas mais específicas;

d) buscar não iniciar o conteúdo do questionário por *perguntas de fato,* pois isso tende a intimidar e comprometer o respondente de forma negativa;

e) caso julgue as questões de caráter pessoal necessárias à pesquisa, é importante ter cuidado ao formulá-las. Além disso, é desejável buscar intercalar questões pessoais com questões impessoais, uma vez que estas causam menor índice de rejeição;

f) iniciar o questionário por perguntas simples, que exijam menos do contato, até chegar às perguntas que pressupõem maior elaboração nas respostas. Ou seja, iniciar por perguntas fechadas, chegar às de múltipla escolha e, por fim, às perguntas abertas;

g) procurar, também, iniciar o questionário com perguntas de aquecimento, envolvimento, desconcentração, buscando trazer o contato para o espírito da problemática investigada;

h) eliminar as questões que, implícita ou explicitamente, induzem o respondente no momento do registro das respostas, pois isso compromete a confiabilidade dos dados obtidos;

i) construir blocos de questões de forma a obter um plano lógico de redação das questões;

j) orientar como o respondente irá proceder no registro das respostas e na devolução do questionário preenchido. Exemplo disso seria a indicação sistemática de perguntas que suscitam mais de uma resposta e perguntas que envolvem avaliação em termos de intensidade de concordância/discordância.

❑ *4.1.1.1.4 A importância de o pesquisador investir na aplicação do questionário-piloto ou pré-piloto*

Concluídas a redação e a digitação do questionário, é desejável que o pesquisador providencie o número de cópias necessário para aplicar o piloto em aproximadamente 10% dos respondentes da amostra calculada. O objetivo desse procedimento é testar o material inicialmente concebido, considerando, para isso, determinados aspectos, tais como:

a) *número* de questões propostas no instrumento;

b) *tempo* envolvido no preenchimento do instrumento;

c) *clareza* do enunciado das perguntas presentes no instrumento;

d) *pertinência* das alternativas de respostas dispostas no instrumento;

TIPOS DE PESQUISA E TÉCNICAS DE COLETA DE MATERIAIS — A PESQUISA DE CAMPO 89

e) adequação da *terminologia* utilizada na formulação do instrumento;

f) *evolução lógica* das questões propostas no instrumento;

g) *suficiência* das questões propostas, tendo em vista os objetivos que se pretende alcançar com a pesquisa.

Com a preocupação de aperfeiçoar o instrumento, identificando eventuais falhas e corrigindo todas proativamente, os questionários-piloto aplicados devem ser
criteriosamente tabulados para que possam ser avaliados pelo pesquisador e para
que sejam suprimidas as eventuais falhas identificadas. Nessa oportunidade, cumpre destacar que, em pesquisas de caráter quantitativo, as perguntas abertas, que no
questionário-piloto obtiverem convergência nas respostas registradas e que tal convergência permita a elaboração de categorias de respostas, devem ser transformadas
em questões fechadas ou de múltipla escolha.

● 4.1.1.2 Formulários como técnica de coleta de dados

O **formulário** é uma técnica de coleta de dados que pertence à categoria de pesquisa direta extensiva. Tanto quanto o questionário, o formulário pressupõe trabalhar com o universo total de uma determinada população (censo) ou com critérios
amostrais. Assim, tanto em um caso como em outro envolvem-se análises estatísticas
e exige-se a tabulação dos dados. Contrariamente ao questionário, o sistema de coleta
de dados pela aplicação de formulário pressupõe a obtenção do material sem inter-
mediários. Conseqüentemente, a comunicação entre o pesquisador e o respondente
é estabelecida de forma direta (presencial).

O formulário diferencia-se também do questionário, pois, durante sua aplicação,
é o pesquisador quem verbaliza as questões propostas no instrumento e registra os
conteúdos das respostas. O respondente perde o acesso direto ao instrumento de
coleta de dados. A título de exemplificação, lembramos como os técnicos do Instituto
Brasileiro de Geografia e Estatística (IBGE) coletam os dados dos censos que são
regularmente publicados no País.

Nogueira define formulário como "uma lista formal, catálogo ou inventário destinado a coleta de dados resultantes quer da observação, quer do interrogatório cujo
preenchimento é feito pelo próprio investigador à medida que faz as observações
ou recebe as respostas pelo pesquisado sob sua orientação".[11] De forma simplificada,

---

[11] NOGUEIRA, 1968, p. 129 apud LAKATOS; MARCONI, 1991, p. 212.

90 ■ Monografia

diríamos que o formulário é um instrumento de coleta de dados com o qual, sob a orientação de um roteiro de questões, o pesquisador aborda, questiona e registra as respostas obtidas do contato com base em uma comunicação direta.[12]

□ *4.1.1.2.1 Méritos da utilização do formulário como instrumento de coleta de dados*

a) Não há restrições quanto à população que irá responder as questões, visto que o registro das respostas é de responsabilidade exclusiva do pesquisador. Assim, os formulários correspondem a instrumentos de coleta de dados que podem ser aplicados em populações com pouca ou nenhuma formação escolar.

b) Permite ao pesquisador, no momento da aplicação do formulário, conhecer e, se for pertinente para a pesquisa desenvolvida, registrar impressões sobre as reações manifestadas pelo respondente.

c) A presença do pesquisador durante o registro das respostas favorece o esclarecimento de eventuais dúvidas sobre o enunciado de alguma questão que não tenha sido facilmente compreendida, reduzindo dessa forma o número de questões respondidas incorretamente ou simplesmente não respondidas.

d) Considerando a forma direta de abordar o respondente para realizar o registro das respostas dadas, o pesquisador não depende do retorno do formulário adequadamente preenchido. Logo, a aplicação de formulário viabiliza a coleta de dados exatamente como foi prevista no planejamento da pesquisa.

e) O pesquisador pode dispor de conteúdos uniformes de respostas já que o preenchimento do instrumento é de sua responsabilidade.

f) Reduz expressivamente o tempo envolvido no processo de coleta e registro de dados.

□ *4.1.1.2.2 Limitações da utilização do formulário como técnica de coleta de dados*

a) Limitação de tempo do contato para elaborar as respostas, quando estas forem semi-abertas e abertas. Por isso mesmo, estas são evitadas nesse tipo de instrumento, ampliando a estimulação de determinadas respostas e reduzindo a possibilidade de expressão espontânea do respondente.

---

[12] SELLTIZ, 1965, p. 517 apud LAKATOS; MARCONI, 1991, p. 172.

Tipos de Pesquisa e Técnicas de Coleta de Materiais — a Pesquisa de Campo ■ 91

b) Riscos de distorção na interpretação e no registro dos conteúdos das respostas proferidas pelo contato, fruto da pressa e/ou de vieses por parte do pesquisador.

c) Com diferentes intensidades, observa-se a ocorrência de alguma influência do pesquisador sobre o respondente (indução) e/ou do respondente sobre o pesquisador.

d) Pode implicar um procedimento mais oneroso, tendo em vista o elevado custo que representam os deslocamentos exigidos durante a coleta de dados e o treinamento da equipe de aplicadores do instrumento, quando a pesquisa envolve uma extensa população de respondentes.

e) Pode engendrar elevada margem de distorções nas respostas oferecidas pelo contato na medida em que a técnica não resguarda seu anonimato.

f) Como a aplicação do instrumento pressupõe o deslocamento do aplicador, não raro pessoas-chave do universo investigado são desconsideradas no processo de coleta dos dados por exigir deslocamentos significativos e onerosos.

❏ *4.1.1.2.3 Elaborando o formulário*

Considerando que a principal diferença entre o *questionário* e o *formulário* é a forma de aplicação de ambos — enquanto o *questionário* é aplicado por meios indiretos, sem a presença do pesquisador/aplicador, o *formulário* é aplicado de forma direta, com presença obrigatória do pesquisador/aplicador —, o que deve ser levado em conta em termos de concepção do instrumento — formulação dos enunciados das perguntas, conteúdos, seqüência e terminologia das alternativas de respostas, além dos aspectos de caráter mecanográfico — assemelha-se a tudo o que já foi destacado na parte desta obra que tratou da técnica de coleta de dados pertinente a questionários. Chama-se atenção apenas para o fato de o instrumento não explorar ou explorar pouco as questões semi-abertas e abertas pela dificuldade de registro das respostas que o pesquisador/aplicador vier a receber.

PROCESSAMENTO E UTILIZAÇÃO DE DADOS RESULTANTES DE PESQUISA DE CAMPO

5

"Sei muito bem que o conhecimento pode ser útil para a prática, mas pode também voltar para o espírito, de onde nasceu, e tornar-se filosofia. No primeiro caso, o conhecimento é útil, no segundo caso, é livre."

John Henry Newman

Acompanhando o processo investigatório de muitos jovens pesquisadores, observa-se que estes dedicam muito tempo na revisão da literatura — tanto para alicerçar os objetivos da pesquisa quanto para formular o quadro teórico de referência e para desenhar justificadamente o percurso metodológico mais adequado — e na formulação do instrumento de coleta de dados; do mesmo modo, subestimam o tempo necessário para processar, descrever, interpretar e analisar os dados de forma que eles possam validar as conclusões alcançadas com a pesquisa realizada. Com isso, embora todo o esforço e dedicação, a criação de conhecimento novo e os resultados alcançados ficam muito prejudicados. Por esse motivo, no capítulo anterior houve a preocupação em colaborar com aqueles que desejam formular instrumentos de coleta de dados por meio da aplicação de questionários e formulários, e neste capítulo a intenção reside em ajudar na exploração dos dados coletados para que sua interpretação e análise possam legitimar as conclusões alcançadas e as recomendações de desdobramentos possíveis.

▪ 5.1 TRATAMENTO ESTATÍSTICO DOS DADOS EM PESQUISAS DE CARÁTER QUANTITATIVO

Uma das características da pesquisa quantitativa é a de se considerar como objetivo da ciência social o encontro de regularidades e relações entre os fenômenos sociais.[1] Logo, o principal instrumento usado é o modelo, que representa uma versão simplificada da estrutura ou do comportamento de um sistema.[2] Por um lado, os modelos gráficos e numéricos permitem a sumarização e a apresentação dos dados; por outro, os modelos probabilísticos e inferenciais permitem a previsibilidade de alguns fenômenos.[3] Em outras palavras, a prática da pesquisa quantitativa é mediada pelo uso do método estatístico.

A estatística pode ser explicada em sua dimensão descritiva e em sua dimensão indutiva. A **estatística descritiva** compreende a organização, o resumo e a descrição dos dados coletados, enquanto a **estatística indutiva** pressupõe a análise de dados coletados a partir de uma amostra que permita ao pesquisador extrapolar os resultados obtidos para a população.[4] Portanto, é necessário que os dados, resultantes da aplicação de questionários, formulários, entrevistas estruturadas[5] ou extraídos de arquivos ou registros estatísticos organizados por instituições governamentais ou privadas, sejam processados para que, posteriormente, possam ser utilizados nas discussões de caráter descritivo ou analítico no relatório de pesquisa.

A análise pode assumir um caráter qualitativo ou quantitativo de acordo com a natureza das variáveis estudadas.[6] Essas variáveis podem ser cardinais (aquelas que podem ser medidas e quantificadas), ordinais (aquelas que podem ser medidas, quantificadas e ordenadas) ou, ainda, categóricas, qualitativas, classificatórias ou nominais, isto é, não é possível quantificá-las, mas é possível definir categorias e contar o número de observações pertencentes a cada uma.[7]

---

[1] SANTOS FILHO; GAMBOA, 1995, p. 23.

[2] Além dessa característica, Santos Filho e Gamboa (1995, p. 23) indicam e analisam duas características pertencentes à pesquisa quantitativa: a separação radical entre sujeito e objeto do conhecimento e a contemplação da visão da ciência social como neutra ou livre de valores.

[3] STEVENSON, W. J. *Estatística aplicada à administração*. São Paulo: Harper & Row do Brasil, 1981.

[4] GUERRA, M.; DONAIRE, D. *Estatística indutiva*: teoria e aplicações. 5. ed. São Paulo: Livraria Ciência e Tecnologia, 1991.

[5] Apenas as entrevistas estruturadas/padronizadas serão passíveis de sofrer processo de análise quantitativa.

[6] É importante ressaltar que a dimensão qualitativa da análise também resulta da forma como os dados são interpretados e contextualizados nos fenômenos sociais. Um aprofundamento dessa discussão pode ser feito com a leitura de SANTOS FILHO; GAMBOA, 1995, p. 23.

[7] CASTRO, Cláudio de Moura. *A prática da pesquisa*. São Paulo: Makron, 1977; STEVENSON, 1981.

FIGURA 5.1 Quadro-resumo dos principais procedimentos estatísticos possíveis de serem explorados

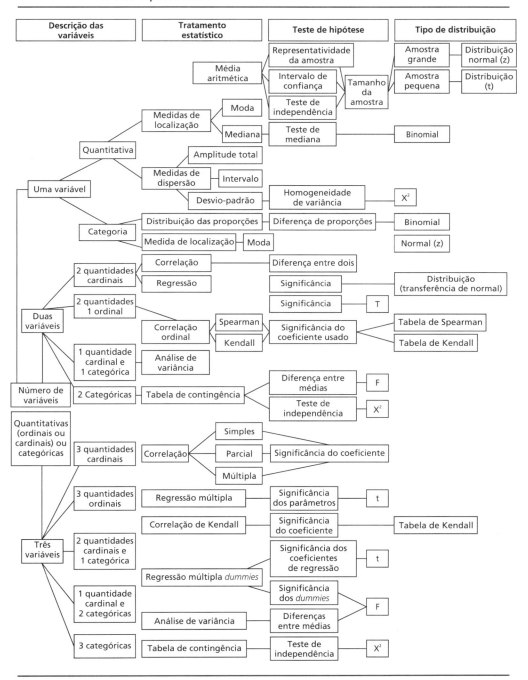

Fonte: Adaptação do quadro de CASTRO e ASSIS, apud CASTRO, C. de M. *A prática da pesquisa*. São Paulo: Makron, 1977. p. 95-96.

96　MONOGRAFIA

O fluxograma que acabamos de análisar permitirá ao pesquisador decidir qual(is) o(s) principal(is) tratamento(s) estatístico(s) que pode(m) ser utilizado(s), dependendo da quantidade de variáveis e da classificação destas. Caso o pesquisador trabalhe com variáveis quantitativas, verá que é possível tratar os dados com medidas de localização e dispersão. No contexto das medidas de localização, poderá identificar os possíveis testes de hipótese e distribuição para tais medidas. No que diz respeito às medidas de dispersão, poderá trabalhar com amplitude total, amplitude interquartil[8] e desvio-padrão. Nesse caso, só será possível usar testes de hipótese para o desvio-padrão. Caso realize uma pesquisa que se oriente por variável nominal, poderá trabalhar apenas com proporções da distribuição e com a moda.[9]

O fluxograma tem por objetivo reunir variado espectro de alternativas de tratamentos estatísticos de dados para que o pesquisador perceba o potencial e as limitações de cada alternativa e, assim, possa escolher criteriosamente a mais adequada às especificidades da pesquisa que realiza.[10]

● 5.2 TRATAMENTO DESCRITIVO DOS DADOS

O processo de tratamento descritivo dos dados é feito com o uso de medidas de localização (ou posição) e de dispersão. As medidas de localização/posição permitem ao pesquisador caracterizar a ordem de grandeza das observações e compreendem a *média,* a *moda* e a *mediana* (medidas de tendência central) e o *quartil,* o *decil*[11] e a *mediana* (medidas separatrizes). As medidas de dispersão refletem desigualdades, disparidades e desvios de uma amostra e envolvem a distribuição de freqüência, ordenamento e amplitude, desvio-médio, desvio-padrão e coeficiente de variância. Essas medidas também compreendem o caminho inicial nos processos inferenciais.

○ 5.2.1 Média aritmética

A **média aritmética** corresponde ao valor médio de um conjunto de dados e é calculada determinando-se a soma dos valores do conjunto e dividindo-se essa soma

---

[8]　"Quartil" é a divisão de um conjunto em quatro partes iguais.

[9]　A moda corresponde ao valor ou à categoria da variável que ocorre com maior freqüência em um conjunto.

[10]　Nesse sentido, sugerimos as seguintes leituras: GUERRA; DONAIRE, 1991; SPIEGEL, M. R. *Estatística.* 2. ed. São Paulo: McGraw-Hill do Brasil, 1985; STEVENSON, 1981; WONNACOTT, T. H.; WONNACOTT, R. J. *Introductory statistc for business and economics.* 14. ed. Canadá: John Wiley & Sons, 1990.

[11]　A divisão de um conjunto em dez partes iguais denomina-se "decil".

PROCESSAMENTO E UTILIZAÇÃO DE DADOS RESULTANTES DE PESQUISA DE CAMPO   97

pela quantidade de valores do conjunto. Essa medida é usada quando os resultados se distribuem de forma simétrica em torno de um ponto, quando se deseja obter a medida da tendência central que possui a maior estabilidade e quando for necessária a utilização posterior de outras medidas, como o desvio-padrão e o desvio-médio.[12]

Exemplificando, a população estudantil estabelece o primeiro contato com as médias durante os primeiros anos de escola, no momento em que a secretaria da instituição de educação divulga o conjunto das notas atribuídas pelo professor de uma determinada disciplina: caso um estudante obtenha nos quatro bimestres escolares as notas correspondentes a 7,0, 5,0, 8,0 e 8,0, sua média final será 7,0, ou seja:

$$\overline{X} = \frac{7,0 + 5,0 + 8,0 + 8,0}{4} = 7,0$$

○ **5.2.2 Moda**

A moda representa o valor ou a categoria da variável que ocorre com maior freqüência em um conjunto, ou seja, a distribuição de dados permite ao pesquisador identificar os casos mais típicos. Considerando os percentuais indicados na Tabela 5.1, podemos notar que a moda, indicada em destaque, ocorreu entre os países/as regiões cujas fusões e aquisições foram similares.

TABELA **5.1**   Evolução dos ingressos de IED — participação no total mundial (%)

Fusões e aquisições internacionais, por região/país do vendedor/comprador, 2003-2005 (número de transações em %)						
	Vendas			Compras		
Regiões e países	2003	2004	2005	2003	2004	2005
Total	100	100	100	100	100	100
Países desenvolvidos	73	73	74	83	83	83
União Européia	42	40	41	41	38	40
França	5	5	5	4	4	5
Alemanha	6	7	7	6	5	5
Reino Unido	10	9	10	12	12	12

Continua

---

[12]   GIL, Antônio Carlos. *Técnicas de pesquisa em economia*. 2. ed. São Paulo: Atlas, 1991. p. 129.

Continuação

Estados Unidos	16	16	17	23	25	23
Países em desenvolvimento	23	24	22	16	16	16
África	1	2	2	1	1	1
América Latina e Caribe	6	6	4	3	3	2
Argentina	1	1	0	0	0	0
Brasil	2	1	1	1	1	0
México	1	1	1	0	0	0
Sul, Leste e Sudeste Asiático	15	16	16	11	12	12
China	5	4	4	2	1	1
Outros	4	3	4	1	1	1

Fonte: World Investiment Report, 2006 — UNCTAD.

□ 5.2.3 Mediana

A **mediana** corresponde ao valor da variável equivalente ao elemento central da distribuição, ou seja, caracteriza-se pela divisão de um conjunto ordenado de dados em dois grupos iguais, cuja metade terá valores inferiores à mediana, e a outra metade terá valores superiores a esta. Logo, a mediana desconsidera os valores extremos de uma distribuição, contrariamente à média, que é influenciada por cada valor do conjunto. Nesse sentido, ela é utilizada quando o pesquisador deseja identificar o ponto médio exato da distribuição e quando há resultados extremos que afetariam a média de forma acentuada.[13]

Na tabela a seguir, é possível observar o comportamento da balança comercial referente ao volume de exportações e importações no Brasil em 2005, sendo a mediana encontrada para as exportações igual a 10.054,50 milhões de dólares (que é a média dos meses de outubro e junho, com valores de 9.903/10.206) e a mediana das importações igual a 6.200,50 milhões de dólares (que é a média dos meses de junho e outubro, com valores de 6.173/6.228), e enquanto, para as exportações, o período de janeiro a maio e outubro obteve valores inferiores a estes e de junho a setembro,

[13] GIL, 1991, p. 129.

novembro e dezembro os valores foram superiores, para as importações, os meses de janeiro a abril, junho e julho obtiveram valores inferiores à moda, e os meses de maio, e de agosto a dezembro, os valores foram superiores.

TABELA 5.2   Balança comercial — FOB em 2005 (milhões de US$)

Período	Exportação	Período	Importação
Mês	Valor	Mês	Valor
Janeiro	7.444	Fevereiro	4.979
Fevereiro	7.756	Janeiro	5.263
Abril	9.202	Abril	5.332
Março	9.251	Março	5.909
Maio	9.818	Julho	6.057
Outubro	9.903	Junho	6.173
Junho	10.206	Outubro	6.228
Setembro	10.634	Setembro	6.315
Novembro	10.790	Maio	6.372
Dezembro	10.896	Dezembro	6.566
Julho	11.062	Novembro	6.716
Agosto	11.346	Agosto	7.696

Fonte: MDIC/Secex, 2007.

Caso o pesquisador calculasse o valor médio de exportações e importações, ou seja, US$ 9.859,00 e US$ 6.133,83 milhões, esse valor pouco refletiria nos demais meses e seria irrelevante na argumentação e fundamentação de qualquer tipo de análise. Utilizando a mediana, é possível realizar a divisão de um conjunto em duas partes iguais. A divisão de um conjunto em quatro partes iguais chama-se *quartil;* em dez partes iguais denomina-se *decil* e em cem partes iguais, *percentil.* A utilização dessas medidas permite ao pesquisador verificar o fenômeno investigado de forma pormenorizada.

Em linhas gerais, as medidas de posição/tendência central permitem identificar o ponto de concentração de valores, embora não possibilitem a identificação do modo como as observações estão dispersas por toda a distribuição. Esse tipo de

100 ◼ Monografia

descrição só pode ser feito a partir da distribuição de proporções, de freqüência absoluta e relativa, da amplitude, do desvio-médio, do desvio-padrão e do coeficiente de variação.[14]

☐ 5.2.4 Distribuição das proporções

A **proporção** representa a fração/percentagem de itens de determinado grupo ou classe e é calculada por meio da divisão do número de itens que apresentam determinadas características pelo número total de observações.[15]

Considerando os resultados da pesquisa realizada em 2005, pelo IBGE, cujo objetivo consistiu em investigar o perfil dos jovens brasileiros inseridos no mercado de trabalho, foi possível identificar que a maioria deles (28%) ganha entre ½ e 1 salário mínimo, sendo que desses, 37,5% trabalham de 40 a 44 horas semanais.

Tabela 5.3 O jovem brasileiro no mercado de trabalho

População brasileira de 16 a 24 anos de idade, ocupada[1]		
Classes de rendimento médio mensal de todos os trabalhos em salário mínimo (%)	Número de horas trabalhadas por semana (%)	
Mais de ½ a 1 28,00	40 a 44	37,50
Mais de 1 a 1 ½ 19,80		
Mais de 1 ½ a 2 13,40	45 ou mais	32,50
Até ½ 13,30		
Mais de 2 12,60	Até 39	30,00
Não informado ou não responderam 12,90		

(1) Exclusive a população rural de Rondônia, Acre, Amazonas, Roraima, Pará e Amapá.
Fonte: IBGE, Pesquisa Nacional por Amostra de Domicílios (PNAD) 2005.

☐ 5.2.5 Intervalo

O **intervalo** permite ao pesquisador identificar e avaliar os extremos da variável em um grupo de dados (permite o estabelecimento de diferenças entre os limites de

[14] MATTAR, Fauze Najib. *Pesquisa de marketing*. São Paulo: Atlas, 1992. p. 67.
[15] STEVENSON, 1981.

PROCESSAMENTO E UTILIZAÇÃO DE DADOS RESULTANTES DE PESQUISA DE CAMPO 101

uma classe), ou seja, focaliza o menor e o maior valor no conjunto de dados analisado (avalia os extremos).[16]

TABELA 5.4   Taxa de desemprego aberta

Período	Total	São Paulo	Rio de Janeiro	Belo Horizonte	Porto Alegre	Salvador	Recife
1989	2,36	1,95	2,51	2,40	2,04	3,80	3,51
1990	3,93	4,22	3,07	3,37	3,91	5,70	4,59
1991	4,15	4,98	3,04	3,15	3,33	5,23	4,72
1992	4,50	4,78	3,47	4,00	3,92	6,24	6,61
1993	4,39	4,58	3,90	3,60	3,27	6,07	6,04
1994	3,42	3,61	2,70	2,87	2,92	5,81	4,01
1995	4,44	5,09	3,15	3,56	4,40	6,49	4,41
1996	3,82	4,06	2,90	4,16	4,13	5,41	3,10
1997	4,84	5,18	3,76	4,60	4,09	7,64	4,96
1998	6,32	7,26	4,07	5,96	6,00	8,39	7,14
1999	6,28	6,51	4,54	6,92	6,31	9,33	6,37
2000	4,83	4,60	3,31	5,92	5,18	7,49	6,30
2001	5,60	5,83	4,60	6,48	3,95	7,99	5,86
2002	10,50	11,70	8,90	8,30	7,50	14,80	11,30
2003	10,90	11,80	8,60	10,40	7,90	15,70	12,10
2004	9,60	9,80	8,50	8,50	6,60	15,40	11,10
2005	8,30	7,80	6,80	7,00	6,70	14,60	13,90
2006	8,40	9,00	6,50	7,10	6,60	12,40	10,40

Fonte: Boletim do Banco Central do Brasil, abril 2002; Indicadores IBGE – Pesquisa Mensal de Emprego – janeiro/2001; janeiro/2002; dezembro/2004; dezembro/2006.

Indicadores IBGE – Pesquisa Mensal de Emprego – janeiro/2001; dezembro/2004; dezembro/2006.

Observando os dados anteriores, é possível perceber que, considerado o intervalo de tempo compreendido entre 1997 e 2006, a taxa média de desemprego aberto

[16]   STEVENSON, 1981.

102 ■ MONOGRAFIA

aumentou em 3,56%, sendo que este aumento atingiu seu valor mais alto em 2003 (6,06%) nesse período correspondente a 10 anos.

○ 5.2.6 Freqüência absoluta e relativa

A distribuição de freqüência compreende a reunião de dados em classes, registrando o número ou o percentual de observações em cada uma delas. Sua construção requer:

a) a determinação do intervalo dos dados (o maior e o menor dado);

b) a determinação do número de classes (normalmente usa-se entre cinco e quinze classes);

c) o cálculo da amplitude da classe;

d) a construção de um histograma[17] e de um polígono de freqüência (gráficos) ou de uma tabela de freqüência.[18]

A tabela a seguir registra a freqüência absoluta e relativa do aproveitamento dos estudantes ao término de um curso realizado.

TABELA 5.5   Tabela de freqüência — avaliação dos estudantes ao final do curso X

Classificação	Excelente	Bom	Regular
Número	7	16	2
Percentual	28	64	8

Com o objetivo de verificar o risco de roubo, perda ou clonagem potencial dos clientes portadores de cartões de compra de uma loja de departamentos, pode-se utilizar a distribuição de freqüência de clientes compreendidos no intervalo de faixas de limites estabelecido pela loja de departamento em questão. Vejamos a seguir:

---

[17] Representação gráfica de uma distribuição de freqüência.
[18] STEVENSON, 1981.

TABELA 5.6 Distribuição de freqüência de clientes em relação aos diferentes limites de créditos atribuídos pela loja de departamentos

Intervalo de limite de crédito (R$)	Quantidade de clientes	% em relação ao total de clientes
até 500	3.000	3,9
501-750	5.000	6,4
751-1.000	7.000	9,0
1.001-1.250	10.000	12,9
1.251-1.500	20.000	24,6
1.501-1.750	10.000	12,9
1.751-2.000	8.000	10,3
2.000-2.250	5.200	6,7
2.251-2.500	3.900	5,0
2.501-2.750	3.900	5,0
2.751-3.000	2.000	2,6
3.001 e mais	700	0,9
	77.800	100,0

FIGURA 5.2 Histograma e polígono de freqüência[19] de clientes em relação aos diferentes limites de créditos atribuídos pela loja de departamentos

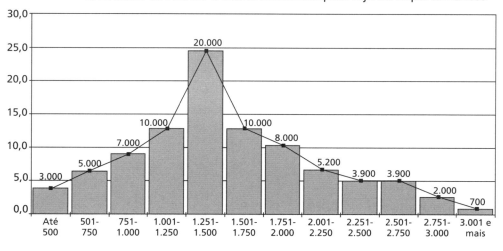

[19] O histograma de freqüência é representado pelas colunas, e o polígono de freqüência, pela união entre os diferentes segmentos de retas dos pontos médios das classes do histograma.

5.2.7 Desvio-padrão

O **desvio-padrão** indica a distância média dos valores em relação à média do grupo.[20] Levy exemplifica a importância do desvio-padrão enfatizando que nos contentarmos com um crescimento relativo/médio (em percentagem) idêntico no tocante ao rendimento médio *per capita* nos diferentes países do mundo equivale a admitir como eqüitativo que os Estados Unidos aumentem em trinta dólares o seu rendimento, enquanto a Bolívia ou a Índia só aumentem em um dólar.[21]

Nesse sentido, o desvio-padrão permite identificar o nível diferencial existente no grupo investigado. Com isso, deseja-se enfatizar que, se em uma investigação forem aplicadas percentagens iguais a pontos de partida muito diferentes, vão ser obtidas variações absolutas muito desiguais, e isso deve ser registrado e considerado na análise, caso contrário os resultados da pesquisa terão a sua credibilidade totalmente comprometida.

5.2.8 Análise da variância

A utilização **da análise da variância** permite ao pesquisador verificar se as médias de duas ou mais populações são iguais. É utilizada, por exemplo, nos momentos em que se deseja verificar se as médias amostrais de diferentes tipos de gasolina sugerem diferenças entre as quilometragens ou se as diferenças decorrem de variabilidade presente na amostra.[22]

TABELA **5.7**   Dados sobre quilometragem de quatro tipos de gasolina

Tipo de gasolina	Gasolina I	Gasolina 2	Gasolina 3	Gasolina 4
Observação				
1	15,1	14,9	15,4	15,6
2	15,0	15,2	15,2	15,5
3	14,9	14,9	16,1	15,8
4	15,7	14,8	15,3	15,3
5	15,4	14,9	15,2	15,7
6	15,1	15,3	15,2	15,7
Médias amostrais	15,2	15,0	15,4	15,6
Variância amostral	0,088	0,040	0,124	0,032

Fonte: STEVENSON, 1981, p. 254.

[20]   STEVENSON, 1981.

[21]   LEVY, Henrique; COELHO, José Olimpio M. *Introdução à investigação científica*. Rio de Janeiro: Sudene, 1979. p. 52.

[22]   STEVENSON, 1981, p. 254.

□ 5.2.9 Regressão e correlação

A regressão e a correlação compreendem a análise de dados amostrais para saber se e como duas ou mais variáveis estão relacionadas entre si no estudo de determinada população. Enquanto a **correlação** mede a força ou o grau de relacionamento entre duas variáveis, a **regressão** corresponde a uma equação que descreve o relacionamento em termos matemáticos.[23]

Exemplificando, é possível verificar, por meio de uma análise de regressão, os fatores determinantes do comportamento do emprego na indústria nacional. Entre esses fatores pode-se considerar a produção real, o número de horas pagas na produção e o total de pessoas em atividades na produção. Utilizando a correlação, é possível o pesquisador verificar a intensidade de participação de cada variável no comportamento do emprego.

● 5.3 TRATAMENTO INFERENCIAL DOS DADOS

A **análise inferencial de dados,** que compreende a utilização de amostras para obter informações sobre determinada população, pode ser feita por meio da estimação de parâmetros e dos testes de hipóteses. Para tanto, o conteúdo da teoria da probabilidade fundamentará o exercício de validação das hipóteses estatísticas.

As **amostragens probabilísticas** caracterizam-se pela probabilidade que cada elemento da população-alvo da pesquisa tem de ser selecionado para fazer parte da amostra.[24] Isso implica dizer que qualquer elemento da população pode ser selecionado. Logo, não haverá interferência direta do pesquisador sobre a seleção dos elementos que irão compor a amostra. Exemplificando: nos controles de qualidade de produtos industriais são usadas amostras probabilísticas, pois todos os elementos da população têm a mesma chance de pertencer a ela; caso um banco de varejo deseje conhecer o perfil dos clientes que operam com a carteira de serviços de seguros do banco, pode extrair uma base de dados compreendendo 10% do total de clientes que utilizam seus serviços, o que faz com que todos os clientes da população tenham chances semelhantes de pertencer à amostra.

----

[23]   STEVENSON, 1981, p. 341.

[24]   Para efeitos de estudos sistematizados, "população" representa o conjunto formado por elementos que têm pelo menos uma característica comum de interesse, enquanto "amostra" representa uma parte da população que deve apresentar as características próprias desta população (GUERRA; DONAIRE, 1991, p. 115).

As **amostragens não-probabilísticas** implicam que a seleção dos elementos da população depende, em grande parte, dos critérios adotados pelo pesquisador, não havendo nenhuma chance conhecida de que um elemento qualquer da população venha a constituir a amostra. Dependendo da finalidade da pesquisa, é possível usar um ou outro tipo de amostra. Entretanto, convém lembrar que, enquanto as amostras *não-probabilísticas* tendem a transparecer alguns vieses resultantes dos critérios formulados pelo pesquisador, estes são praticamente inexistentes no caso das amostras probabilísticas.

Nas pesquisas de campo, as amostragens *não-probabilísticas* são freqüentemente utilizadas em virtude da inacessibilidade do pesquisador ao universo total que compõe a população-alvo da pesquisa. Nesse caso, o pesquisador baseia-se nos resultados de uma pesquisa exploratória, que lhe permite estabelecer critérios capazes de justificar as razões que determinaram a escolha dos elementos que irão compor a amostra (amostragem intencional).[25]

□ 5.3.1 Estimação de parâmetros

A **estimação de parâmetros** resulta da avaliação do valor de algum parâmetro populacional com base nos dados amostrais[26] que pode ser:

a) pontual, quando por meio de uma amostra obtém-se um único valor de um certo parâmetro populacional;

b) por intervalo de variação. Nesse caso, existe certa probabilidade de algum valor do intervalo compreender o verdadeiro parâmetro populacional.

A tabela a seguir reúne as projeções de crescimento do Produto Interno Bruto (PIB) *per capita* por região mundial elaboradas para o ano de 2010. Trata-se de uma estimativa por intervalo de variação, pois registra um intervalo possível de valores. No caso da América Latina, é possível que o Produto Interno Bruto (PIB) concentre-se entre 1,4 e 3,10, em que o cenário divergente compreende estimativas baseadas na persistência de tendências passadas, e o convergente compreende as possíveis repercussões de uma forte ação política no âmbito interno em todas as partes do mundo.

---

[25] Diferentemente da amostragem não-probabilística intencional, temos a amostragem não-probabilística por conveniência, cujos elementos são selecionados de acordo com a conveniência do pesquisador (pessoas que estão a seu alcance, dispostas a responder ao questionário, por exemplo). Caso utilize este tipo de amostragem, o pesquisador deve registrar os critérios adotados e justificá-los.

[26] STEVENSON, 1981.

TABELA 5.8   Projeções do crescimento do PIB per capita por região

Região	Real 1970-1990	Divergente 1994-2010	Convergente 1994-2010
África Subsaariana	-0,3	-0,3	1,7
América Latina	1,7	1,4	3,3
Ásia Meridional	2,0	2,4	4,0
Ásia Oriental	5,5	3,0	4,4
China (a)	4,6	2,3	3,9
Ex-Comecom	-3,0	0,9	3,5
OCDE (b)	1,9	1,6	2,3
Oriente Médio e África do Norte	0,8	1,4	3,4

Notas: (a) inclui Hong Kong; (b) inclui somente Austrália, Canadá, Estados Unidos, Japão, Nova Zelândia e União Européia.

Fonte: Estimativas técnicas do Banco Mundial Relatório sobre Desenvolvimento Mundial, 1995.

A Tabela 5.9 reúne projeções sobre o crescimento anual da População Economicamente Ativa, considerando, para isso, o período de 1981 a 2020, ou seja, trata-se de estimativa pontual.

TABELA 5.9   Coeficiente de crescimento anual da População Economicamente Ativa nos países da América Latina e Caribe

País	1981-2000	2001-2020
Argentina	1,023	1,018
Bolívia	1,030	1,026
Brasil	1,028	1,013
Chile	1,023	1,012
Colômbia	1,038	1,021
Costa Rica	1,033	1,026
Cuba	1,020	1,001
El Salvador	1,023	1,020
Equador	1,039	1,022
Guatemala	1,021	1,028
Haiti	1,016	1,022

Continua

Continuação

Honduras	1,038	1,034
Jamaica	1,008	1,005
México	1,032	1,016
Nicarágua	1,027	1,028
Panamá	1,032	1,022
Paraguai	1,037	1,029
Peru	1,035	1,024
Porto Rico	1,016	1,008
República Dominicana	1,027	1,021
Trinidad e Tobago	1,015	1,002
Uruguai	1,017	1,012
Venezuela	1,036	1,027

Fonte: Estimativas e projeções da População Economicamente Ativa — OIT, 2006.

□ 5.3.2 Testes de hipótese

O **teste de hipótese** permite ao pesquisador avaliar os resultados extraídos da amostra a fim de testar os valores de certos parâmetros da população (testes paramétricos) ou de testar a natureza da distribuição da população (testes não-paramétricos).[27] Trata-se de uma regra que permite validar ou não determinada hipótese inicialmente considerada.

Um exemplo de teste de hipótese pode se concentrar na verificação da resposta possível de solucionar a seguinte questão: "Até que ponto os gastos com cartão de crédito efetuados por professores universitários paulistas são diferentes dos gastos com cartão de crédito realizados por funcionários pertencentes à administração escolar?". Nesse caso, pode-se determinar a distribuição dos gastos e usar a média como previsão para os gastos de um cliente qualquer ou, então, determinar a distribuição deles usando sua média como uma função de outras variáveis observáveis na população, por exemplo, salário, tempo de conta, comportamento da conta, entre outras.

● 5.4 INDICAÇÕES SOBRE A UTILIZAÇÃO DE ILUSTRAÇÕES NOS TEXTOS ACADÊMICOS

Em trabalhos acadêmicos, as ilustrações correspondem a recursos freqüentemente utilizados para representar os conteúdos do texto, para reforçar ou ilustrar as

[27] GUERRA; DONAIRE, 1991.

idéias desenvolvidas. Podem assumir diferentes formatos: quadros, tabelas e figuras. Enquanto os quadros são utilizados para reunir informações qualitativas, as tabelas são utilizadas para reunir dados quantitativos. As figuras, por sua vez, assumem as demais formas de ilustração: gráficos, fotografias, desenhos, mapas, plantas, diagramas, fluxogramas, organogramas, entre outros. Em sua forma gráfica, enquanto os quadros são inteiramente fechados, as tabelas são abertas nas laterais (lados esquerdo e direto). Considerando a extensão dos dados e das informações contidos nas ilustrações, recomenda-se que elas ocupem, no mínimo, um terço da página e, no máximo, meia página. Além disso, não devem ser enquadradas.

A inclusão de ilustrações em textos dessa natureza requer alguns cuidados formais:

a) As ilustrações selecionadas devem ser inseridas o mais próximo possível do conteúdo do texto a que se refere, isto equivale a dizer que os conteúdos das ilustrações devem, preferencialmente, estar explorados no texto correspondente à página em que a ilustração foi impressa.

b) As ilustrações incluídas no texto devem ser enumeradas seqüencialmente, respeitando a evolução lógica das idéias desenvolvidas. Para tanto, devem ser utilizados algarismos arábicos.

c) As ilustrações devem ser distribuídas ao longo do texto do relatório de pesquisa de acordo com a categoria a que pertencem: quadros, tabelas ou figuras.

d) O corpo das ilustrações deve estar centralizado na página em que foi impresso.

e) O título atribuído às ilustrações deve expressar a essência do sentido que seus conteúdos transmitem. Para maior precisão do que está sendo destacado, é importante o autor informar o período em que os dados foram mensurados.

f) Sobre o conteúdo das ilustrações, parece necessário destacar que as variáveis ou os indicadores que serão utilizados em sua produção devem seguir um único padrão de cálculo. A utilização de indicadores oriundos de instituições diferentes, por exemplo, na elaboração de uma ilustração comprometeria a validade da informação gerada, uma vez que os critérios norteadores do processo de coleta de dados podem diferir de uma instituição para outra.

g) A credibilidade dos dados e das informações reunidos nas ilustrações depende em grande parte da indicação correta e sistemática das fontes de consulta utilizadas. Por essa razão, todas as ilustrações devem vir acompanhadas da referência completa da fonte de consulta dos dados, ou seja, de informações relativas à instituição responsável, editora e data de publicação. Quando o material em questão foi obtido por meio de levantamentos realizados pela internet, é desejável que seja indicada igualmente a data em que o arquivo em questão foi "baixado", uma vez que os conteúdos disponibilizados nos sites são modificados com freqüência.

110 ■ Monografia

h) Em algumas ilustrações, os indicadores utilizados exigem a inclusão de notas explicativas capazes de esclarecer aspectos importantes sobre os dados/informações demonstrados. O quadro a seguir reúne alguns indicadores sociais da América Latina e, para ter a precisão e o entendimento dos dados utilizados, foram feitas notas explicativas.

Exemplo de quadro

Quadro X.1 Conhecimentos, habilidades e atitudes esperados de um administrador

Conhecimentos Específicos	Habilidades	Atitudes
⦿ Administração de pessoas/ equipes ⦿ Administração financeira e orçamentária ⦿ Conhecer de forma articulada as diferentes áreas das empresas ⦿ Administração de vendas e marketing	⦿ Visão do todo ⦿ Relacionamento interpessoal ⦿ Adaptação à transformação ⦿ Liderança ⦿ Criatividade e inovação	⦿ Comportamento ético ⦿ Profissionalismo ⦿ Comprometimento ⦿ Aprendizado contínuo ⦿ Atitude empreendedora/ Iniciativa

Fonte: *Perfil, formação, atuação e oportunidades de trabalho do administrador profissional.* Pesquisa Nacional, 4. ed. Brasília: CFA, 2006.

Exemplo de tabela

Tabela X.1 América Latina — indicadores sociais de 2004

Países	Esperança de vida[1]	Taxa de analfabetismo[2]	Crescimento do PIB[3]
Argentina	74,6	2,8	9,0
Brasil	70,9	11,4[4]	4,9
Chile	78,0	4,3[5]	6,2
México	75,1	9,0[4]	4,1
Venezuela	73,7	7,0	17,9

Notas: [1] Esperança de vida ao nascer, em anos.
[2] Taxa de analfabetismo: porcentagem da população — maiores de 15 anos que são analfabetos.
Fonte primária: United Nations Educational, Scientific, and Cultural Organization (UNESCO) Institute for Statistics.
[3] Taxa de crescimento anual (%).
Fonte adicional: Organisation for Economic Co-operation and Development (OECD).
[4] Censo 2000.
[5] Censo 2002.
Fonte: Indicadores de Desenvolvimento Global (WDI) — Banco Mundial — 2006.

PROCESSAMENTO E UTILIZAÇÃO DE DADOS RESULTANTES DE PESQUISA DE CAMPO ■ 111

Com os exemplos anteriores é possível perceber que a comparação dos dados referentes aos países mencionados pode ser feita considerando que o método de cálculo usado para os diferentes países é o mesmo, conforme indicado nas notas explicativas. Nesse caso, destaca-se a importância da confecção das notas explicativas, uma vez que são elas que explicitam o critério de cálculo utilizado.

Determinadas tabelas apresentam com clareza os dados que se deseja informar. Nesse caso, as notas explicativas são suprimidas, visto que sua inclusão torna-se desnecessária. Veja o exemplo a seguir:

TABELA **X.2**   Indicadores da produção industrial e PIB brasileiro —
2000-2005 (variação anual %)

Período	Produção Industrial	Produto Interno Bruto
2000	6,6	4,4
2001	1,6	1,3
2002	2,7	1,9
2003	0,1	0,5
2004	8,3	4,9
2005	3,1	2,3

Fonte: *Boletim Banco Central do Brasil,* jan. 2007.

De acordo com Munhoz,[28] a utilização de dados em uma pesquisa requer:

a)   homogeneidade dos dados coletados;

b)   comparabilidade dos dados;

c)   revisão crítica dos dados coletados e já processados;

d)   consulta às notas que as publicações estatísticas costumam inserir nas páginas iniciais, esclarecendo os procedimentos metodológicos adotados nos processos de coleta, tratamento e análise dos dados;

e)   homogeneidade nas unidades de medida;

f)   simplificação dos números, ou seja, todos os números relativos a um mesmo fenômeno, trabalhados em conjunto, devem subordinar-se a um mesmo critério;

[28]   MUNHOZ, Dércio Garcia. *Economia aplicada*: técnicas de pesquisa e análise econômica. Brasília: Universidade de Brasília, 1989.

g) considerar que os arredondamentos só podem ser feitos quando não subestimam ou superestimam significativamente o dado;

h) homogeneidade de conceitos. Por exemplo, existe diferença em explorar os dados correspondentes a uma população economicamente ativa (PEA) e os dados correspondentes a uma população ocupada (PO);

i) homogeneidade no período considerado na pesquisa, no que se refere à observação do ano-base para o qual os valores foram transformados;

j) atentar para as divergências de critérios adotados por diferentes instituições de pesquisa ao coletar e processar os dados (por exemplo, dados cedidos pelo IBGE e pelo Dieese).

Atentando para esses cuidados, que antecedem a utilização de dados em uma pesquisa sistematizada, o pesquisador precisa ter em mente a necessidade de realizar levantamento de dados complementares a fim de:

a) utilizá-los como elementos auxiliares à análise;

b) considerar que a realização de coleta adicional de dados pode contribuir para a superação de deficiências observadas nos dados inicialmente levantados e processados;

c) contribuir para a busca de outras evidências em função de uma eventual ampliação do âmbito inicialmente previsto para a pesquisa.

TIPOS DE PESQUISA E TÉCNICAS DE COLETA DE MATERIAIS — A PESQUISA DE CAMPO:
observação direta intensiva — realização de entrevistas e observação

6

"Só se aprende ciência praticando a ciência; só se pratica a ciência praticando a pesquisa, e só se pratica a pesquisa trabalhando o conhecimento a partir das fontes apropriadas a cada tipo de objeto."

Antônio Joaquim Severino

Os conteúdos dos Capítulos 4 e 5 foram dedicados ao aprofundamento de aspectos relacionados à pesquisa de campo de caráter extensivo — recursos metodológicos habitualmente explorados em pesquisas de cunho quantitativo. Este capítulo será dedicado à pesquisa de campo de natureza intensiva, por isso mesmo as diferentes modalidades de entrevistas e de observação figuram as técnicas de coleta de materiais privilegiadas e são reconhecidamente recursos metodológicos típicos de pesquisas qualitativas.

6.1 OBSERVAÇÃO DIRETA INTENSIVA — ENTREVISTA E OBSERVAÇÃO
6.1.1 Entrevista como técnica de coleta de materiais

A entrevista como técnica de coleta de materiais assemelha-se muito pouco ao questionário.[1] Primeiro, por pressupor o envolvimento de mais tempo no processo

---

[1] Esta afirmação costuma causar alguma controvérsia entre os autores que discutem questões pertinentes a métodos e técnicas de pesquisa. Gil, por exemplo, tem uma opinião divergente sobre a questão. (cf. GIL, 1991, p. 95).

de coleta de dados e informações, se comparada ao questionário ou ao formulário, devido à intensidade do contato; segundo, por envolver maior profundidade na comunicação estabelecida entre o pesquisador e o entrevistado, o material resultante pode ser rico em termos descritivos. Essa técnica, em que as respostas tendem a ser extensas e detalhadas, é um recurso de coleta de material típico de pesquisas qualitativas, e não, necessariamente, de pesquisas quantitativas, como é o caso do questionário e do formulário. Além disso, o questionário implica a ausência do aplicador, o que contraria o princípio básico da entrevista — o termo "entre vistas" já explicita esta característica — que corresponde fundamentalmente a um contato face a face entre o entrevistador e o(s) entrevistado(s). Parece oportuno lembrar que esse fato termina desenvolvendo algum comprometimento do entrevistado com a pesquisa, aumentando a credibilidade do material coletado.

A **entrevista** pode ser definida como um encontro entre duas ou mais pessoas a fim de que uma ou mais delas obtenham dados, informações, opiniões, impressões, interpretações, posicionamentos, depoimentos, avaliações etc. a respeito de determinado assunto, mediante uma conversação de natureza acadêmica e/ou profissional.[2] Considerando que a aplicação dessa técnica de coleta resulta em materiais verbalizados, ou seja, fruto do discurso de contatos no contexto de um processo comunicativo, sua credibilidade dependerá, em grande parte, da sistematização do registro desse material em fita cassete, em vídeo ou, no mínimo, em papel. Por se tratar de materiais primários, cuja responsabilidade dos processos de coleta, registro, tratamento, descrição e interpretação é exclusivamente do pesquisador, recomenda-se que se disponha de argumentos teóricos capazes de fundamentar o teor das descrições, das interpretações e das inferências que este vier a fazer.

No que tange ao seu conteúdo, as entrevistas podem:

a) objetivar a averiguação dos fatos tal como ocorrem ou ocorreram;

b) identificar a opinião que as pessoas têm sobre os fatos explorados na pesquisa e os conteúdos das respectivas justificativas;

c) identificar e interpretar, visando compreender a conduta, a ação das pessoas envolvidas nos aspectos norteadores da investigação realizada;

d) conhecer os planos e os projetos de ação das pessoas.[3]

---

[2] Adaptado de LAKATOS; MARCONI, 1991, p. 195.
[3] Adaptado de SELLTIZ, 1965, p. 286-295.

● 6.1.1.1 Tipos de entrevistas

□ 6.1.1.1.1 *Entrevista estruturada ou padronizada*

A **entrevista estruturada** ou **padronizada** caracteriza-se pelo fato de, no momento de sua realização, o entrevistador e o contato se orientarem por roteiro previamente elaborado e conhecido. Recomenda-se que esse roteiro seja enviado antecipadamente para o contato se preparar para responder consistentemente às questões privilegiadas. Tendo em vista que os critérios adotados para selecionar os entrevistados refletem a sua representatividade qualitativa frente ao objeto investigado, freqüentemente os escolhidos são conhecedores ou especialistas no tema/problema investigados e, por isso, têm condições de responder às questões propostas, e o teor das respostas oferecidas será contributivo para a ampliação e o aprofundamento do exercício de interpretação, indispensável na compreensão do que está sendo investigado.

O motivo que justifica a preocupação em imprimir alguma padronização às perguntas propostas é obter da totalidade dos contatos respostas derivadas da mesma pergunta, permitindo, assim, que "todas elas sejam comparadas com o mesmo conjunto de perguntas e que as diferenças devem refletir diferenças [de pontos de vista] entre os respondentes e não diferenças nas perguntas".[4] Logo, a entrevista estruturada permite que as respostas sejam comparáveis na medida em que derivam de uma relação fixa de perguntas. Embora essa técnica de coleta de material seja típica de pesquisas qualitativas, neste caso é possível o pesquisador efetuar o tratamento estatístico das respostas obtidas desde que os conteúdos destas apresentem expressivo grau de convergência.[5] Convém lembrar que a forma de tratar quantitativamente as respostas de entrevistas roteirizadas é semelhante aos procedimentos utilizados na tabulação das questões abertas, encontradas em questionários ou em formulários. Os iniciantes em pesquisas de campo preferem fazer uso desse recurso metodológico pela segurança que ele pode representar no momento da coleta de informações. Essa segurança pode ser traduzida pelo fato de o roteiro reduzir imprevistos, tais como: frente ao pouco tempo do entrevistado, o pesquisador gaguejar, formular as questões de maneira confusa, esquecer questões importantíssimas, não conseguir concentrar o respondente nas questões chave da pesquisa etc. Observa-se que pesquisadores oriundos de algumas áreas de conhecimento — Administração, Ciências Contábeis, Comércio Exterior, Economia, entre outras — tendem a privilegiar esse tipo de entrevista por

─────────────

4   LODI, João Bosco. *A entrevista*: teoria e prática. 2. ed. São Paulo: Pioneira, 1974. p. 16.

5   LODI, 1974, p. 15.

sentir que ele amplia seu controle sobre o processo investigatório, mesmo quando afirma explorar recursos típicos da pesquisa qualitativa.[6]

O roteiro que caracteriza as entrevistas como estruturadas/padronizadas, em geral, reflete um detalhamento minucioso da problemática investigada. A experiência revela que esse recurso é válido particularmente para os pesquisadores com pouca ou nenhuma experiência no uso dessa técnica, considerando que a formulação prévia do rol de perguntas diminui a ocorrência de "brancos de memória", de perguntas mal elaboradas, de excessos e insuficiências, além de tal planejamento imprimir uma imagem de credibilidade do pesquisador e da pesquisa ao entrevistado.

Planejamento e realização da entrevista estruturada

Quando a *entrevista* é utilizada como técnica de coleta de materiais, que uma vez tratados representarão subsídios capazes de contribuir para os exercícios de descrição e interpretação que fundamentarão o esforço de demonstração das conclusões, esta precisa ser realizada de forma sistematizada. Assim, é preciso considerar alguns procedimentos básicos:

a) Preparar o roteiro da entrevista, adequando as questões formuladas à problemática investigada, uma vez que se visa coletar materiais que possam contribuir para a fundamentação de descrições e interpretações acerca do que está sendo investigado.

b) Identificar e selecionar, com o suporte de critérios previamente conhecidos, a população a ser entrevistada, tendo como primeira orientação a real capacidade de o contato oferecer informações relevantes sobre a problemática investigada (representatividade qualitativa).

c) Certificar-se do interesse e da disponibilidade de o contato cooperar, participando da entrevista proposta.

d) Uma vez acordada a participação na entrevista, contatar cada entrevistado, agendar dia, horário e local. Nessa oportunidade, convém remeter correspondência, precisando o objetivo da pesquisa, a importância da contribuição do contato, o roteiro básico para que ele possa se preparar para responder as perguntas formuladas, além do cartão de visita do pesquisador.

e) No curso da entrevista, será imprescindível o pesquisador estar munido de equipamentos (fitas cassete e gravador, por exemplo) que lhe permita registrar as

---

[6] GIL, 1991, p. 107.

respostas às perguntas propostas de tal forma que o material assuma a credibilidade necessária quando utilizado como base de fundamentação das descrições, interpretações, análises e conclusões. Caso o contato não autorize a gravação da entrevista, seu conteúdo deverá ser criteriosamente escrito; entretanto, perderá seu valor documental, devido à margem de desvios conseqüentes da seletividade de memória do pesquisador e de possíveis vieses na interpretação do material reunido.

Processo de tratamento do material obtido por meio de entrevistas

Iremos concentrar as explicações no tratamento de entrevistas estruturadas ou padronizadas, de modo a apresentar a modalidade de entrevista mais freqüentemente utilizada nas pesquisas realizadas por jovens pesquisadores, considerando o relativo controle que a sua aplicação permite. Além disso, o material resultante de entrevistas estruturadas pode permitir a realização de tratamentos de caráter quantitativo e qualitativo, se houver interesse do pesquisador. Nesse caso, é pertinente ressaltar que o tratamento quantitativo não equivale a uma análise de natureza estatística, uma vez que o uso dessa técnica não pressupõe representatividade estatística do número de entrevistados. Os procedimentos que podem ser utilizados no processo de tratamento do material coletado por meio de entrevistas estruturadas podem ser resumidos em quatro pontos:

a) Todas as entrevistas devem ser transcritas da fita cassete, de forma a apresentar um cabeçalho que ofereça as referências do contato, as perguntas formuladas (em negrito) e as respostas obtidas (em espaço simples).

QUADRO **6.1** Exemplo de cabeçalho

Nome do contato: Engenheiro Luiz Antônio COSTA CARNEIRO

Nome da empresa: Petróleo Brasileiro S.A. (PETROBRAS)

Cargo ocupado: Chefe do Setor de Coordenação da Qualidade da Região de Produção do Nordeste Setentrional (RPNS)

Endereço para correspondência: Av. Mário Câmara, 2.783 — Natal/RN

Número de telefone: (0xx84) 8000-0000

Número de fax: (0xx84) 8000-0001

*** Entrevista realizada em 20/03/2007

Pergunta —

Resposta —

b) Considerando a problemática discutida, o pesquisador procederá ao fichamento do material, exatamente como já fez com o material derivado de pesquisa bibliográfica (ver Capítulo 3). Deve-se destacar que a evolução do conteúdo da ficha-síntese, citações e contribuições do autor em função do conhecimento que já acumula sobre o assunto dependerá do domínio conceptual e teórico que o pesquisador apresenta naquele estágio do processo investigatório. Observa-se que quanto maior for o conhecimento do pesquisador sobre o assunto maior será a sua capacidade de síntese e de interpretação do material coletado.

c) Caso queira efetuar um tratamento quantitativo do material reunido, o pesquisador deve ler o conteúdo de todas as respostas dadas para cada questão em função do nível de convergência dos conteúdos encontrados, elaborar categorias de respostas que permitam sua quantificação, consciente de que esse procedimento não permite a elaboração de análises de caráter estatístico em virtude da ausência de representatividade numérica dos entrevistados.

d) Por se tratar de material primário, é preciso lembrar que, como nos casos de coleta de dados por meio de aplicação de formulário e/ou questionário, as entrevistas devidamente organizadas devem compor um dos apêndices da monografia/relatório de pesquisa. É recomendável que o pesquisador tenha consigo as fitas cassete no momento do exame oral dos resultados, para que, em situações de extrema necessidade, sejam acionadas como provas do que está sendo afirmado.

□ 6.1.1.1.2 *Entrevistas não-estruturadas ou não-padronizadas*

A entrevista **não-estruturada** ou **não-padronizada** visa explorar amplamente uma questão sem necessariamente impor limites e rígida direção à comunicação estabelecida entre o pesquisador e o contato. Sua prática pode assumir várias modalidades de entrevistas, como é possível observar a seguir por meio da definição de cada uma delas.

Entrevista focalizada — a *entrevista focalizada* se propõe a explorar um tema bem definido e explicitamente delimitado. O contato se expressa livremente sobre o assunto investigado, embora, quando eventualmente divaga ou se desvia dos aspectos tratados, o entrevistador possa interferir sobre o curso da comunicação na tentativa de resgatar o objeto da discussão.[7] Na prática, observa-se a existência de um roteiro oculto,

[7] GIL, 1991, p. 107.

previamente construído, em que o pesquisador tem o cuidado de enumerar os tópicos relevantes sobre o tema/problema tratados e, em função dos objetivos da pesquisa e do domínio sobre o assunto revelado pelo contato, o pesquisador vai formulando ao longo da entrevista as questões que julgar relevantes e pertinentes. Essa prática exige alguma experiência com o uso da técnica e expressivo domínio técnico, conceptual e teórico do que deseja aprofundar com a pesquisa.[8] "É empregada em situações experimentais, com o objetivo de explorar a fundo alguma experiência vivida em condições precisas."[9]

Entrevista clínica — a *entrevista clínica* pode ser subdividida em: *entrevista de aconselhamento* e *entrevista de psicoterapia*. A primeira tende a ser curta e trata de casos analisados como simples porque corriqueiros. O foco de atenção se concentra em questões bem delineadas, com elevado grau de especificidade. O conselheiro representa uma fonte de apoio emocional ao paciente, se esforça para clarificar a interpretação que o paciente faz das interações que consegue estabelecer com os seus pares. O objetivo maior desse tipo de comunicação é criar as condições necessárias para que o paciente possa formular suas conclusões e planos de ação, dando-lhe tempo para perceber e alterar suas atitudes, quando necessário. Na entrevista clínica voltada para a psicoterapia, o pesquisador visa descobrir novas abordagens para o problema apresentado pelo paciente, permanecendo atento para o estado mental deste, lidando com seus medos, ajudando-o a desenvolver maior dependência de si mesmo para formular objetivos realísticos[10] de um projeto de vida.

Entrevista não-dirigida — a *entrevista não-dirigida* pressupõe a existência de total liberdade para o contato transmitir suas convicções, expressar suas opiniões, seus sentimentos, impressões, sem qualquer tipo de interferência. O pesquisador limita-se a assumir o papel de um agente estimulador, capaz de facilitar a expressão oral e gestual do contato, com a preocupação permanente de não o induzir a respostas esperadas.

Entrevista painel — a *entrevista painel* é uma modalidade de entrevista em que a mesma população, respeitando uma regularidade de tempo previamente definida pelo pesquisador (semestral, anual, bianual etc.), responde ao mesmo roteiro de questões, mesmo que formuladas de maneiras diferentes. Objetiva-se, dessa maneira, conhecer a evolução das opiniões de certos grupos de pessoas de expressão (acadêmicos, cientistas políticos, filósofos, educadores, economistas, comunicólogos, gestores,

---

[8]   LAKATOS; MARCONI, 1991.
[9]   GIL, 1991, p. 16.
[10] BINGHAM W.; MOORE, B. V., 1973, apud LODI, 1974, p. 84.

empresários etc.) na área investigada, sobre algum tema relevante. De modo geral, esse recurso técnico é explorado em pesquisas cujos objetivos perseguidos estejam concentrados em fundamentar desenhos de cenários, formulações de prognósticos e concepções de visões prospectivas.

6.1.1.2 Avaliando os méritos da entrevista como técnica de coleta de materiais

Não há recursos metodológicos infalíveis e, por isso, estes não podem ser reconhecidos como receitas que uma vez adotadas asseguram os resultados fixados no início da investigação. Conseqüentemente, cada um deles apresenta méritos e limitações. Avaliando os prós e contras de cada um dos recursos disponíveis, de acordo com as especificidades do tema/problema norteadores da investigação, far-se-á necessário que o pesquisador pondere sobre a pertinência dos recursos metodológicos que merecem ser explorados de forma intensa. Para colaborar nesta tarefa, seguem alguns aspectos reconhecidos como favoráveis à adoção da entrevista como técnica de coleta de materiais:

a) permite ao pesquisador investigar fatos ou fenômenos em curso ou até mesmo *ex-post-facto*;[11]

b) possibilidade de atingir todo e qualquer segmento da população-alvo da pesquisa;

c) permite ao pesquisador adequar o enunciado da questão ao grau de compreensão do contato, de forma a reduzir as imperfeições — os ruídos — da comunicação estabelecida;

d) permite ao pesquisador conhecer reações do contato diante de questões formuladas e, caso seja pertinente à pesquisa, registrá-las;

e) permite ao pesquisador reunir materiais atuais, de primeira mão, que ainda não foram objeto de descrição, interpretação, análise e publicação;

f) permite ao pesquisador proceder a um tratamento qualitativo do material coletado, embora, em casos pontuais, seja possível realizar um tratamento quantitativo deste (resguardadas as limitações impostas pela ausência de representatividade estatística da "amostra" formada pelo grupo de entrevistados);

---

[11] De acordo com Santos, as pesquisas *ex-post-facto* são utilizadas quando se deseja investigar um fato ou um fenômeno ocorrido (SANTOS, Antonio Raimundo dos. *Metodologia científica*: a construção do conhecimento. 4. ed. Rio de Janeiro: DP&A Editora, 2001).

Tipos de Pesquisa e Técnicas de Coleta de Materiais — a Pesquisa de Campo ■ 121

g) permite ao pesquisador uma coleta de materiais profunda e rica em detalhes;

h) considerando a possibilidade de o pesquisador ver, ouvir, sentir e intervir com perguntas de checagem, dificilmente o contato consegue manter por muito tempo a coerência de um discurso cujo conteúdo não corresponda à realidade dos fatos.

● **6.1.1.3 Avaliando as limitações da utilização da entrevista como técnica de coleta de materiais**

a) É difícil assegurar a representatividade qualitativa das pessoas escolhidas para participar das entrevistas.

b) É igualmente difícil avaliar o número de entrevistas que parece suficiente para responder aos desafios presentes na investigação realizada.

c) Nem sempre a comunicação entre o pesquisador e o contato é fácil, seja em razão da inexperiência do pesquisador, seja pela facilidade com que o contato se desvia de certas questões.

d) As entrevistas ampliam a possibilidade de os pesquisadores e os contatos se influenciarem mutuamente.

e) O receio do contato em se comprometer ao responder determinadas questões sem a segurança do anonimato estimula a omissão e/ou a distorção de informações importantes para a pesquisa em andamento.

f) A eventual inexperiência do pesquisador no uso dessa técnica, somada a uma incipiente base conceptual e teórica sobre o tema/problema tratados, contribui para que ele tenha reduzido domínio sobre o processo de coleta de materiais.

g) A realização de entrevistas exige muito tempo do pesquisador na medida em que envolve as etapas de elaboração do roteiro, a seleção dos contatos (que no momento da entrevista, não raro indica outra pessoa para responder as perguntas), o envio prévio do roteiro elaborado para conhecimento do contato, o agendamento da visita que resultará na entrevista (que não raro é desmarcado e remarcado mais de uma vez), a realização da entrevista, o registro das respostas, a seleção do material pertinente ao tema/problema e o tratamento do material selecionado.

○ **6.1.2 Observação como técnica de coleta de materiais**

A observação e a entrevista configuram técnicas de coleta de materiais que compõem a categoria de _observação direta intensiva_. Isso se explica, pois tais técnicas implicam um contato face a face entre pesquisador e observado, e o processo de coleta de materiais exige uma comunicação mais profunda e demorada entre os agentes envolvidos. Assim, em oposição às técnicas de questionários e formulários *(observação direta extensiva)*, a observação e a entrevista não atingem elevado grau de credibilidade em função da quantidade de entrevistas ou observações realizadas, mas em função do grau de amplitude e aprofundamento atingido ao longo do processo de coleta de materiais.

Discutindo a questão da representatividade dos grupos investigados em pesquisas de natureza qualitativa e quantitativa, Thiollent[12] esclarece que "as pesquisas baseadas em amostras estatisticamente representativas têm tendência a dar uma visão bastante 'conformista' da realidade; seus critérios são falsamente igualitários quando postulam que cada indivíduo vale por um e que cada opinião é equivalente a qualquer outra." De acordo com essa perspectiva metodológica, o autor prossegue afirmando que "os critérios numéricos podem chegar a fazer desaparecer as minorias". Em oposição a essa postura, a representatividade expressiva (ou qualitativa) é dada por uma avaliação da relevância política dos grupos e das idéias que veiculam em uma certa conjuntura ou movimento. Trata-se de chegar a uma representação de ordem cognitiva, sociológica e politicamente fundamentada, com possível controle ou retificação de suas distorções no decorrer da investigação.

A observação, no contexto das pesquisas de campo e de laboratório, pressupõe que o pesquisador examine a realidade investigada, explorando os recursos do sentido (visão, audição, olfato, tato e paladar), seja um vilarejo, em estudos antropológicos; uma tribo, em estudos etnológicos; uma organização, em estudos organizacionais, ou uma coleção de ratos, em estudos de medicina experimental, por exemplo. A utilização dessa técnica pressupõe um conjunto de cuidados em função dos objetivos que o pesquisador visa atingir e da realidade que pretende observar. Assim, torna-se indispensável decidir previamente sobre:

a) Quais os objetivos a serem atingidos com a pesquisa?

b) Quais os aspectos da realidade que serão — pelo menos, inicialmente — privilegiados no processo observacional?

c) De qual tipo de observação o pesquisador fará uso? De observação participante ou de observação não-participante, por exemplo?

[12] THIOLLENT, 1994, p. 63.

d) Qual é o tamanho da população envolvida (no caso de pesquisas experimentais de caráter quantitativo)? Ou qual(is) a(s) unidade(s) de estudo (no caso de pesquisas qualitativas)?

e) Qual é a regularidade e a extensão de tempo previstas para ocorrer a observação?

Em pesquisas formais, o que diferencia a observação como técnica de coleta de material da simples impressão é o fato de aquela ser orientada por objetivos previamente fixados, ser cuidadosamente planejada, sistematizada em termos de coleta, registro e seleção do material, implicando a formulação de um plano de pesquisa, mesmo que este sofra modificações justificadas ao longo do processo investigatório. É oportuno enfatizar que no contexto das pesquisas quantitativas, o controle exercido pelo pesquisador sobre o processo investigatório é reconhecido e valorizado, entretanto, observa-se que na prática das pesquisas qualitativas há certa rejeição a esse controle, postura que pode comprometer em graus variados a sistematização esperada em pesquisas acadêmicas. Contudo, é mister sublinhar que "o descontrole da atividade de pesquisa deixa margem a todas as formas de manipulação e de aproveitamento para fins particulares".[13]

A ausência de uma base conceptual e teórica consistente sobre a realidade investigada inviabiliza a identificação prévia dos aspectos norteadores do processo observacional. Nesses casos, a observação assume um caráter estritamente exploratório e seus resultados dificilmente contribuirão para fundamentar as descrições e validar as conclusões da pesquisa, caso o pesquisador não se restrinja a se servir desses materiais coletados inicialmente para definir/redefinir os aspectos que, a partir de então, serão considerados no plano da observação. Este assumirá inevitavelmente um caráter mais sistematizado. Isso explica, em parte, a razão pela qual há diferentes níveis de rigor ou de sistematização entre a *observação exploratória* e a *observação sistemática, diagnóstico, controlada* ou *observação quantitativa*.[14]

A observação sistemática e a experimentação são técnicas de coleta de materiais utilizadas há muito tempo no contexto das pesquisas de laboratório. A transposição dessas técnicas para a investigação dos fenômenos humanos data de 1933, quando os laboratórios de psicologia experimental trabalhavam com variáveis controladas e associavam a observação à experimentação.[15] Utilizada em condições artificiais, como

---

[13] THIOLLENT, 1994, p. 22.

[14] De acordo com GRAWITZ, Madeleine. *Métodes des sciences sociales*. 6. ed. Paris: Daloz, 1984.

[15] GRAWITZ, 1984.

é o caso da pesquisa de laboratório, a observação controlada serviu de referência para sistematizar pesquisas de campo, desde que houvesse condições favoráveis para isso. Entretanto, os psicólogos sociais negaram a validade de se estudar o comportamento, a ação e as interações humanas descolados do meio natural e cultural em que o homem vive. E se a credibilidade do uso dessa técnica depende, em grande parte, das exigências de rigor crescentes nas atividades investigatórias, como adotá-la na vida real, sabendo-se que as unidades de comportamento preestabelecidas e previsíveis conflitam com a realidade dos fenômenos móveis e dinâmicos?

A utilização da observação em uma perspectiva qualitativa foi inicialmente adotada pelos etnólogos europeus empenhados em explicar os grupos humanos nativos da África, da Oceania e das Américas. Ao investigarem grupos humanos portadores de modelos mentais até então desconhecidos, viram-se impedidos de elaborar planos de pesquisa rigorosamente sistematizados desde o iníciio. A necessidade de construir e reconstruir o projeto de pesquisa ao longo do processo investigatório emerge como uma necessidade de ordem metodológica. Posteriormente, pesquisadores de diferentes áreas das Ciências Humanas e Sociais (antropólogos, sociólogos, psicólogos, educadores, comunicólogos, economistas, administradores, entre outros) adotaram a observação no contexto de referências epistemológicas distintas uma vez que, enquanto a quantificação dos fenômenos apoiava-se no positivismo e no empirismo — métodos que apresentam predisposições ideológicas de orientação conservadora —, as interpretações de caráter qualitativo apoiavam-se na fenomenologia e no marxismo.[16]

O fato é que a validade das observações quantificáveis, derivada de observações orientadas por variáveis rigorosamente estabelecidas, é medida em função da regularidade reconhecida nos materiais coletados. Já a validade da observação qualitativa depende:

a) da multiplicidade de fontes de informação que a observação é capaz de reunir;

b) do tempo envolvido na observação ser capaz de dissolver pré-conceitos, por parte do pesquisador, e comportamentos maquiados, por parte dos sujeitos investigados;

---

[16] Nos mais diversos países, a crise de caráter epistemológico, deflagrada nos anos 1960, favoreceu a proliferação de textos cujo propósito residia em discutir as limitações dos métodos subordinados à abordagem quantitativa na investigação dos fenômenos sociais e humanos e em reconhecer os métodos subordinados à abordagem qualitativa como possibilidades metodológicas promissoras na medida em que tendiam a respeitar as especificidades dos objetos de estudo das Ciências Sociais, fortemente influenciadas pelo neomarxismo, pela fenomenologia, pelas idéias de Gramsci, pela filosofia da linguagem e pela teoria crítica que caracterizou a Escola de Frankfurt (THIOLLENT, 1997).

Tipos de Pesquisa e Técnicas de Coleta de Materiais — a Pesquisa de Campo **125**

c) da riqueza de detalhes presentes nas descrições resultantes da observação guiada pelos objetivos previamente determinados;

d) dos diferentes ângulos que o pesquisador é capaz de identificar e de resgatar durante o esforço de apreensão e compreensão da realidade investigada;

e) da capacidade de o pesquisador imprimir sentido àquilo que observa e tecer interpretações iluminadas com o suporte de um quadro teórico de referência capaz de subverter a idéia de disciplinaridade e conquistar a perspectiva da transdisciplinaridade.

Nesse contexto, a idéia de quantidade é substituída pela idéia de intensidade, viabilizada pela imersão profunda do pesquisador na realidade investigada.[17] Conseqüentemente, seu esforço de enxergar e compreender a questão tratada de modo profundo e de diferentes perspectivas é muito mais relevante que o número de pessoas envolvidas na investigação. Isso expressa a idéia de representatividade qualitativa das unidades sociais de estudo.

6.1.2.1 A relação observador-observado

A caracterização da **observação participante** ou **não-participante** dependerá da relação estabelecida entre observador e observado. A observação não-participante ocorre naquela situação em que o pesquisador tem convicção de que a coleta dos materiais terá mais êxito na medida em que resguardar sua identidade e assumir uma postura de espectador dos eventos observados ou do cotidiano dos grupos observados. Porém, se, ao contrário, o pesquisador estiver convencido de que o processo de coleta de materiais ganhará em profundidade, extensão e credibilidade na medida em que participar ativamente do cotidiano que marca a realidade investigada, essa prática caracterizará uma observação participante. Entretanto, é pertinente ressaltar que, quando a técnica da observação é aplicada a grupos humanos — sejam eles mais extensos ou mais reduzidos —, dificilmente o observador conseguirá estabelecer e manter uma atitude exterior à realidade observada. Contrariamente, na observação controlada — também denominada *diagnóstico* —, por sua prática de suportar processos de experimentação, o observador tende a manter-se exterior à realidade observada.

---

[17] GOLDENBERG, 1999, p. 50.

6.1.2.2 A questão da sistematização da observação

O rigor resultante da observação como técnica de coleta de materiais dependerá do nível de precisão alcançado pelo plano de observação e da capacidade de o pesquisador imprimir reajustes justificados ao longo do processo investigatório. Por sua vez, o nível de precisão do plano de observação dependerá:

a) da construção justificada do(s) objetivo(s) que a pesquisa se compromete a alcançar;

b) da identificação da(s) unidade(s) de estudo que será(ão) considerada(s) no processo observacional;

c) do domínio teórico e empírico de que o pesquisador dispõe a respeito da realidade investigada (considerando que a identificação prévia dos aspectos a serem privilegiados durante o processo de observação depende disso);

d) da experiência com a técnica acumulada pelo pesquisador.

Logo, para reunir as condições antes mencionadas, será imprescindível a construção prévia de um quadro teórico de referência consistentemente fundamentado.[18] Deve-se enfatizar que os materiais empíricos coletados com a observação só ganham sentido em seu contexto informativo e cognitivo. Entretanto, tal contexto somente se torna significativo se o pesquisador dispuser de um quadro teórico de referência. Assim, quando houver circunstâncias que justifiquem a utilização de observação exploratória (envolvendo realidades mais amplas e imprecisas), será possível atingir maior nível de precisão na medida em que o pesquisador formular previamente o marco teórico de referência. Isso lhe permitirá trabalhar com critérios para estabelecer "cortes" sobre a realidade investigada, e estes favorecerão a formulação de categorias observáveis. Uma vez formuladas as categorias observáveis, o pesquisador orientará o processo de coleta e tratamento do material, facilitando a classificação (taxonomia) e o agrupamento do material reunido.

A observação exploratória caracteriza-se por objetivos amplos e pelo quase desconhecimento dos aspectos da realidade investigada que merecem ser alvo da observação. A adoção dessa modalidade é defendida em estudos de fenômenos com elevado nível de complexidade e imprevisibilidade dos comportamentos e interações intergrupais. Além disso, é preciso lembrar que, em caso de realidades essencialmente

---

[18] Isso justifica o fato de as agências de financiamento de pesquisas acadêmicas não permitirem a seus bolsistas irem a campo sem antes ter concluído a elaboração da revisão crítica da literatura capaz de sustentar consistente quadro teórico de referência.

Tipos de Pesquisa e Técnicas de Coleta de Materiais — a Pesquisa de Campo ■ 127

dinâmicas, é bastante questionável a validade da utilização de categorias de observação precisas e preestabelecidas.

Contrariamente à observação exploratória, a observação controlada, ou diagnóstico, parte da definição prévia das hipóteses que serão testadas, das variáveis que serão consideradas e das categorias que serão alvo da observação. Logo, o objetivo de pesquisas que utilizam esse recurso de coleta de material não será interpretar ou compreender a realidade, mas reunir dados que permitam avaliar a importância dos fatores causais e a medição quantitativa das variáveis consideradas. Nesses termos, não é difícil perceber que, quanto mais sistematizado, mais o estudo utiliza um tratamento quantitativo dos materiais coletados, e, quanto mais o plano da observação for flexível, mais se pressupõe um tratamento qualitativo dos materiais reunidos.

■ **6.1.2.3 Avaliando os méritos da utilização da observação como técnica de coleta de materiais**

O mérito da observação sobre as demais técnicas de coleta de materiais consiste em dispor de mecanismos capazes de apreender os fatos de forma direta e profunda no local, no momento e da forma pela qual estes ocorrem.

A observação participante consiste em uma técnica de coleta de materiais bastante usual entre os qualitativistas. Em um processo investigatório, os resultados que se conseguem alcançar são superiores aos das demais modalidades de observação, já que a técnica permite ao pesquisador trabalhar a espontaneidade e a qualidade do material reunido, atingindo, assim, níveis de detalhamento e de amplitude superiores aos da aplicação de questionários ou de formulários e da realização de entrevistas, visto que muitos aspectos da realidade não podem ser objeto de questionamento formal. Embora a presença do observador exerça, em graus variados, influência sobre os atores e os acontecimentos, a situação observada permanece natural, o que não é o caso da situação criada pelas entrevistas, por exemplo. A observação participante permite ao pesquisador conhecer não apenas o discurso e as ações individuais dos sujeitos, mas igualmente o contexto em que o fenômeno ocorre e os sentidos impressos pelos atores envolvidos. Nesse caso, o momento de coleta e o momento do tratamento dos materiais ocorrem simultaneamente. Essa dinâmica permite que eventuais hipóteses sejam formuladas e reformuladas com o suporte do material reunido e tratado ao longo do processo.

A credibilidade e a confiabilidade dos materiais resultantes da observação tendem a ser superiores às dos materiais resultantes de outras técnicas de coleta, uma

128 ■ MONOGRAFIA

vez que, de acordo com a experiência de Pasquero,[19] parece mais fácil faltar com a verdade ou blefar em situações que envolvem a aplicação de formulários ou questionário, ou mesmo a realização de entrevistas, do que fazer o mesmo ao longo de um processo de observação. Para o autor, não é fácil dissimular o que se pensa e, principalmente, o que se é por um longo período de tempo. Aprofundando essa idéia, Goldenberg[20] salienta que as pessoas envolvidas em um processo de investigação de caráter qualitativo são observadas de diversas maneiras, por um extenso período de tempo. O uso simultâneo desses dois procedimentos inibe atitudes de dissimulação e dificultam a "fabricação" de comportamentos atípicos durante toda a duração do processo observacional. Nesse sentido, enfatiza que a pesquisa qualitativa realizada com a utilização da observação participante e de entrevistas em profundidade combate o perigo de *bias*,[21] porque torna difícil para o pesquisado a produção de materiais que fundamentem de modo uniforme uma conclusão distorcida da realidade do mesmo modo que também torna difícil restringir suas observações dos aspectos capazes de sustentar seus preconceitos e expectativas iniciais.

■ 6.1.2.4 Avaliando as limitações da utilização da observação como técnica de coleta de materiais

Para observar um fenômeno da realidade, é condição *sine qua non* que o fenômeno esteja em curso e a realidade seja acessível para o pesquisador. Como seria possível, por exemplo, investigar por meio de observação o assédio no ambiente de trabalho, quando ele figura comportamento socialmente inaceitável, passível de punição e conseqüentemente dissimulado? Considerando a impossibilidade de o observador estar presente em todos os lugares ao mesmo tempo, não é raro que ele esteja ausente no exato momento em que ocorrem situações de expressivo significado para a pesquisa realizada.

A quantidade e a variedade de material coletado por meio de observação exploratória dificultam seu tratamento, interpretação e análise, uma vez que reduzem

........................■

[19] PASQUERO, Jean. A filosofia das abordagens qualitativas no contexto da pesquisa em gestão: explicar ou compreender. *Revista Temas*, Itu, ano 1, n. 1, p. 16-23, [19—].

[20] GOLDENBERG, 1999, p. 46-47.

[21] *Bias* é uma expressão inglesa freqüentemente utilizada pelos cientistas sociais para expressar a idéia de viés, ou seja, ponto de vista parcial que pode levar a distorções na descrição ou na análise dos fenômenos sociais.

o alcance do exercício de comparação/relação e a exigência de transpor o "material vivo" para o plano conceptual.

Na observação, as pessoas envolvidas no fenômeno investigado são reconhecidas como singulares. Assim, aquela que não concordar em contribuir para o processo de coleta de material não poderá ser substituída, como seria natural ocorrer em pesquisas de natureza amostral, realizadas com a aplicação de formulário e/ou questionário.

O envolvimento nos trâmites que medeiam os primeiros contatos entre o pesquisador e os representantes da realidade a ser investigada — um grupo, um departamento, uma instituição, uma organização, uma comunidade de bairro, entre outros — pode levar meses. Além disso, as condições que viabilizaram a autorização para a realização do trabalho de coleta podem influenciar os rumos que a pesquisa irá tomar. É oportuno lembrar que a presença contínua de um estranho, cuja função é observar o cotidiano de um grupo, tende a ser menos tolerada do que a aplicação de questões formuladas em circunstâncias de entrevista.

No plano científico, o maior inconveniente da adoção da observação de caráter qualitativo é o resultado ser de responsabilidade de um único pesquisador e tender a expressar mais suas qualidades pessoais e intelectuais, além de sua experiência em pesquisas dessa natureza, do que a aplicação correta da técnica. Contrariamente, a observação de caráter quantitativo, mais rigorosamente estruturada (precisão das categorias observáveis, dos índices de codificação prévia das manifestações a serem observadas etc.), pressupõe trabalhar-se com instrumentos de medidas rigorosos que propiciarão elementos passíveis de quantificação. Em tais condições, há maior facilidade nos processos que envolvem coleta, registro e tratamento dos dados obtidos, maior similaridade dos resultados atingidos, menor influência da personalidade e da experiência do pesquisador.

Os qualitativistas contestam a validade dos resultados das observações quantificáveis no estudo dos fenômenos humanos. Para isso, argumentam que a fragmentação, considerando a quantificação de muitos aspectos da existência humana, compromete, em graus variados, o esforço interpretativo de tais fenômenos. A complexidade desses fenômenos exige posturas metodológicas que contribuam efetivamente para a formulação de interpretações mais amplas e profundas do que meras conclusões resultantes da apreensão do dado objetivo apenas porque é quantificável.[22]

22 PASQUERO, [19—], p. 16-23.

No entanto, os quantitativistas questionam a representatividade e a objetividade reivindicadas pelos qualitativistas. Nesse sentido, a professora Miriam Goldenberg[23] afirma, com toda propriedade, que a subjetividade do pesquisador está presente tanto em pesquisas qualitativas quanto em pesquisas quantitativas. Ainda de acordo com a autora, isso pode ser percebido quando o pesquisador constrói o objeto de estudo, define o tema da investigação, estabelece critérios para escolher os respondentes dos questionários que serão aplicados ou as entrevistas previstas, concebe um roteiro de perguntas, escolhe determinados autores e obras para fundamentar descrições, interpretações, análises etc. Em qualquer uma dessas etapas, é possível perceber a existência de um autor capaz de exercer o poder de decidir os passos a serem dados ao longo do processo investigatório.

A complexidade que caracteriza os problemas humanos faz com que eles se insiram em um plano profundo e subterrâneo, o que torna difícil, portanto, percebê-los e explicá-los se estivermos desprovidos de uma base teórica consistente. Assim, cabe questionarmos como definir, então, critérios capazes de justificar escolhas de variáveis e categorias como elementos reveladores do problema investigado, sem o suporte de um quadro teórico consistente. Além disso, é necessário considerar que o nível de percepção que se atinge ao se observar um fenômeno da realidade depende da amplitude e da profundidade do domínio dos códigos conceptuais, visto que, para ler a realidade tanto na sua aparência como, e principalmente, na sua essência, o observador precisa estar apoiado em conceitos que imprimam sentido ao que vê, ao que ouve, ao que sente. Dessa forma, não seria exagero afirmar que em processos investigatórios o referencial teórico funciona como as lentes que permitem ao pesquisador olhar e ver.

6.1.2.5 Sugestões que podem ajudar o jovem pesquisador a obter melhores resultados com a utilização da observação

Enumeramos a seguir várias sugestões que podem facilitar o processo de coleta de materiais por meio da técnica de observação do pesquisador, além de alertá-lo para desafios derivados do processo de investigação de natureza acadêmica.

1. As dificuldades impostas pela observação exploratória e participante são maiores do que as dificuldades de se realizar a observação controlada, sistematizada e não-participante. Isso porque aquela pressupõe:

---

[23]   GOLDENBERG, 1999, p. 14.

Tipos de Pesquisa e Técnicas de Coleta de Materiais — a Pesquisa de Campo ■ 131

a) a inexistência de controles rígidos por parte do pesquisador;

b) a ausência de um projeto de pesquisa capaz de estabelecer detalhadamente todas as etapas que marcarão o processo investigatório, considerando-se que o planejamento é desenhado precariamente para ser redesenhado ao longo do processo, sempre que se fizer necessário e justificável;

c) a extensão de tempo envolvida no processo de coleta de materiais;

d) a quantidade de material que é capaz de resultar;

e) a complexidade imposta aos exercícios de interpretação e análise do material reunido;

f) a necessidade de uma maturidade teórica em uma perspectiva transdisciplinar.

Portanto, os pesquisadores que optam por essa técnica devem, desde que possível, preferir a observação controlada, em que se parte da formulação de um plano de observação (hipóteses, variáveis, categorias observáveis, codificação) para se dispor de alguma direção durante o processo. Assim, a possibilidade de se perder torna-se bastante reduzida.

2. Ao planejar o processo observacional, convém ter-se o cuidado de não privilegiar certos atores, certas categorias de pessoas, certos grupos em detrimento de outros. Se, por alguma razão, ao considerar todos os segmentos pertencentes à unidade de estudo envolvida no processo observacional, conscientemente, o pesquisador se posicionar por um deles, isso só será aceitável se existirem argumentos capazes de justificar os critérios de escolha.

3. Na prática, temos visto que a escolha da unidade de estudo que será alvo da observação reflete mais as facilidades de o pesquisador ter acesso às pessoas envolvidas do que a representatividade qualitativa desta, se considerados os objetivos da pesquisa em curso. Em razão das conseqüências sobre a credibilidade dos resultados da pesquisa, esse aspecto precisa ser levado mais a sério. Nesse sentido, é desejável que os critérios adotados para definir a(s) unidade(s) de estudo a ser(em) explorada(s) na pesquisa sejam explicitados e justificados no relatório de pesquisa.

4. A descrição cuidadosa dos procedimentos metodológicos que caracterizaram a realização do processo investigatório permite ao leitor do relatório de pesquisa avaliar a credibilidade dos resultados alcançados. Assim, esse "histórico natural" das conclusões alcançadas precisa ser incorporado aos textos

que tiverem por objetivo retratar os resultados parciais ou o resultado final da pesquisa realizada.[24]

5. A amplitude da realidade investigada, a necessidade de agilidade e a rápida adaptação às mudanças impostas pela evolução do fenômeno investigado, o elevado grau de criatividade e improvisação exigidos pela observação de natureza exploratória, mais qualitativa, exigem do observador maturidade intelectual e alguma experiência com a técnica. Por isso, em pesquisas qualitativas, os resultados atingidos pela *observação exploratória* dependerão mais da habilidade do observador do que do seu domínio, sua pertinência e uso correto da técnica. Ao contrário da observação exploratória, a *observação controlada* exige elevado domínio técnico, pois se trata de um recurso metodológico supostamente preciso, aplicado a realidades nem sempre objetivas. Daí insistirmos que as pesquisas controladas, próximas da realidade de laboratório, são mais indicadas para os pesquisadores inexperientes.

6. Sugere-se também que inicialmente o pesquisador explore pequenas unidades de estudo antes de trabalhar com realidades maiores dotadas de elevado grau de complexidade.

7. Antes de iniciar o planejamento do processo observacional, é aconselhável que o pesquisador leia relatórios de pesquisa em que esse recurso metodológico tenha sido utilizado, que entre em contato com pesquisadores experientes no uso dessa técnica e que possam relatar as experiências vividas, que seja auxiliar de pesquisa em projetos que exploram a técnica, que assista a filmes e documentários em que haja o uso desta.

8. De acordo com Grawitz,[25] a aprendizagem da observação está em desenvolver atitudes capazes de superar eventuais dificuldades ocorridas no curso da coleta, em comportar-se adequadamente diante das mais diversas situações, em registrar com precisão aquilo que observa e em desenvolver os recursos da memória.

9. Grawits ainda reúne várias recomendações interessantes para aqueles que desejam utilizar com êxito a técnica da observação:

   a) informar os objetivos que a investigação se propõe a alcançar para todos os grupos que, de alguma forma, serão envolvidos durante o processo de coleta de material;

---

[24] GOLDENBERG, 1999, p. 14.
[25] GRAWITZ, 1984.

b) buscar ser aceito pelo(s) grupo(s), esforçar-se para conquistar a confiança dos membros;

c) solicitar e ser receptivo a sugestões dos atores sociais envolvidos na observação;

d) respeitar as diferenças existentes entre os membros do grupo e entre o grupo e o observador;

e) ter cuidado para que o grupo observado não confunda o observador com algum tipo de autoridade que dá ordens e conselhos e sugere punições;

f) esforçar-se para não se impor nas conversações estabelecidas com os sujeitos observados;

g) buscar não tomar partido nas situações vividas, tendo o cuidado para não ser reconhecido como inoportuno e/ou oportunista;

h) jamais violar os segredos das confidências proferidas durante o processo de observação;

i) contribuir para a consolidação de clima favorável, em que prevaleçam as trocas espontâneas (não forçar as pessoas a falar);

j) não parecer excessivamente curioso ou interessado em como as pessoas agem e no que as pessoas dizem;

l) trabalhar para a conquista de atitudes amigáveis, receptivas e confiáveis, propositivas;

m) respeitar as regras explícitas e implícitas construídas pelo grupo ao longo do tempo;

n) ser discreto, aprender a ouvir mais do que falar;

o) agir sempre orientado por princípios éticos;

p) incorporar a prática de elaboração do diário de observação sem jamais confiar na memória, pois ela tende a ser seletiva e privilegiar aquilo que interessa apenas às convicções iniciais do pesquisador (os pré-conceitos).

6.1.2.6 Considerações finais sobre a técnica de observação

Embora a ciência tenha buscado continuamente aperfeiçoar métodos e técnicas de investigação capazes de imprimir mais credibilidade às suas conclusões, qualitativistas e quantitativistas, equivocadamente, têm formulado argumentos que em nada levam a esse aperfeiçoamento. Provavelmente, quando conseguirem combinar tanto os méritos da observação quantitativa quanto os da qualitativa, serão identificadas zonas de complementaridade que só fortalecerão os instrumentos de apreensão da

134 ■ Monografia

realidade. Essa combinação de recursos metodológicos — quantitativos e qualitativos — é denominada, no meio acadêmico, "triangulação".

■ **6.1.2.7 Tratamento e análise do material coletado por meio da observação**

Em caso de observações sistematizadas, o primeiro passo para tratar o material coletado é estabelecer, para todas as variáveis definidas, uma distribuição de freqüência, o que permitirá o estabelecimento de comparações. O trabalho de análise do material reunido poderá ser simplificado desde que o objetivo da observação esteja claramente definido e que o plano de observação tenha previsto as categorias a serem observadas e seus respectivos códigos.

Já no caso do tratamento do material obtido com a prática da observação exploratória, sua análise deve ser feita simultaneamente ao processo de coleta para que seja possível identificar, no menor tempo possível, os fatores determinantes do fenômeno, o que permite continuar a observação com perspectiva de foco. Caso deixe o tratamento e a análise do conteúdo do material para o final do processo de coleta, corre-se o risco de explorar parcialmente os materiais coletados e desconsiderar aspectos relevantes do fenômeno a tempo.[26]

Enfatiza-se que a formulação da hipótese na pesquisa orienta os processos de coleta, tratamento e interpretação do material, o que contribui, portanto, para imprimir continuidade e unidade à investigação. Sendo a hipótese uma assertiva que tenta responder provisoriamente ao problema formulado quando resulta de elementos teóricos e empíricos, ao ser verificada e validada, tende a aperfeiçoar os conceitos úteis para a compreensão do fenômeno investigado.

■ **6.2 PESQUISA DE LABORATÓRIO**

A **pesquisa de laboratório** descreve e explica fenômenos que ocorrem em situações controladas (luz, calor, repouso, ingestão de alguma droga). Isso pressupõe que o pesquisador interfira na realidade (fato, fenômeno, situação investigada) por meio da manipulação direta das variáveis definidas de forma criteriosa e justificada no planejamento da pesquisa. Necessariamente, o pesquisador utilizará o método experimental, que pressupõe um controle sobre as condições em que o fenômeno investigado ocorre. Assim, a técnica de coleta de dados predominante será a observação

---

[26] No item "Tratamento dos materiais documentais", detalharemos um pouco os procedimentos típicos das análises de conteúdo.

sistematizada. A possibilidade de controlar a cronologia da investigação desde o seu início é reconhecida como a principal vantagem desse recurso metodológico.

Constitui procedimento de investigação exigente, que tende a atingir resultados exatos, freqüentemente utilizados nos estudos de Medicina Experimental, Psicologia, Biologia, Agronomia, Química, Física, entre outros. Nas Ciências Humanas, encontra certas resistências devido às limitações que impõe, uma vez que, para os humanistas, a maioria dos aspectos relevantes e típicos da conduta humana não podem ser observados em condições idealizadas em laboratórios.[27] O comportamento humano sofre interferências de múltiplas variáveis e é por demais complexo para que construções artificiais possam explicá-lo de forma satisfatória. Entretanto, a pesquisa nos campos da Psicologia Social e da Sociologia têm freqüentemente utilizado esse recurso, obtendo resultados interessantes, embora controversos. Considerando a dificuldade de adotá-lo nas pesquisas realizadas por pesquisadores iniciantes, limitaremos nossas observações ao que foi anteriormente escrito.

[27] BEST, J. W., 1972, p. 114 apud LAKATOS, 1991, p. 190.

PROCESSO DE REDAÇÃO E ESTRUTURA DO RELATÓRIO FINAL DE PESQUISA

7

*"O signo central da pesquisa é o questionamento
sistemático, crítico e criativo, mais a intervenção
competente na realidade, ou o diálogo crítico permanente
com a realidade, em sentido teórico e prático."*
Pedro Demo

Nos capítulos anteriores, houve preocupação de explicar as etapas que envolvem o planejamento da investigação — a elaboração do projeto de pesquisa — e os recursos metodológicos que permitem a sistematização da coleta e registro dos materiais (dados e informações) que serão objeto de descrição, interpretação e análise — exercícios fundamentais na legitimação dos resultados da pesquisa, seja em termos de formulação de hipótese (pesquisas exploratórias), verificação da hipótese, ou resposta aos problemas inicialmente formulados. Neste capítulo haverá especial atenção às questões relativas à redação do relatório final de pesquisa.

Cabe esclarecer que a seqüência escolhida para efetuar o desenvolvimento dos temas não sugere que a elaboração do relatório de pesquisa se inicia com a finalização do tratamento dos materiais coletados, uma vez que grande parte dos conteúdos desenvolvidos no projeto de pesquisa podem ser resgatados, pois representam o embrião do relatório — os capítulos dedicados ao percurso metodológico, à revisão crítica da literatura, ao plano de redação da monografia (sumário provisório e índice sumarizado) são exemplos do que foi afirmado. A experiência com a atividade de orientação revela que quanto menor for o espaço de tempo entre o término do projeto de pesquisa e o início da redação do relatório de pesquisa, mais o desenvolvimento do trabalho ganha organicidade. Isso acontece porque o autor desenvolve a redação no curso da investigação, com o cuidado de elaborar e reelaborar o texto, revisitando-o com freqüência, visando fazer as modificações necessárias com a intenção deliberada de:

a) conferir mais clareza ao texto;

b) aprimorar a seqüência lógica conferida às idéias desenvolvidas;

c) ampliar, aprofundar e / ou completar os exercícios de descrição, interpretação e análise;

d) aperfeiçoar a fundamentação e articulação dos argumentos;

e) avaliar a suficiência dos materiais coletados diante das exigências da fundamentação das idéias;

f) lapidar as idéias;

g) dar forma a raciocínios que levem a respostas, soluções, conclusões etc.

Para um iniciante, parece assustador, ao término do processo de coleta de materiais, colocar-se diante de capítulos de livros e artigos lidos e anotados, documentos com diferentes anotações, entrevistas transcritas, anotações de discussões em grupo realizadas, dados extraídos de questionários ou formulários aplicados etc., sem saber como e por onde começar.

● 7.1 O PROCESSO REDACIONAL DO RELATÓRIO FINAL DE PESQUISA

Ao iniciar a redação do relatório de pesquisa, o que é indispensável? Ter clareza dos objetivos justificadores da pesquisa, dispor dos resultados da pesquisa exploratória utilizados para conferir consistência ao projeto de pesquisa, e dispor de um plano de redação norteador das idéias que serão desenvolvidas, tanto em forma de um *sumário provisório* quanto em forma de uma espécie de *sumário expandido*. O que entender por *sumário provisório* e *sumário expandido*? Qual é a diferença existente entre os dois? Qual é a importância que exercem na etapa de redação do relatório final de pesquisa?

O *sumário provisório* traduz os títulos de capítulos e subcapítulos que serão desenvolvidos. Por que é importante que o referido sumário seja entendido como provisório? Porque espera-se que, ao aprofundar a compreensão acerca do que está investigando, o pesquisador possa construir um plano de redação mais adequado às exigências da pesquisa e do método adotado. Quantos capítulos e subcapítulos serão necessários? Não há regra geral para isso, então cabe sublinhar que a decisão sobre o número de capítulos e subcapítulos refletirá as necessidades impostas pela pesquisa e pelo percurso metodológico adotado — em geral, enquanto as abordagens quantitativas geram relatórios concisos e de estrutura mais padronizada, as abordagens qualitativas geram relatórios mais extensos e variados em sua estrutura, porque exploram materiais de fontes diversas e primam pelos exercícios de descrição e interpretação. Entretanto, diante da necessidade de a comunidade acadêmica universal compreender os conteúdos desenvolvidos nos textos acadêmicos e dialogar, observa-se que, com alguma variação, a estrutura dos comunicados acadêmicos — sejam eles em forma de artigo ou de relatório de pesquisa (monografia, dissertação ou tese) reúnem: a) a construção dos objetivos justificadores da investigação em curso; b) a definição justificada do percurso metodológico adotado; c) o quadro teórico de referência que servirá de suporte aos exercícios que envolvem descrição, interpretação e análise; d) a descrição, interpretação e análise do material coletado; e) a apresentação de resultados e possíveis recomendações.

Qual é a importância que o *índice provisório* exerce na etapa de redação do relatório final de pesquisa? Por que é difícil elaborá-lo? Curiosamente, o conteúdo das respostas da primeira pergunta pode ser entendido como as justificativas da segunda pergunta:

a)   A arquitetura impressa ao *índice provisório*[1] reflete a estrutura lógica do raciocínio presente nos conteúdos que serão aprofundados no desenvolvimento do relatório de pesquisa.

b)   A arquitetura impressa ao *índice provisório* expressa a evolução lógica das idéias que serão exploradas no desenvolvimento do relatório de pesquisa.

c)   O índice provisório configura o "esqueleto" ou a "espinha dorsal" ou ainda o "mapa da redação" do desenvolvimento do relatório de pesquisa.

A formulação prévia do *índice provisório* permite ao autor da pesquisa visualizar o todo em função dos problemas e das hipóteses formulados, e dos materiais coletados e tratados, além de imprimir ao texto uma seqüência lógica, um fio condutor capaz de atribuir sentido e articulação às diferentes seções (capítulos e subcapítulos) do texto do desenvolvimento. É pertinente ressaltar que essa estrutura redacional tende a situar os capítulos cujos conteúdos resgatam concepções introdutórias, de caráter mais contextual, histórico, conceptual e teórico no início

---

[1]   Para mais detalhes sobre essa questão consulte a obra de ECO, Umberto. *Como se faz uma tese*. São Paulo: Perspectiva, 1991, particularmente os Capítulos IV e V.

do texto, e os capítulos cujos conteúdos contemplam exercícios de descrição, interpretação e análise, os quais legitimarão os resultados a serem alcançados, no final. Nesse contexto, cabe enfatizar que desenhar a arquitetura do texto requer expressivo domínio acerca do que está sendo investigado e visão de conjunto da investigação — desafios importantes e reveladores do amadurecimento do pesquisador em relação ao que investiga. Isso equivale dizer que quanto mais dificuldades houver na elaboração do sumário provisório, quanto mais as idéias nele propostas estiverem vagas e ingênuas, mais fica evidenciado que o projeto de pesquisa apresenta fragilidades na argumentação da proposta e que o andamento da pesquisa está inadequado.

A próxima etapa será montar o índice sumarizado ou *sumário expandido* de cada capítulo do desenvolvimento. Isso implicará transformar o esquema que configura o *índice provisório* em texto linear, envolvendo alguns poucos parágrafos, em que o autor irá reconhecer e precisar os aspectos centrais, essenciais, determinantes de cada capítulo, orientando-se necessariamente pelo tema/problema/hipótese norteadores da pesquisa e pelo material de que deverá dispor para fundamentar cada capítulo do desenvolvimento do texto. Para isso, o pesquisador deverá reconhecer e apontar o objetivo fixado para cada capítulo, considerando o índice provisório formulado e o objetivo explicitado no momento em que foram pensados o tema da pesquisa, o problema investigado e as hipóteses verificadas. Para tanto, será válido questionar:

a) Se você considerar os objetivos fixados para a investigação — solução dos problemas e verificação das hipóteses —, todos os capítulos propostos no *índice provisório* são de fato necessários ou suficientes?

b) Quando considera o raciocínio que pretende construir, a seqüência dos capítulos é adequada?

c) Até que ponto você dispõe de materiais suficientes, confiáveis e tratados/processados de forma adequada para fundamentar satisfatoriamente descrições, interpretações e análises exigidas por cada capítulo previsto no *índice provisório*?

Na intenção de deixar mais claras as idéias relativas à elaboração e à importância do *índice sumarizado* e do *sumário expandido*, a seguir serão incluídos exemplos de como elaborar e fazer uso desse recurso redacional.

Exemplo combinado de índice provisório e sumário expandido

Para alcançar os objetivos fixados, o desenvolvimento do relatório final de pesquisa estará estruturado em cinco capítulos: o 1° será reservado à apresentação justificada do percurso metodológico que imprimiu sistematização ao processo investigatório; no 2° há preocupação em contextualizar a discussão, para tanto, investir-se-á na recuperação de aspectos históricos que confiram sentido aos conceitos-chave; no 3° dar-se-á ênfase à identificação e compreensão da influência exercida pelas agências multilaterais sobre o processo de internacionalização do sistema mundial de educação superior; no 4° haverá grande empenho em compreender a geopolítica do conhecimento no contexto contemporâneo, e no 5° procurar-se-á a identificação e compreensão dos impactos e das possibilidades abertas pelo processo de internacionalização, tanto entre os países do Norte quanto entre os países do Sul, particularmente para o Brasil.

Introdução

1 Percurso metodológico que viabilizou a pesquisa
    1.1 Abordagem metodológica privilegiada
    1.2 Método de pesquisa adotado
    1.3 Tipos de pesquisa explorados
    1.4 Tipos de técnicas de coletas explorados
    1.5 Tipos de técnicas de tratamento do material coletado

2 Contextualização: aspectos históricos e conceptuais
    2.1 Da política dos Estados à política das empresas
        2.1.1 A reestruturação do Estado e a redefinição de suas funções
        2.1.2 As políticas públicas no contexto do Estado gerencialista
        2.1.3 A política de educação superior no contexto do Estado gerencialista
    2.2 A internacionalização da educação superior: da cooperação bi e multilateral à competição
    2.3 As instituições de ensino superior no Brasil: gênese
        2.3.1 A institucionalização do ensino superior no Brasil
        2.3.2 A formação dos organismos nacionais de fomento à pesquisa (CNPq, CAPES, Fapesp etc.)
            2.3.2.1 A formação da elite cultural nacional (pesquisa básica)
            2.3.2.2 A formação dos quadros técnicos (pesquisa aplicada)
        2.3.3 Dos acordos de cooperação (bi e multilateral) estabelecidos entre o Brasil e demais países à globalização dos projetos de internacionalização

Com o desenvolvimento do Capítulo 3, os pesquisadores pretendem organizar os referenciais bibliográficos e documentais que ajudarão na fundamentação dos aspectos históricos capazes de imprimir sentido e direção à reflexão proposta. Dessa maneira, os conceitos-chave serão identificados e contextualizadamente definidos, facilitando a realização dos exercícios que evolverão descrição, interpretação e análise do material a ser explorado na fundamentação dos demais capítulos. Inicialmente, haverá preocupação de resgatar os princípios que explicam o aumento da influência das empresas na definição de políticas públicas (neoliberalismo) para, dessa forma, dispor de argumentos que permitam a compreensão da reestruturação do Estado e sua influência sobre o processo de internacionalização e, particularmente, de globalização do sistema de educação superior. De posse deste referencial será possível identificar e compreender quais são as fases e as motivações que caracterizam o processo de internacionalização da educação superior no Brasil e explicar porque que na última fase a cooperação acadêmica é preterida por uma lógica mercantil em que há multiplicidade de ofertas, de provedores e de mercado.

Neste capítulo aprofundar-se-á a seguinte problemática: em termos conceptuais, o que deve ser entendido por cooperação acadêmica, internacionalização da educação superior e mundialização (ou planetarização) dos sistemas de educação superior? No âmbito da educação, haveria alguma relação possível de ser estabelecida entre globalização e internacionalização? Em caso afirmativo, que relação seria esta? Até que ponto a internacionalização da educação superior ocorre no contexto do neoliberalismo, da reforma do Estado, e da emergência de organismos multilaterais com crescente capacidade de influir em realidades nacionais, tais como o Banco Mundial, o FMI, a OIT, a OCDE, a OMC, e a Unesco?

3 Agências multilaterais e a internacionalização da educação superior

3.1 As agências multilaterais diante da abertura dos mercados e da desregulamentação do setor educacional no âmbito mundial

3.1.1 O Banco Mundial

3.1.2 O Fundo Monetário Internacional (FMI)

3.1.3 A Organização Mundial do Comércio (OMC)

3.1.4 A Organização de Cooperação e de Desenvolvimento Econômico (OCDE)

3.1.5 A Organização Internacional do Trabalho (OIT)

3.1.6 Organização das Nações Unidas para a Educação, a Ciência e a Cultura (Unesco)

3.2 A política de educação superior brasileira no contexto das agências multilaterais

Com o desenvolvimento do Capítulo 4, os pesquisadores pretendem compreender o envolvimento das agências multilaterais no processo de internacionalização do sistema mundial de educação, uma vez que estas agem declaradamente como facilitadoras/apoiadoras, ou como críticas do processo e dos resultados alcançados. Embora a projeção do poder dessas agências seja variável, parece relevante entender quem as mantêm, orientadas por qual ideário, promovendo que conjunto de ações, a serviço de quais regiões do globo e com qual nível de êxito ou rejeição.

Neste capítulo aprofundar-se-á a seguinte problemática: visto que a informação (tanto em seu sentido *lato* — veiculada pelas mídias modernas — como em seu sentido *stricto* — informação que gera conhecimento sistematizado) tornou-se variável estratégica desse processo de internacionalização, qual é a estratégia adotada por seus principais produtores, em particular, as estratégias formuladas pelos organismos multilaterais — justamente aqueles que investem somas elevadas na produção de dados, informações e conhecimento específicos sobre o setor educacional?

4 A geopolítica do conhecimento

4.1 O conhecimento (C&T) como variável estratégica para países, regiões, organizações e profissionais

4.2 O custo crescente da educação de massa e a incapacidade de o Estado arcar com o crescente investimento em educação, C&T e a privatização da educação, da produção e da difusão do conhecimento

    4.2.1 Os interesses que nutrem as regiões exportadoras de serviços educacionais e importadoras de estudantes: Estados Unidos, Canadá, Inglaterra, França, Alemanha, Espanha, Austrália, Nova Zelândia e Japão

    4.2.2 As preocupações que afligem as regiões importadoras de serviços educacionais exportadoras de estudantes: América Central, América do Sul, África, Ásia e Oriente Médio

4.3 O Brasil no contexto da geopolítica do conhecimento

    4.3.1 O crescente investimento particular e pessoal em educação internacional

    4.3.2 O investimento público e institucional em educação internacional

    4.3.3 A utilização de instituições diplomáticas e comerciais estrangeiras para a drenagem de estudantes brasileiros

    4.3.4 O brain drain como reforço da centralidade das Instituições de Ensino Superior do Norte e as implicações para os países do Sul

No contexto da sociedade da informação (ou do conhecimento, para alguns autores), o valor atribuído à C&T é crescente e estratégico para a competitividade de países, regiões, organizações e profissionais. Os países que consolidaram sistemas de educação superior calcados na formação de quadros capazes de incrementar o desenvolvimento do país, da C&T e de ampliar a competitividade, têm condições de explorar as regiões que — por diferentes razões — não alcançaram esse nível de maturidade na produção e difusão do conhecimento. Manter a hegemonia dos pólos acadêmicos requer pesados e crescentes investimentos. O Estado muitas vezes não consegue responder a essa demanda, fato que facilita a privatização dos serviços educacionais (multiplicação de provedores), a diversificação dos serviços educacionais, a conquista de novos mercados etc. Por esse motivo, algumas nações (com o apoio de seus respectivos governos e de agências multilaterais) reivindicam o *status* de exportadoras de serviços educacionais e importadoras de estudantes e pesquisadores — ampliando receitas e se fortalecendo na geopolítica do conhecimento — e outras se enfraquecem como importadoras de serviços educacionais e exportadoras de estudantes e pesquisadores. Nessa configuração da geopolítica do conhecimento, os países do Norte realizam uma espécie de "colonialismo moderno" e os países do Sul revelam-se dependentes do que é produzido, publicado e ensinado nos renomados centros acadêmicos: EUA e Comunidade Européia. Até que ponto é possível assegurar que os movimentos em torno do processo de internacionalização da educação superior têm atingido os países desenvolvidos e em desenvolvimento da mesma forma e com a mesma intensidade? Caso esse processo ocorra de forma diferente, quais seriam as diferenças e semelhanças? Por que a internacionalização atinge esses blocos de forma distinta? Com que tipos de conseqüências? Quais são os atores implicados no discurso e nas ações que fortalecem a idéia de internacionalização da educação superior? Quais são as motivações (interesses) que justificam as narrativas expressas pelos diversos atores? Quais são os atores implicados no discurso e nas ações que enfraquecem a idéia de internacionalização da educação superior? Quais são as motivações que justificam as narrativas expressas pelos diversos atores? Considerando que o aparato legal existente em países desenvolvidos (Canadá, França, Alemanha, entre outros) assegura a educação como um direito ou como uma questão de segurança nacional (EUA), de que modo a internacionalização — nos moldes descritos teórica e empiricamente — pode ganhar consistência e ampliar os espaços de influência, em âmbito mundial?

5 Impactos e perspectivas do processo de internacionalização da educação superior para os países do Norte e do Sul

5.1 A leitura dos representantes das agências multilaterais

5.2 A leitura dos representantes do Governo

5.3 A leitura de representantes do sistema de educação superior mundial

5.4 A leitura de representantes da academia no âmbito mundial

5.5 A leitura dos consultores do setor educacional

Conhecer os impactos do processo de internacionalização realizado com o envolvimento dos provedores retratados e orientado pelas motivações apresentadas é indispensável para se identificar quem são os ganhadores e os perdedores desse processo.

Além disso, é importante conhecer as perspectivas dos países do Norte e do Sul e, particularmente, do Brasil. Identificar perspectivas equivale a colaborar com aqueles que formulam políticas, seja no âmbito das instituições de educação superior, seja no âmbito governamental.

Neste capítulo aprofundar-se-á a seguinte problemática: associando a idéia de internacionalização a processo, quais seriam os estágios capazes de caracterizá-lo? Em qual estágio desse processo estão os países desenvolvidos e em via de desenvolvimento, particularmente o Brasil? Quais são os desafios e as oportunidades que o processo de internacionalização pode suscitar para países exportadores e importadores de serviços educacionais? Esses desafios e oportunidades seriam diferentes para países desenvolvidos e em via de desenvolvimento? Em caso afirmativo, em quais termos essas diferenças podem ser explicadas? Tomando o caso brasileiro, de que modo a sociedade (particularmente professores e estudantes), o Governo, e as instituições de educação superior (públicas e privadas) serão atingidos pela internacionalização da educação superior? O que essas instâncias podem conquistar e comprometer ao serem submetidas à internacionalização da educação superior? Lembrando que a internacionalização gera a desnacionalização das infra-estruturas socioeconômicas dos países em desenvolvimento (GONÇALVES, 1999), quais são suas possíveis conseqüências para a construção de conhecimentos voltados verdadeiramente para a identificação e resolução dos problemas particulares das sociedades em desenvolvimento, como é o caso do Brasil? Considerando a existência de vasta bibliografia sobre teoria econômica (SANTOS, 1996) e geografia humana (SANTOS, 2001) cujo conteúdo identifica a internacionalização com o desprestígio dos conhecimentos e dos processos sociais localmente construídos, como garantir que essa internacionalização não provoque desorganização e enfraquecimento do atual sistema educacional brasileiro? Considerando que a pesquisa proposta objetiva construir conhecimento fundamentado acerca de questões que suscitam particular interesse para a sociedade — uma vez que a Educação pode ser reconhecida como uma questão de segurança nacional — para o Estado — ainda responsável pela definição de políticas públicas voltadas para a educação — e para as instituições de educação superior (sejam elas públicas ou privadas) que desejam manter (ou ampliar) o espaço conquistado nas regiões em que estão instaladas, caberia prospectar, sem a intenção de gerar prescrições simplificadas: de que maneira é possível se fortalecer com o advento da internacionalização da educação superior? Ou seja, o que a sociedade, o Estado e o sistema de educação superior podem ganhar ou perder com a internacionalização da educação superior? Haveria alguma maneira de administrar os impactos desfavoráveis e ampliar os impactos favoráveis?

Considerações finais e recomendações

Referências

Com a aprovação da proposta de *índice provisório* e *sumário expandido* pelo professor orientador, e com a evolução do processo investigatório que envolve coleta, registro, seleção e tratamento dos materiais de fonte primária e secundária, será possível realizar diversas leituras desse material com o propósito deliberado de identificar em qual capítulo e subcapítulo serão explorados para servirem de fundamentação aos exercícios de descrição, interpretação e análise. Esse procedimento ajudará na avaliação da suficiência quantitativa e qualitativa dos materiais reunidos e na eventual necessidade de redimensionar o processo de coleta de materiais, ampliando as fontes de consulta e / ou aprofundando tal coleta nas fontes já exploradas.

Destaca-se que a lapidação do sumário provisório desaguará no sumário do relatório final de pesquisa e que as idéias apontadas no sumário expandido abrirão cada capítulo do desenvolvimento de modo que, ao dialogar com o leitor, o autor do relatório explicite a proposta daquele capítulo em função do objetivo da pesquisa em curso e as principais bases de fundamentação exploradas. Na seqüência, haverá possibilidade de investir no desenvolvimento detalhado e fundamentado das idéias que evoluirá entre descrições, interpretações, análises, inferências e conclusões. Para tanto, exploram-se os recursos presentes em referenciais teóricos, empíricos; material qualitativo e quantitativo; primário e secundário; bibliográfico e documental; resultante de pesquisa de campo; quadros; tabelas; gráficos; fluxogramas; fotos; mapas; plantas etc. Isso implicará desenvolver exaustivamente os aspectos essenciais do plano de redação com o apoio do conteúdo das fichas de leituras; das fichas com as análises de conteúdo dos materiais documentais, dos diários de observação e dos conteúdos das entrevistas realizadas, além de dados oriundos de questionários e/ou formulários tabulados e outros.

A utilização desses procedimentos tende a aumentar as chances de o pesquisador-autor elaborar texto cujo conteúdo:

a) apresenta-se pouco repetitivo;

b) orienta-se pelo fio condutor que imprimirá evolução lógica aos conteúdos dos capítulos, dos subcapítulos e dos parágrafos;

c) alcança elevado nível de articulação entre as idéias desenvolvidas, os diferentes capítulos e subcapítulos;

d) tem credibilidade devido à competência de explorar os materiais coletados e tratados, no compromisso de justificar o percurso descritivo e analítico que fundamentou as conclusões alcançadas.

● 7.2 ESTRUTURA DE UM RELATÓRIO FINAL DE PESQUISA

No esforço de reunir o conjunto de elementos capazes de apresentar, de forma organizada e clara, os conteúdos anteriormente citados, na seqüência serão destacadas as seções que qualquer relatório final de pesquisa — seja ele uma monografia, uma dissertação ou uma tese — segundo a ABNT NBR 15287/2005 (p. 2-3) deve contemplar:

a) capa (obrigatório);

b) folha de rosto (obrigatório);

c) lista de ilustrações (opcional);

d) lista de tabelas (opcional);

e) lista de quadros (opcional);

f) lista de gráficos (opcional);

g) lista de abreviaturas e siglas (opcional);

h) sumário (obrigatório);

i) núcleo do relatório de pesquisa: introdução, desenvolvimento, conclusão;

j) referências (obrigatório);

k) glossário (opcional);

l) apêndice (opcional);

m) anexos (opcional);

n) índice (opcional).

Nas páginas seguintes, o leitor encontrará explicações relativas a cada uma das seções presentes nesse roteiro, seguidas de exemplos. O objetivo é esclarecer satisfatoriamente o conteúdo e a forma característicos de cada seção que constitui o relatório final de pesquisa.

□ 7.2.1 Dimensões de edição

Na apresentação gráfica do relatório final de pesquisa, o autor deve procurar respeitar um mesmo padrão do início ao fim do texto. Esse padrão varia de acordo com cada instituição, mas julgou-se necessário oferecer uma referência básica capaz de orientar os iniciantes nesse tipo de tarefa. Essa referência é baseada nas normas da Associação Brasileira de Normas Técnicas (ABNT).

7.2.1.1 Definição das fontes a serem utilizadas

Recomenda-se para digitação, a utilização de fonte tamanho 12 para todo o texto, excetuando-se as citações de mais de três linhas, notas de rodapé, paginação e legendas das ilustrações e das tabelas que devem ser digitadas em tamanho menor e uniforme.[2]

Exemplo de formatação em fonte Times New Roman

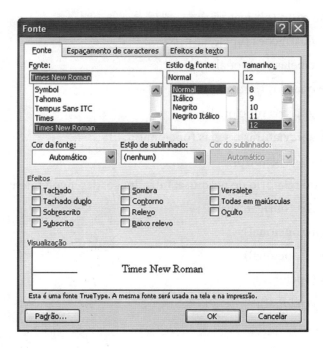

7.2.1.2 Organização das entrelinhas

Todo o texto deve ser digitado ou datilografado com espaço 1,5, excetuando-se as citações de mais de três linhas, notas de rodapé, referências, legendas das ilustrações e das tabelas, ficha catalográfica, natureza do trabalho, objetivo, nome da instituição a que é submetida e área de concentração, que devem ser digitados ou datilografados em espaço simples. As referências, ao final do trabalho, devem ser separadas entre si por dois espaços simples. Os títulos das seções devem começar na

---

[2] ASSOCIAÇÃO BRASILEIRA DE NORMAS TÉCNICAS. *NBR 14724*: informação e documentação: trabalhos acadêmicos: apresentação. Rio de Janeiro, 2005. p. 7.

parte superior da mancha e ser separados do texto que os sucede por dois espaços 1,5 de entrelinha. Da mesma forma, os títulos das subseções devem ser separados do texto que os precede e que os sucede pos dois espaços de 1,5.[3]

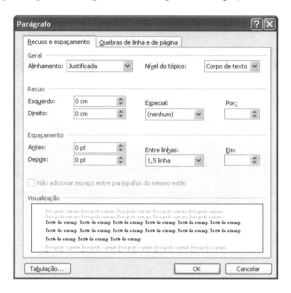

- 7.2.1.3 Precisões sobre o papel a ser impresso o relatório de pesquisa
Papel A4 na cor branca: (21cm x 29,7 cm)

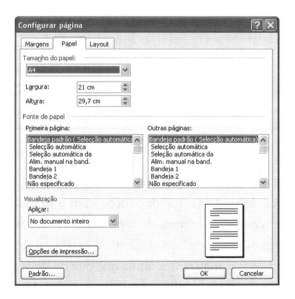

[3] *NBR 14724*, 2005, p. 8.

7.2.1.4 Estabelecimento de margens ao longo do texto

Margens superior e esquerda: 3 cm

Margens inferior e direita: 2 cm

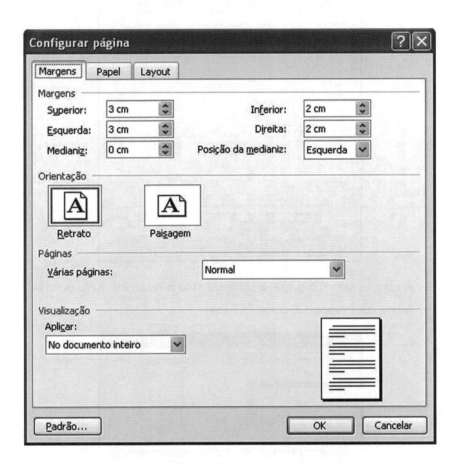

Em páginas que abrem partes e capítulos, a margem superior deve corresponder a 6 (seis) centímetros. Ressalta-se que de acordo com a orientação mecanográfica para as páginas que seguem a abertura de capítulo, o autor deve respeitar 2 (dois) centímetros nas margens inferior e lateral direita, e 3 (três) centímetros nas margens superior e lateral esquerda. Enfatizamos ainda que o texto deve ser impresso respeitando o espaço um e meio, a letra utilizada deve ser número 12.

Lembramos que, ao mudar de parágrafo, e ao incluir uma ilustração no corpo do texto, o autor deve sistematicamente dar três espaços simples.

• 7.2.1.5 Precisões sobre a margem que marca o início de parágrafos

Início de parágrafo:

0,7 cm ou um espaço de tabulação da margem esquerda.

• 7.2.1.6 Inclusão de numeração de páginas

Posição: margem superior.

Alinhamento: margem superior direita.

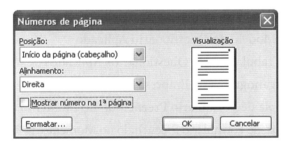

Ao programar a paginação do texto do relatório de pesquisa, deve-se considerar que seu início ocorre na seção correspondente à introdução. Contudo, cumpre lembrar que as páginas que abrem partes e capítulos, embora sejam consideradas na seqüência da contagem, não têm o número correspondente impresso. Nesses casos, o autor deve considerar a contagem sem imprimir o número correspondente às páginas no contexto das seguintes seções do texto:

a) folha de rosto;

b) dedicatória;

152 ■ MONOGRAFIA

c) agradecimentos;

d) epígrafe;

e) resumo e palavras-chave;

f) *abstract* e *key-words*;

g) lista de ilustrações;

h) lista de abreviaturas;

i) sumário;

j) 1ª página da introdução (*inicia o número de página impresso*);

k) todas as páginas que abrem capítulos do desenvolvimento;

l) todas as páginas totalmente ocupadas por ilustrações (quadros, tabelas e figuras).

Sugere-se que a numeração das páginas seja impressa na margem superior esquerda ou central da folha e jamais em sua margem inferior. Esse procedimento visa não tornar o texto confuso naquelas páginas que reúnam notas de rodapé.

Quanto à numeração das páginas dos Apêndices e dos Anexos, orienta-se que, caso ocorram diferentes apêndices e/ou anexos no relatório de pesquisa, cada um deve vir separado por uma folha, contendo um título capaz de indicar seu conteúdo e sua numeração equivalente.

Por exemplo:

Apêndice A — Entrevistas

Apêndice B — Modelo do Questionário Aplicado

Apêndice C — Tabulação dos Questionários Aplicados

Anexo A — Organograma da Empresa

Anexo B — Cópia de Formulário Preenchido no Momento da Contratação

Anexo C — Cópia de Formulário Preenchido no Momento da Rescisão de Contrato

▢ 7.2.2 Estruturação formal do texto do relatório final de pesquisa

● 7.2.2.1 Capa

Na parte superior da página, centralizado, em letra maiúscula e por extenso, discriminar o nome da instituição educacional a que o autor está vinculado. Na seqüência, respeitando um espaço simples para cada informação incluída, registrar o nome do instituto e/ou do departamento do curso, o nome do curso concluído e a natureza do trabalho apresentado.

Depois, no centro da página correspondente à capa, registrar o título atribuído ao texto (em letras maiúsculas) e o subtítulo (em letras minúsculas, exceto em caso de substantivo próprio), caso haja. Três linhas acima, centralizado, registrar o nome do autor do texto (em letras maiúsculas e minúsculas). Na penúltima linha da página, centralizado, registrar o local em que a instituição de origem do autor está situada e, na última linha, o ano correspondente ao término da pesquisa.

Exemplo de capa (obrigatório)

ESCOLA SUPERIOR DE PROPAGANDA E MARKETING
CURSO DE GRADUAÇÃO EM ADMINISTRAÇÃO
Programa de Trabalho de Conclusão de Curso
(Opcional)

MARCELO LOUREIRO GUIMARÃES ALCÂNTARA
(Nome do autor)

O IMPACTO DOS RESULTADOS DOS *RANKINGS* SOBRE OS PLANOS INTERNOS E EXTERNOS DAS ESCOLAS DE NEGÓCIOS AMERICANAS
Uma análise retrospectiva e prospectiva
(Título)
(Subtítulo, se houver)

SÃO PAULO *(local, cidade)*
2003 *(ano do depósito)*

Fonte: Exemplos dados em fonte *Times New Roman*
Estilo da Fonte: Negrito
Tamanho da Fonte: 12
Efeitos: Letras maiúsculas e minúsculas

● 7.2.2.2 Folha de rosto

Para a folha de rosto, deve-se seguir as mesmas orientações da capa para a composição da parte superior da página, do título e subtítulo. A sete centímetros da margem esquerda, em texto justificado, registrar o equivalente a: "Trabalho de Conclusão de Curso apresentado como requisito para a obtenção do título de Bacharel em Administração pela Escola Superior de Propaganda e Marketing". Abaixo, a sete centímetros da margem esquerda, inserir o nome completo do(a) Professor(a) Orientador(a) do Trabalho de Conclusão de Curso. Então, na penúltima linha da página, centralizado, informar o local em que a instituição de origem do autor está situada e, na última linha, o ano correspondente ao término da pesquisa.

Exemplo de folha de rosto (obrigatório)

ESCOLA SUPERIOR DE PROPAGANDA E MARKETING
CURSO DE GRADUAÇÃO EM ADMINISTRAÇÃO
Programa de Trabalho de Conclusão de Curso
(Opcional)

O IMPACTO DOS RESULTADOS DOS *RANKINGS* SOBRE
OS PLANOS INTERNOS E EXTERNOS DAS ESCOLAS DE
NEGÓCIOS AMERICANAS
Uma análise retrospectiva e prospectiva

A 7 cm da margem esquerda, texto justificado

Trabalho de conclusão de curso apresentado como requisito para a obtenção de título de Bacharel em Administração pela Escola Superior de Propaganda e Marketing.
Professora Orientadora: Manolita Correia Lima

SÃO PAULO
2007

● 7.2.2.3 Seções opcionais

Caso o autor queira incluir algumas das seções opcionais, deve reservar uma página para cada uma delas. Constam como seções opcionais epígrafe, dedicatória e agradecimentos.

◻ *7.2.2.3.1 A inclusão de epígrafes*

Não é raro os autores incluírem uma epígrafe elegantemente escrita por autores notáveis na área de conhecimento explorada, capaz de traduzir o espírito do conteúdo do texto que elaborou, na abertura de seus artigos, capítulos, monografias, dissertações, teses ou livros. Além de reproduzir essa expressão em itálico e entre aspas, deve indicar o nome completo de seu autor.

Exemplo de epígrafe (opcional)

□ *7.2.2.3.2   A inclusão de dedicatórias*

A elaboração e a inclusão de dedicatórias é mais freqüente em livros. Em casos de monografias, dissertações e teses, isso fica a critério do autor. Caso haja a decisão de incluir essa seção, é importante reservar uma página para dispor o referido conteúdo, obedecer a mecanografia estabelecida para o texto e primar por uma redação elegante.

Exemplo de dedicatória (opcional)

> Dedico este texto a Matheus, pela capacidade que tem de colorir nossas vidas.
> Dedico também a Maíra, por contribuir cotidianamente para que este pintor tenha saúde, alegria e inspiração para colorir nossas vidas.
> Dedico, igualmente, ao Vinícius, por todas as telas que já me ofereceu nesta vidinha que tem valido muito a pena.
> Dedico, ainda, ao Cláudio, por todas as telas que ainda desenharemos juntos.
> Dedico, por último, a João e Manuela, Pedro, Walkyria. João e Polianna, pela vida ter nos unido para sempre.

□ *7.2.2.3.3   A inclusão de agradecimentos*

Esta seção é opcional, porém lembramos que reconhecer o apoio, a compreensão e a contribuição dispensados por pessoas e instituições no curso das diferentes etapas presentes no processo investigatório é importante e pode representar muito em termos de atitude, dada a impossibilidade de realizarmos plenamente nossos projetos — sejam eles quais forem —, isoladamente.

Para tanto, é importante obedecer aos aspectos mecanográficos estabelecidos e procurar elaborar um texto cujo conteúdo não assuma o estilo coloquial para, dessa forma, manter a elegância da construção redacional, tão valorizada em documentos de cunho acadêmico.

Exemplo de agradecimentos (opcional)

AGRADECIMENTOS

Sabendo que um estudo desta envergadura é fruto da ação conjunta de muitas pessoas, que, de formas diferentes, mas igualmente importantes, contribuíram para atingir os resultados aqui apresentados, aproveitamos para agradecer ao professor Tancredo Maia Filho, diretor de Avaliação e Acesso ao Ensino Superior, pela forma generosa e profissional com que sempre nos recebeu, pela riqueza e ineditismo dos materiais cedidos para a fundamentação desta pesquisa.

Agradecemos, igualmente, ao professor Rui Otávio Bernardes de Andrade, ex-presidente da Comissão de Especialistas de Ensino Superior de Administração, ex-presidente da Associação Nacional de Graduação em Administração e do Conselho Federal de Administração, pelo incondicional apoio oferecido ao desenvolvimento desta pesquisa.

Agradecemos também a Mara Pereira da Cunha, bibliotecária exemplar, pela preciosidade das orientações gentilmente oferecidas, pela diversidade de materiais indicados e prontamente disponibilizados e pelo grande respeito e amizade que nos une.

Agradecemos ao professor Marcos Amatucci, diretor nacional dos cursos de graduação em Administração da Escola Superior de Propaganda e Marketing, que muito generosamente soube entender nossas dificuldades na fase final desta investigação e nos apoiar na sua conclusão. Registramos ainda nossos agradecimentos a toda diretoria da Escola Superior de Propaganda e Marketing, por incentivar os professores que se negam a abandonar o *status* de estudantes, mantendo apoio financeiro para que eles ampliem o acervo de sua biblioteca particular.

Nossos agradecimentos emocionados à professora Helena Coharik Chamlian, nossa professora orientadora e amiga, que, ao longo desses quatro anos, soube exercer seu papel de orientadora com sabedoria e afeto, torcendo pela superação das inúmeras dificuldades vividas, nos dando o apoio necessário e oportuno para que enfrentássemos os desafios intrínsecos ao processo investigatório.

E, finalmente, gostaríamos de agradecer ao professor José Nilson Machado, pelo exemplo de homem, de cidadão e de professor, pelos valores que preserva, pelos textos que escreve, pelas discussões e reflexões que inspira, pela forma humana e respeitosa com que nos recebeu na Faculdade de Educação, da Universidade de São Paulo.

● 7.2.2.4 Inclusão do resumo

O conteúdo do resumo corresponde à síntese da pesquisa concluída com o objetivo de oferecer ao leitor visão resumida do conjunto da obra. De acordo com a Norma Brasileira Registrada (NBR 6028/2003), da Associação Brasileira de Normas Técnicas (ABNT), ao elaborar o resumo, o autor do texto deve utilizar a terceira pessoa do singular e verbos conjugados na voz ativa. Além disso, a extensão do supracitado texto não deve exceder 500 caracteres — digitados em espaço simples e sem o uso de parágrafos.

O resumo deve respeitar a língua em que o texto foi escrito — se o texto foi escrito em língua portuguesa, este deve ser igualmente escrito em português. Não obstante, a ABNT prevê em dissertação a inclusão de uma versão do resumo em inglês *(abstract)* na folha que segue o resumo. Para tese utiliza-se o *abstract* e mais uma versão em outra língua estrangeira.

Considerando a dificuldade que muitos iniciantes têm de reconhecer o que é prioritário ao resumir um pouco mais de uma centena de páginas, sugere-se que o texto seja confeccionado com base em algumas idéias-chave:

a) a apresentação dos objetivos que justificaram a realização da pesquisa;

b) a apresentação dos recursos técnicos e metodológicos que viabilizaram a realização da pesquisa;

c) a descrição da estrutura do texto correspondente ao desenvolvimento;

d) a apresentação da síntese dos resultados (conclusões) alcançados em função dos objetivos e do percurso metodológico.

Alguns equívocos são freqüentemente cometidos pelos iniciantes que elaboram resumos de textos acadêmicos como:

a) a utilização de espaço duplo;

b) a divisão do texto em diferentes parágrafos;

c) dificuldades para resumir o conjunto da obra, ou seja, não reconhecer os elementos essenciais do texto e/ou elaborar resumos excessivamente sintéticos;

d) elaborar o texto em forma de itens ao resgatar os títulos e subtítulos de capítulos;

e) utilizar citações de obras consultadas;

f) não respeitar a terminologia adequada da área de conhecimento que o tema/problema investigados exploram.

Na parte superior da página: o último sobrenome do autor, em letras maiúsculas e, em seguida, separado por vírgula, o nome e os demais sobrenomes. Na seqüência: título do TU, em itálico, seguido do subtítulo, caso haja. Em seguida: local, instituição de origem do autor, ano. Finalmente, discriminar o número de páginas. Tudo isso deve ser impresso em espaço simples.

Resumo: "Elemento obrigatório, constituído de uma seqüência de frases concisas e objetivas e não de uma simples enumeração de tópicos, não ultrapassando 500 palavras, seguido logo abaixo, das palavras representativas do conteúdo do trabalho, isto é, palavras-chave e/ou descritores, conforme a ABNT 6028." (ABNT 14724, 2005, p. 5).

Palavras-chave iniciadas em letras maiúsculas, separadas por vírgulas.

SOBRENOME, Nome e demais sobrenomes. *Título do TCC* e subtítulo. Local: instituição de educação superior, ano, número total de páginas.

Resumo:

xxxxxxxxxxxxxxxxxxxxxxxxxxxxxxxxxxxxxxxxxxxxxxxxxxxxxxxxxxxxxx
xxxxxxxxxxxxxxxxxxxxxxxxxxxxxxxxxxxxxxxxxxxxxxxxxxxxxxxxxxxxxx
xxxxxxxxxxxxxxxxxxxxxxxxxxxxxxxxxxxxxxxxxxxxxxxxxxxxxxxxxxxxxx
xxxxxxxxxxxxxxxxxxxxxxxxxxxxxxxxxxxxxxxxxxxxxxxxxxxxxxxxxxxxxx
xxxxxxxxxxxxxxxxxxxxxxxxxxxxxxxxxxxxxxxxxxxxxxxxxxxxxxxxxxxxxx
xxxxxxxxxxxxxxxxxxxxxxxxxxxxxxxxxxxxxxxxxxxxxxxxxxxxxxxxxxxxxx
xxxxxxxxxxxxxxxxxxxxxxxxxxxxxxxxxxxxxxxxxxxxxxxxxxxxxxxxxxxxxx
xxxxxxxxxxxxxxxxxxxxxxxxxxxxxxxxxxxxxxxxxxxxxxxxxxxxxxxxxxxxxx
xxxxxxxxxxxxxxxxxxxxxxxxxxxxxxxxxxxxxxxxxxxxxxxxxxxxxxxxxxxxxx
xxxxxxxxxxxxxxxxxxxxxxxxxxxxxxxxxxxxxxxxxxxxxxxxxxxxxxxxxxxxxx
xxxxxxxxxxxxxxxxxxxxxxxxxxxxxxxxxxxxxxxxxxxxxxxxxxxxxxxxxxxxxx
xxxxxxxxxxxxxxxxxxxxxxxxxxxxxxxxxxxxxxxxxxxxxxxxxxxxxx.

Palavras-chave: Administração, Marketing, Psicologia do Consumidor.

Exemplo de resumo (obrigatório)

ALCÂNTARA, Marcelo Loureiro Guimarães. *O impacto dos resultados dos rankings sobre os planos internos e externos das escolas de negócios americanas: uma análise retrospectiva e prospectiva*. São Paulo: ESPM, 2001. 192 p.

O conteúdo deste relatório apresenta os resultados alcançados com a realização de pesquisa cujo tema versou sobre a natureza dos impactos provocados pelos resultados dos *rankings* dos programas de MBA, considerando, para isso, as esferas internas — reitores, diretores e corpo docente — e externas — potenciais consumidores desses programas. Depois de reconstituir a evolução histórica da educação em negócios nos Estados Unidos e formular uma retrospectiva histórica dos cursos de MBA americanos, foram analisados dois periódicos de expressiva importância nos meios acadêmicos e corporativos. Nessa ocasião, a análise dos referidos impactos foi precedida do exame cuidadoso de seu alcance, dos recursos metodológicos explorados na elaboração dos *rankings* e dos resultados alcançados. A fundamentação das descrições e das análises derivou da realização de pesquisas bibliográficas e documentais. A análise crítica dos *rankings* sugere que seus resultados exercem uma espécie de círculo vicioso: as melhores escolas tendem a se perpetuar nas primeiras colocações na medida em que sua imagem positiva é sistematicamente fortalecida pelos resultados dos *rankings*, o que multiplica o número de pessoas interessadas em cursar os programas oferecidos. Isso, por sua vez, contribui para o uso de maior rigor no processo seletivo dos candidatos e para a crescente valorização dos diplomas expedidos. Finalmente, as discussões travadas no texto desenham o panorama atual da educação em negócios nos Estados Unidos e aponta para a tendência de atualização permanente das escolas e dos cursos como forma de melhor responder às exigências do mercado corporativo, das expectativas dos ingressos e dos critérios adotados pelos *rankings* realizados.

Palavras-chave: Educação em Administração, Escolas de Negócios, MBA, *Rankings*.

7.2.2.5 A inclusão de lista de ilustrações

A lista de ilustrações só deve ser incluída no relatório final de pesquisa se envolver um número superior a cinco, podendo assumir a forma de quadros, tabelas e figuras. Ao incluir essa seção, o autor deve nomear distintamente o que é quadro, tabela e figura, indicando o número da ilustração (obedecendo a seqüência em que ela aparece no texto correspondente ao desenvolvimento), o título, e, por último, a página em que está no corpo do relatório final de pesquisa. As ilustrações devem ser impressas no centro da página.

Os quadros devem ser utilizados para reunir informações qualitativas. Em seu aspecto gráfico, devem ser inteiramente fechados nas bordas. Já as tabelas são utilizadas para reunir dados numéricos e informações quantitativas; no aspecto gráfico, devem ser abertas nas laterais. Recomenda-se a elaboração de lista própria para cada tipo de ilustração.

Finalmente, as figuras — fotografias, desenhos, mapas, diagramas, fluxogramas, organogramas, gráficos etc. — não devem ser enquadradas. Elas devem ocupar, no mínimo, um terço da página e, no máximo, meia página.

Exemplo de lista de figuras (opcional)

LISTA DE FIGURAS

Figura 1 — Quadro de referência de Desempenho por Subfaixa – 1999	15
Figura 2 — Quadro de referência de Desempenho por Subfaixa – 2000	17
Figura 3 — Relação Candidato/Vaga por Subfaixa, ENC 1996-1999	20
Figura 4 — Medida de Desempenho dos Cursos 4A	22
Figura 5 — Distribuição de Médias Institucionais em 1999....................	23
Figura 6 — Número de Graduandos Participantes do ENC de 1996 a 1999 ...	27
Figura 7 — Quantidade Anual de Cursos A e de Cursos com As Sucessivos..	13
Figura 8 — Cursos e Graduandos com Conceito A..................................	20
Figura 9 — Participação dos Grandes Cursos no total de Graduandos 4A	31
Figura 10 — Candidatos por Vagas nos Cursos 4A.................................	46

● 7.2.2.6 A inclusão de lista de abreviaturas utilizadas (quando for o caso)

Caso o tema explorado pela pesquisa envolva o uso de expressivo número de abreviaturas no corpo do relatório final de pesquisa, visando maior compreensão dos conteúdos do texto, cabe ao autor incluir sumário discriminando, por extenso, cada uma delas. O uso desse recurso tornou-se freqüente em textos oriundos de temas voltados para as áreas de comércio exterior e tecnologia da informação.

● 7.2.2.7 Elaboração do sumário

O **sumário** em um relatório de pesquisa configura, necessariamente, texto concebido em forma de esquema. O seu conteúdo reúne os títulos atribuídos a todas as seções, a todos os capítulos e subcapítulos existentes no texto e as respectivas páginas nas quais se iniciam. Tem por objetivo reunir informações que, no seu conjunto, sejam capazes de orientar o leitor sobre a seqüência lógica que marca a evolução das diferentes partes, capítulos e subcapítulos do desenvolvimento do relatório de pesquisa. Nesse caso, introdução, desenvolvimento, conclusão, apêndices, anexos, referências, entre outros, seriam exemplos dessas seções.

O **desenvolvimento** é uma das seções que integram o núcleo do relatório de pesquisa. Entretanto, jamais se pode atribuir-lhe *status* de título. Assim, é preciso formular títulos para os capítulos e para os subcapítulos, com a preocupação de que o seu sentido traduza e esclareça a essência dos conteúdos neles explorados.

O sumário é o "esqueleto", a "espinha dorsal" dos conteúdos reunidos no relatório de pesquisa. Indica, com termos ou frases curtas, mas esclarecedoras, a essência de cada bloco do conteúdo. Portanto, no sumário, em geral, transparece a evolução lógica dos conteúdos presentes no texto.

Ao conceber o sumário do relatório de pesquisa, o autor deve enumerar cada parte. Para isso, deve utilizar algarismos arábicos, tanto para enumerar os capítulos quanto os subcapítulos, e a página em que cada uma das partes inicia. Para a contagem de todas as páginas do relatório de pesquisa, considerar que a primeira página da introdução corresponde à página de número um.

QUADRO **8.1** Precisões sobre o desenvolvimento do relatório de pesquisa

D E S E N V O L V I M E N T O	● Dividir os conteúdos do desenvolvimento no número de capítulos e subcapítulos que julgar necessário para descrever, interpretar, analisar e concluir de maneira argumentativa o que foi proposto. ● Enumerar capítulos e subcapítulos com números arábicos. Não seria correto, ao formular o sumário, combinar números e letras ou números romanos com arábicos. ● Respeitar espaços que, uma vez padronizados, facilitem o reconhecimento do que é seção, capítulo e subcapítulo. ● Trabalhar com fontes de diferentes tamanhos, visando facilitar o reconhecimento do que é seção, capítulo e subcapítulo. Assim, sugere-se fonte 14 para títulos, 12 para subcapítulos e texto e, fonte 10 para notas de rodapé e citações.

Exemplo de sumário (obrigatório)

SUMÁRIO

Introdução		1
1	**Apresentação justificada da metodologia de pesquisa**	13
2	**Descrição dos dados coletados**	16
	2.1 Dados relativos à empresa	17
	2.1.1 Origem	28
	2.1.2 Tamanho	30
	2.1.3 Setor	32
	2.2 Dados pessoais do candidato	33
	1.2.1 Gênero	34
	1.2.2 Idade	36
	1.2.3 Personalidade	38
	2.3 Formação profissional do candidato	40
	1.3.1 Graduação	41
	1.3.2 Pós-graduação	43
	1.3.3 Cursos extracurriculares	45
	2.4 Experiência profissional do candidato	47
3. Interpretação e análise dos dados tabulados		49
Conclusão		56
Referências		60
Anexos		
	ANEXO A — Classificados do jornal *Folha de S.Paulo*	61
	ANEXO B — Classificados do jornal *O Estado de S. Paulo*	62
	ANEXO C — Classificados do jornal *Gazeta Mercantil*	63
	ANEXO D — Classificados da revista *Veja*	64

● 7.2.2.8 Corpo do texto

O relatório final de pesquisa deve necessariamente incluir a seção correspondente à introdução, ao desenvolvimento (capítulos e subcapítulos numerados) e à conclusão. Enfatiza-se que cada parte e cada capítulo devem ser iniciados em uma nova página.

● 7.2.2.9 Inclusão de anexos e apêndices

Os textos correspondentes a anexos — material cuja responsabilidade é exclusivamente de terceiros — e apêndices — de responsabilidade exclusiva do(s) pesquisador(es) — não respeitam, obrigatoriamente, ao padrão mecanográfico da introdução, do desenvolvimento e da conclusão do relatório final da pesquisa. Além disso, tais textos são incluídos após a conclusão e as referências.

● 7.2.2.10 Elaboração de erratas

O autor do relatório de pesquisa deve prever o tempo necessário para realizar todas as revisões de conteúdo e de forma que forem necessárias para evitar a permanência de erros nos textos. Se possível, é interessante que outra pessoa leia o material na versão final, uma vez que, freqüentemente, há substancial perda de senso crítico por parte do autor. Isso faz com que haja o comprometimento de identificação de erros banais, tais como de digitação, ortografia, concordância verbal, contradições no plano da argumentação, entre outros. Mesmo investindo nessa direção, é possível que o texto, ao ser encadernado e depositado, guarde erros imperdoáveis de troca de letras, palavras, datas, cifras etc. Nesse caso, é desejável a elaboração de uma errata cuja folha será incluída no trabalho, ou seja, uma lista de erros, acompanhada das correções correspondentes, obtendo a indicação sistemática das folhas e das linhas em que aparecem.

Considerando que na elaboração da errata o autor deve limitar o número de correções (máximo dez) e o número de linhas contínuas que podem ser alteradas (no máximo cinco) e que, com as recorrentes consultas haverá forte probabilidade de a folha avulsa com a errata ser extraviada, recomendar-se-ia:

- a elaboração da errata, sua impressão e distribuição entre os avaliadores que formam a banca examinadora do TCC;
- em caso de aprovação no Exame em Banca, fazer as alterações diretamente no trabalho, imprimir e encadernar versão atualizada e substituir pelo exemplar depositado.

Exemplo de errata

ERRATA

Folha	Linha/Ilustração	Onde se lê	Leia-se
11	9	universal	Universidade
21	Nota de rodapé n. 51	1985	1965
73	37	Guilhermo III	Guilherme III
111	9	"a maioria respondeu afirmativamente a questão que visava conhecer a qualidade do serviço pós-venda"...	"78% dos entrevistados (228) responderam afirmativamente a questão que visava conhecer a qualidade do serviço pós-venda"...
214	Figura 17 — na legenda	Instituições de Ensino Superior (IES)	Instituições de Educação Superior (IES)
249	Referências — linha 31	WONACOTT, Thomas H.	WONNACOTT, Thomas H.

REFERÊNCIAS E ELABORAÇÃO DO RELATÓRIO FINAL DE PESQUISA

8

"A ousadia do fazer é que abre
o campo do possível."
Pedro B. Garcia

Os conteúdos dos textos de natureza acadêmica só têm validade quando o autor consegue fundamentar descrições, interpretações, análises, inferências, conclusões etc. Para tanto, ele irá, necessariamente, apoiar-se em materiais coletados, tratados e explorados de forma sistematizada, com o uso de técnicas pertinentes às pesquisas bibliográficas, de campo, documental e de laboratório. Porém, a indicação sistemática das fontes de consulta representa procedimento rigorosamente normalizado por regras, que no Brasil são estabelecidas pela Associação Brasileira de Normas Técnicas (ABNT). Este capítulo pretende familiarizar o pesquisador com essas normas. Considerando o detalhamento que a questão pode exigir e a complexidade que o tema pode representar para iniciantes que ainda não incorporaram estes procedimentos, explicações serão seguidas de exemplos.

● 8.1 REFERÊNCIAS

A organização das fontes bibliográficas é indispensável em uma pesquisa de caráter acadêmico. A atualidade e a pertinência do material bibliográfico explorado, e conseqüentemente referenciado, figura como um indício da credibilidade e do aprofundamento do raciocínio que norteou descrições, interpretações, análises, reflexões, inferências, conclusões etc. elaboradas e presentes no corpo do relatório de pesquisa. São os referenciais conceptuais e teóricos obtidos com a consulta desse material que permitem ao pesquisador construir as bases do quadro teórico de referência que irá suportar os exercícios de descrição, interpretação e análise das questões suscitadas como problemas e o exame das hipóteses formuladas.

MONOGRAFIA

A **referência bibliográfica,** segundo a ABNT, "é a composição dos elementos que identificam documentos consultados na elaboração de uma pesquisa."[1]. Devem respeitar, rigorosamente, as normas técnicas previstas. Para tanto, deve-se estar atento às seguintes determinações:

- as obras de natureza bibliográfica, utilizadas para fundamentar as descrições, interpretações e as análises presentes no desenvolvimento do texto, devem estar no final do relatório de pesquisa;

- referenciar *apenas e somente obras* que foram utilizadas para fundamentar argumentos na interpretação e análise da problemática definida. Conseqüentemente, *não devem ser incluídas* referências que não serviram de suporte à argumentação elaborada pelo pesquisador;

- devem ser organizadas de forma a reunir, inicialmente, os livros consultados e, posteriormente, os periódicos e documentos. Documento, nesse contexto, é entendido como material avulso que não foi submetido a processo de divulgação editorial;

- as obras devem ser ordenadas obedecendo ao critério de ordem alfabética por autor;

- as obras jamais devem ser enumeradas;

- lembrar que nas referências de livros o destaque está no título da obra (este deverá vir em negrito, ou em itálico, ou em grifo), e o subtítulo não deve ter destaque enquanto, nas referências de periódicos, o destaque está no nome do periódico (este deverá vir em negrito, ou em itálico, ou em grifo) e não no título do artigo;

- o ano de publicação deve vir imediatamente após a identificação da editora responsável pela publicação da obra, para permitir a localização das citações e/ou indicações da obra feitas ao longo do texto;

- em caso de existir mais de uma obra de autoria de um mesmo autor, deve-se referenciar primeiro os livros e depois os artigos;

- os livros e artigos de um mesmo autor devem ser classificados por ordem alfabética do título da obra;

- os livros e artigos em co-autoria devem ser colocados após os livros e artigos individuais;

---

[1] ASSOCIAÇÃO BRASILEIRA DE NORMAS TÉCNICAS. *NBR 6023*: informação e documentação: referências: elaboração. Rio de Janeiro, 2002. p. 1.

REFERÊNCIAS E ELABORAÇÃO DO RELATÓRIO FINAL DE PESQUISA ■ 169

- as referências devem ser alinhadas à esquerda e sem o recuo da segunda linha em diante sob a quarta letra de entrada. Para a apresentação das referências, devem ser seguidas as normas da ABNT NBR 6023;[2]
- a regra básica para referência de livro prevê: a indicação do(s) autor(es); título da obra + subtítulo (se houver); número de edição (a partir da segunda); local de edição; editora e ano de publicação.

8.1.1 Referência de livros

Ao referenciar livros, procede-se desta forma:

SOBRENOME, Nome. *Título do livro em destaque* (itálico, negrito ou grifo, com a primeira letra da primeira palavra em letra maiúscula): subtítulo do livro sem destaque (separado do título por dois pontos, em letra minúscula — exceto em caso de substantivo próprio). Tradução de (nome do tradutor em caso de obra traduzida). Número da edição. Local de edição: Editora, data da publicação. (Série ou Coleção — entre parênteses).

SILVA, André Luiz C. *Governança corporativa e sucesso empresarial.* São Paulo: Saraiva, 2006.
WERNKE, Rodney. *Análise de custos e preços de venda*: ênfase em aplicações e casos nacionais. São Paulo: Saraiva, 2005.
YIN, Robert K. *Estudos de caso*: planejamento e métodos. Tradução de Daniel Grassi. 3. ed. Porto Alegre: Bookman, 2005.
SEITEINFUS, Ricardo (Coord.). *Alca:* riscos e oportunidades. São Paulo: Manole, 2003 (Série Entender o Mundo).

Quando a obra consultada tiver dois ou três autores, indicam-se os nomes na ordem em que aparecem na publicação, de modo que o *sobrenome* de um autor anteceda o nome e esteja separado por ponto-e-vírgula em relação ao sobrenome e nome de outro autor, seguido de espaço.

---

[2] O site da ABNT é <http://www.abnt.org.br>.

Quando a obra consultada tiver *mais* de três autores, referencia-se o primeiro, seguido da expressão latina *et al.*

> CASTANHO, Sérgio et al. *Temas e textos em metodologia do ensino superior.* 3. ed. Campinas: Papirus, 2004.
> GOBE, Antônio Carlos et al. *Gerência de produtos.* São Paulo: Saraiva, 2004.
> RUAS, R. et al. *Os novos horizontes da gestão:* aprendizagem organizacional e competências. Porto Alegre: Bookman, 2005.

Em obras em que haja a indicação explícita da responsabilidade pelo conjunto da obra, em coletâneas de vários autores, coloca-se o nome do responsável, seguido da abreviação, no singular, do tipo de participação (organizador, coordenador etc.) entre parênteses.

> ASHLEY, Patrícia A. (Coord.). *Ética e responsabilidade social nos negócios.* 2. ed. São Paulo: Saraiva, 2005.
> MELO, José M.; SATHLER, Luciano (Org.). *Direitos à comunicação na sociedade da informação.* São Bernardo do Campo: Unesp, 2005.

Não é possível traduzir nome e sobrenome de autores estrangeiros, exceto nomes aportuguesados pela tradição literária ou científica.

> MARX, Karl e não MARX, Carlos.
> SARTRE, Jean-Paul e não SARTRE, João Paulo.
> Entretanto, utiliza-se MAQUIAVEL, Nicolau e não MAQUAVELI, Niccoló.

O número de edição só deve ser mencionado da segunda edição em diante. Quando a edição for revisada, e/ou ampliada, e/ou atualizada, mencionar (rev. e ampl.; rev. e atual.).

BARROSO, Luís Roberto (Org.). *Controle da constitucionalidade no direito brasileiro*: exposição sistemática da doutrina e análise crítica da jurisprudência. 2. ed. rev. e atual. São Paulo: Saraiva, 2006.

MOURA, Luiz Antônio A. de. *Qualidade e gestão ambiental*. 4. ed. rev. e ampl. São Paulo: Juarez de Oliveira, 2004.

PEREIRA, José Matias. *Finanças públicas*: a política orçamentária no Brasil. 3. ed. rev. e atual. São Paulo: Atlas, 2006.

Para obras que citam partes de livros como capítulos, fragmentos e volumes, o título da parte deve ser sem destaque, sendo o título da obra ou do documento com destaque conforme se utiliza em referência de livro, precedido da palavra *In* e dois pontos.

BELLUZZO, Luiz G. M. As transformações da economia capitalista no pós-guerra e a origem dos desequilíbrios globais. In: CARNEIRO, Ricardo (Org.). *A supremacia dos mercados*. São Paulo: Unesp, 2006.

LOPES, Ivã Carlos. Extensidade, intensidade e valorações em alguns poemas de Antônio Cícero. In: LOPES, Ivã Carlos; HERNANDES, Nilton (Org.). *Semiótica*: objetos e práticas. São Paulo: Contexto, 2005.

Caso não conste(m) no artigo consultado o(s) nome(s) do(s) autor(es), inicia-se a referência pelo seu título, de modo que a primeira palavra, com exclusão dos artigos definido e indefinido, sejam escritos com letras maiúsculas. O termo *anônimo* não deve ser usado para substituir o nome do autor desconhecido.

CHINA decide crescer menos e bolsas sofrem novo abalo. *O Estado de S. Paulo*, São Paulo, p. A7, 6 mar. 2007.
PEQUENAS e médias geram mais de US$ 1 bi à gigante alemã SAP. *Gazeta Mercantil*, São Paulo, p. 13-14, mar. 2007.
QUATRO anos de desventura. *Folha de S.Paulo*, São Paulo, p. A2, 21 mar. 2007.

Quando uma entidade coletiva assume total responsabilidade sobre um trabalho produzido e publicado, ela é reconhecida como autor desse trabalho.

BANCO CENTRAL DO BRASIL. *Relatório anual.* Brasília: 2005.
SOCIEDADE BRASILEIRA PARA O PROGRESSO DA CIÊNCIA. *Cadernos SBPC*, São Paulo, n. 20, 2006.

◻ 8.1.2 Referência de monografias, dissertações ou teses

Ao referenciar monografias, dissertações ou teses consultadas, procede-se da seguinte forma:

SOBRENOME, Nome do autor. *Título em destaque* (negrito, itálico ou grifo): subtítulo sem destaque. Ano de depósito. Número de folhas. Tese, Dissertação, Monografia (Grau e área — entre parênteses) — Unidade de ensino e nome da instituição onde foi desenvolvida (por extenso). Local da defesa.

BORBA, Paulo da R. F. *Relação entre desempenho social corporativo e desempenho financeiro de empresas no Brasil.* 2005. 135 f. Dissertação (Mestrado em Economia) — Faculdade de Economia, Administração e Contabilidade, Universidade de São Paulo, São Paulo.
SANTOS NETTO, João Paulo dos. *Institucionalização da gestão do conhecimento nas empresas*: estudos de casos múltiplos. 2005. 256 f. Tese (Doutorado em Administração) — Faculdade de Economia, Administração e Contabilidade, Universidade de São Paulo, São Paulo.
SCHERRER, Victor M. *Branding*: ferramenta para a reconfiguração da comunicação e publicidade. 2004. 42 f. Monografia (Graduação em Marketing) — Universidade Federal do Espírito Santo, Vitória.

□ 8.1.3 Referência de publicações periódicas

● 8.1.3.1 Artigos de periódicos

A regra básica para a referência de artigos de periódicos prevê a indicação do(s) autor(es) do texto. Título do artigo e subtítulo (quando houver). Nome do periódico (em destaque). Local de publicação. Data completa de publicação, numeração correspondente ao volume e/ou ano, fascículo ou número, paginação inicial e final do artigo ou matéria e data de publicação. Assim, os artigos publicados em periódicos devem figurar na bibliografia da seguinte forma:

SOBRENOME, Nome. Título e subtítulo do artigo (com apenas a primeira letra do título em maiúscula sem destaque). *Nome do periódico* (em destaque), Local da publicação, volume, número, páginas, ano de publicação.

Já os artigos publicados em revistas devem estar dispostos nas referências como se segue:

SOBRENOME, Nome do autor. Título e subtítulo do artigo sem destaque (com apenas a primeira letra do título em maiúscula). *Nome da revista em destaque*, local de publicação, volume, fascículo ou número, página inicial e final do artigo ou matéria, data completa de publicação.

BRANDÃO, Gildo M. Linhagens do pensamento político brasileiro. *Dados*, Rio de Janeiro, v. 48, n. 2, p. 231-269, 2005.

KINZO, Maria D'Alva. Os partidos no eleitorado: percepções públicas e laços partidários no Brasil. *Revista Brasileira de Ciências Sociais*, São Paulo, v. 20, n. 57, p. 65-81, fev. 2005.

LIMONGI-FRANÇA, Ana Cristina; OLIVEIRA, Patrícia M. de. Avaliação da gestão de programas de qualidade de vida no trabalho. *Revista de Administração de Empresas*, São Paulo, v. 4, n. 1, p. 21, jan./jun. 2005.

PRADO, Edmir P. V.; TAKAOKA, Hiroo. A terceirização da tecnologia de informação e o perfil das organizações. *Revista de Administração da USP*, São Paulo, v. 41, n. 3, p. 245-256, jul./set. 2006.

● 8.1.3.2 Artigos de jornais

Para artigos de jornais, a regra básica prevê esta indicação:

SOBRENOME, Nome do autor. Título do artigo e subtítulo sem destaque. *Título do jornal em destaque*, local de publicação, data completa de publicação. Número ou título do caderno, seção ou suplemento, página do artigo.

Quando não ocorrer a especificação do caderno, o número da página deve ser colocado antes da data e entre vírgulas.

CÔRREA, Villas-Bôas. Ambigüidades do candidato-viajante. *Jornal do Brasil*, Rio de Janeiro, p. A2, 7 jul. 2006.
GUERREIRO, Carmen. A propaganda e os compromissos empresariais. *Gazeta Mercantil*, São Paulo, 20 mar. 2007, Caderno A, p. 20.
SANTOS, Álvaro R. dos. Enchentes urbanas: é possível evitá-las. *Folha de S.Paulo*, São Paulo, p. A3, 19 mar. 2007.
SOUZA, Rose Mary de. Jabuticaba está em plena safra. *O Estado de S. Paulo*, 8 nov. 2006, Caderno Agrícola, p. 5.

8.1.4 Referência de eventos científicos

Para referenciar textos publicados em eventos científicos, como congressos, seminários, simpósios, reuniões e outros, procede-se da seguinte maneira:

SOBRENOME, Nome do autor. Título e subtítulo do artigo consultado sem destaque. Uso da preposição latina In: Nome do evento em letras maiúsculas, numeração do evento (se houver), ano, local de realização, *Título do documento em destaque* (anais, atas, tópicos temáticos). Local: editora, data de publicação. Página inicial e final.

FRANCISCO, Antônio Carlos; SANTOS, Neri dos; KOVALESKI, João Luiz. Aquisição de competência no estágio curricular: fatores críticos de sucesso. In: ENCONTRO NACIONAL DE ENGENHARIA DE PRODUÇÃO, 24., 2004, Florianópolis, *Anais...* Florianópolis: Abepro, 2004. p. 5451-5458.
VIEIRA, Bruno F. Processo legislativo na Câmara Legislativa do Distrito Feeral. In: REUNIÃO DA SOCIEDADE BRASILEIRA PARA O PROGRESSO DA CIÊNCIA, 57., 2005, Fortaleza, *Anais Eletrônicos da 57° Reunião da SBPC*. Fortaleza: SBPC, 2005.

8.1.5 Referência de materiais coletados por meio da internet

A estrutura geral para a indicação de artigos pesquisados na internet é composta de:

SOBRENOME, Nome. *Título em destaque*. Fonte (se for publicado). Disponível em: <endereço eletrônico>. Acesso em: dia mês (abreviado) ano.

> CANDELORO, Raúl. *Coerência, transparência e ética*. Disponível em: <http://www.widebiz.com.br/gente/raul/coerencia.html>. Acesso em: 15 mar. 2007.
> CORTEZ, José Henrique. *O discurso da responsabilidade social*. Disponível em: <http//www.estadao.com.br/artigodoleitor/htm>. Acesso em: 15 mar. 2007.

8.1.5.1 Livros

SOBRENOME, Nome do autor do livro. *Título da obra em destaque*. Edição. Local: Editora, ano. Disponível em: <endereço eletrônico>. Acesso em: diamês (abreviado) ano.

> TUPINIQUIM, Armando Corra; FREITAS, Sebastião Nelson. *Marketing básico e descomplicado*. São Paulo: STS, 1999. Disponível em: <http://www.uol.com.br/livromarketing/index.htm>. Acesso em: 20 fev. 2007.

8.1.5.2 Periódicos

SOBRENOME, Nome do autor do artigo. Título do artigo sem destaque. *Título do periódico em destaque*. Local de publicação, volume, número, mês abreviado ano. Disponível em: <nome da rede>. Acesso em: dia mês (abreviado) ano.

> KELLER, Evelyn Fox. Qual foi o impacto do feminismo na ciência? *Cadernos Pagu*, Campinas, n. 27, jul./dez. 2006. Disponível em: < http://www.scielo.br/cpa>. Acesso em: 12 mar. 2007.
> LIMONGI, Fernando; FIGUEIREDO, Argelina. Processo orçamentário e comportamento legislativo: emendas individuais, apoio ao Executivo e programa de governo. *Dados*, Rio de Janeiro, v. 48, n. 4, out./dez. 2006. Disponível em: <http://www.scielo.br/dados>. Acesso em: 13 fev. 2007.
> SORJ, Bernardo. Internet, espaço público e marketing político. *Revista Novos Estudos*, n. 76, nov. 2006. Disponível em: <http://novosestudos.uol.com.br>. Acesso em: 18 mar. 2007.

176 ■ MONOGRAFIA

■ 8.2 INDICAÇÃO SISTEMÁTICA DAS FONTES DE CONSULTA

As referências das fontes bibliográficas dos textos consultados para fundamentar as descrições, as discussões e as análises presentes no desenvolvimento do relatório de pesquisa devem figurar ao longo de todo o texto, e não em notas de rodapé. Para isso, é necessário constar apenas o último sobrenome do autor, com apenas a primeira letra maiúscula, e o ano de publicação entre parênteses. Porém, em caso de citação direta, o autor do relatório de pesquisa deve incluir, igualmente, o número da página, volume, tomo ou seção correspondente à citação retirada da obra consultada. Se a referência estiver no final da citação, o sobrenome do autor fica em letras maiúsculas e entre parênteses, assim como o ano de publicação e o número da página.

Exemplo 1:

Discutindo pesquisa qualitativa, Demo (2000, p. 146, grifo do autor, inclusão nossa) resgata a etimologia do termo. Para o autor,

> *qualitas*, do latim, significa essência. Designaria a parte mais relevante e central das coisas, o que ainda é vago, pois essência não se vê, se toca, sem falar que, para ciência positivista, não se mensura. Mesmo assim [prossegue DEMO], qualidade sinalizaria horizontes substanciais, mesmo que pouco manejáveis metodologicamente.

Exemplo 2:

Tratando da idéia de projeto, Machado (1997, p. 63) esclarece que "a palavra *projeto* costuma ser associada tanto ao trabalho do arquiteto ou do engenheiro quanto aos trabalhos dos acadêmicos ou aos planos de ação educacional, política e econômica".

Exemplo 3:

"É somente neste encontro histórico, em que experiências diferentes se defrontam, que é possível a compreensão e interpretação dos textos." (FURLAN, 1998, p. 133).

• Caso ocorra coincidência de autores com o mesmo sobrenome e data, acrescentam-se as iniciais de seu prenome e, se mesmo assim permanecer a coincidência, colocam-se os prenomes por extenso.

Exemplos:

(PEDROSO, E., 1964)
(PEDROSO, B., 1964)
(PEDROSO, Francisco, 1976)
(PEDROSO, Fernando, 1976)

8.3 UTILIZAÇÃO E LOCALIZAÇÃO DE NOTAS DE RODAPÉ

As **notas de rodapé** devem ser numeradas seqüencialmente em algarismos arábicos, sendo o indicativo numérico separado do texto por um espaço. O seu número também deve figurar no texto escrito na mancha gráfica, indicando o que deve ser explicado. Além disso, as notas precisam ser organizadas no espaço dedicado ao rodapé da mesma página ou, ainda, nas margens esquerda ou direita da mancha gráfica e redigidas em fonte menor que a do texto. O conteúdo deve ser alinhado à esquerda, e a segunda linha da mesma nota vem abaixo da primeira letra da primeira palavra, começando e terminando na página em que ela foi inserida.

No texto:

Zilles fez uma síntese da evolução dos conceitos de fenômeno em filosofia, na qual mostra haver pelo menos dois sentidos marcantes: o primeiro, mais amplo, significaria tudo o que aparece, se manifesta ou se revela e está conectado a tudo o que existe exteriormente, ou seja, os fenômenos físicos[1].

Na nota:

[1]   Zilles (1994) estabelece, igualmente, a distinção que Husserl faz entre as dimensões transcendentais e transcendente. Enquanto o primeiro é fruto da consciência, o último é empregado em relação ao mundo exterior.

8.4 INCLUSÃO DE CITAÇÕES

No processo redacional da monografia ou de qualquer relatório de pesquisa, com os resultados das pesquisas bibliográficas, de campo e documental, o autor pode explorar os materiais localizados, coletados, tratados e selecionados, de diferentes maneiras. Transcrever algumas partes relevantes do texto consultado que possam apoiar, ilustrar, reforçar, fortalecer e oferecer credibilidade à análise da problemática investigada é uma delas. Esse procedimento é denominado **citação**[3].

8.4.1 Como formular citações?

A inclusão de citações deve, necessariamente, respeitar a forma pela qual o texto está disposto na obra consultada. Assim, a parte do texto compilada deve ser reproduzida de

---

[3]   ECO, 1991, p. 128.

forma literal quanto à redação, à ortografia e à pontuação do texto original. Quando a parte do texto correspondente à citação já tem termos e/ou expressões entre aspas, para não confundir o leitor essas aspas são transformadas em aspas simples (' ').

Exemplo:

Este raciocínio leva Schwartzman (s.d., p. 24) a reconhecer a existência de programas de avaliação como o fator determinante do desenvolvimento do "mercado de qualidade" no setor educacional. Entretanto, enfatiza que "não bastam essas sinalizações externas, que caracterizam a possibilidade de os diversos participantes 'do mercado' escolherem as instituições que preferem para estudar, trabalhar ou financiar".

Quando o autor sentir necessidade de suprimir termos, expressões ou orações do texto consultado, deve utilizar no exato local da supressão reticências entre colchetes [...].

Exemplo:

Em texto publicado em 1998, a professora Eunice Durham argumenta que as crises estruturais e conjunturais vivenciadas pelas universidades brasileiras só serão enfrentadas se os

> órgãos financiadores, públicos e privados, exercerem maior pressão no sentido de uma racionalização dos gastos e de uma avaliação muito mais estrita na relação custo/benefício [...]. Uma das implicações desta política é a urgência de modernização do sistema gerencial das universidades, pois, dada a complexidade crescente de suas atividades e o vulto dos recursos que maneja, é impossível que sejam administradas com eficiência sem o uso de técnicas e instrumentos próprios das grandes organizações (DURHAM, 1998, p. 14).

Se, ao contrário, o autor necessitar incluir termos, expressões ou orações visando completar uma idéia, esclarecer, traduzir, explicar, exemplificar, pode introduzir esses elementos somados ao conteúdo da citação desde que dentro de colchetes [ ].

Exemplo:

A prática avaliatória das organizações atreladas ao setor formado por serviços não-exclusivos é assumida como um instrumento de gestão em que se busca

> assegurar o cumprimento dos objetivos [fixados], a partir de uma sistemática de aconselhamento e avaliação permanente dos resultados [...] a partir da construção de um sistema de indicadores que permitam aferir [com segurança] o desempenho organizacional tanto na perspectiva interna quanto na dos usuários dos serviços, viabilizando dessa forma o controle social (MARE, 1995, p. 69-70).

Caso o texto correspondente à citação compilada apresente algum tipo de erro (gráfico, ortográfico ou de argumento), logo após a transcrição do trecho em questão o texto deve vir acompanhado da expressão *sic* entre parênteses (*sic*).

Exemplo:

Em texto, no mínimo provocativo, o professor Cláudio de Moura Castro (1996, p. 10, supressão nossa), ao discutir a questão da qualidade no contexto da educação superior no país, entende que os estudantes das instituições privadas têm mais condições de avaliar a qualidade do que lhes é oferecido ao afirmar que eles "controlam [...] a qualidade, com a mesma competência que a dona de casa verifica se o verdureiro não lhe está vendendo xuxús (sic) murchos".

Não é raro que, ao inserir citações no texto, o autor do relatório de pesquisa se depare com expressões destacadas pelo autor da obra consultada que estejam em negrito, em itálico ou sublinhadas. Nesses casos, deve incluir na referência da fonte bibliográfica a expressão *grifo do autor*. Sendo a ênfase dada pelo pesquisador, é preciso colocar a expressão *grifo meu* ou *grifo nosso*.

Exemplo:

Para Demo "a dialética refere-se à **historicidade** da sociedade e da natureza. Representa a visão da flecha do tempo na linguagem dos físicos." (DEMO, 2000, p. 109, grifo do autor).

Para Demo "a dialética refere-se à historicidade da sociedade e da natureza. Representa a visão '**da flecha do tempo**' na linguagem dos físicos." (DEMO, 2000, p. 109, grifo nosso).

No texto da monografia ou do relatório de pesquisa, as citações, obrigatoriamente, devem remeter à fonte do material explorado, seja este resultante da realização de pesquisas bibliográficas, de campo ou documental.

Exemplo 1:

O conteúdo do Artigo 3, do Decreto n. 2.026, determina que "os indicadores de desempenho global, referenciados no Inciso I do Artigo 1, serão levantados pela Secretaria de Avaliação e Informação Educacional (SEDIAE)".

Exemplo 2:

Na perspectiva do ex-ministro Luiz Carlos Bresser Pereira (1999, p. 24), "os recursos econômicos e políticos são por definição escassos, mas é possível superar parcialmente essa limitação com seu uso eficiente pelo Estado".

Exemplo 3:

Questionada sobre sua saída do Conselho Nacional de Educação, a professora Eunice Durham afirma sua discordância com o Ministro da Educação: "eu não concordei com a restrição de poderes do Conselho, que tem sido um órgão moralizador do sistema" (Entrevista concedida ao jornal *Folha de S.Paulo*, de 23 de julho de 2001).

As citações de trechos de obras publicadas em língua estrangeira devem ser traduzidas para a língua portuguesa. Entretanto, deve-se lembrar que é cada vez mais

REFERÊNCIAS E ELABORAÇÃO DO RELATÓRIO FINAL DE PESQUISA   181

freqüente o mercado editorial publicar textos em que os autores respeitam a língua original das obras de onde foram retiradas as citações.

Exemplo 1:

Em uma pesquisa que teve por objetivo fundamentar uma análise comparativa entre as universidades francesas e alemãs, Friedberg e Musselin (1989, p. 190) não reconhecem a superioridade de uma sobre a outra na medida em que asseguram não ser possível "concluir que o fato de o funcionamento mais regulamentado e organizado das universidades alemãs seja mais desejável uma vez que, segundo o ponto de vista que queremos adotar, ele pode também parecer mais pesado, mais rígido e, por que não, mais conservador." (tradução nossa.)

Exemplo 2:

Em uma pesquisa que teve por objetivo fundamentar comparativamente as universidades francesas e alemãs, Friedberg e Musselin (1989, p. 190) não reconhecem a superioridade de uma sobre a outra na medida em que asseguram não ser possível *"conclure que le fonctionnement plus régulé et organisé des universités allemandes soit plus souhaitable, car selon le point de vue que l'on veut bien adopter, il peut aussi paraître plus lourd, plus rigide et pourquoi pas, plus conservateur".*

A indicação da fonte do material citado pode vir no próprio texto, ou no rodapé da página, ou no final de cada capítulo. Com exceção do primeiro caso (notas no próprio texto), muda-se apenas o local em que haverá a impressão dos dados, mas a forma e o conteúdo das referências são os mesmos. Além disso, indica-se o número da citação e, no local escolhido (rodapé da página ou final do capítulo), repete-se o número e registra-se a referência completa quando ela aparece pela primeira vez, *obrigatoriamente indicando a página em que está o texto citado.*

Exemplo:

MACHADO, José Nilson. *Educação:* seis propostas para o próximo milênio. Estudos Avançados, out. 1998. p. 25 (Documentos, 16).

182 █ MONOGRAFIA

Caso o autor-pesquisador opte por notas de rodapé ou por notas reunidas após o final de cada capítulo, a numeração deve ser consecutiva para todo o capítulo (ou parte) e *jamais* repetir o mesmo número, independentemente de tratar de um documento já indicado anteriormente.

A indicação da fonte do material bibliográfico explorado pode ser organizada pelo sistema *autor/data*. Sugerimos a utilização dessa modalidade por ser a mais operacional, na medida em que aproveita a referência bibliográfica para proceder a indicação da fonte, dispensando as notas, sejam estas de rodapé ou final de capítulo. Por convenção, nesse tipo de citação, o leitor sabe que o autor do relatório de pesquisa informa o último sobrenome do autor da obra citada, seu ano de publicação e o número da página em que o texto foi compilado.

Exemplo 1:

Entre a identidade social virtual (as demandas formuladas a respeito da pessoa) e a real (as categorias e os atributos que de fato lhe pertencem), opera-se um processo de distanciamento. "Desacreditado" e "desacreditável" através do estigma, o indivíduo torna-se ao mesmo tempo um ser inferiorizado e obrigado a fingir (GOFFMAN, 1974, p. 91).

Exemplo 2:

Segundo Demo (1993, p. 35), o professor que formula, organiza, revisa e atualiza os conteúdos a serem socializados é insubstituível, ao passo que o "professor" que apenas ensina é rapidamente substituível pelos mecanismos eletrônicos, que são mais eficientes na reprodução.

Embora raro, é possível que um autor publique mais de um texto no mesmo ano e esses textos venham a ser utilizados pelo autor do relatório de pesquisa. Nesse caso, após o ano de publicação são adicionadas *letras*. Estas informam a ordem cronológica em que as obras se encontram na bibliografia. É importante salientar que, para efetuar essa modalidade de citação, o ano de publicação das obras indicadas nas referências bibliográficas devem vir, necessariamente, após a indicação do nome.

Exemplos:

(GOFFMAN, 1974a, p. 75)
(GOFFMAN, 1974b, p. 89)
(GOFFMAN, 1974c, p. 122)

Se não optar pelo sistema Autor/Data, e sim, notas de rodapé e precisar indicar uma obra em uma mesma seqüência, não é necessário repetir todos os dados da referência. É possível indicar a expressão latina *Ibid.* ou *Ibidem* e a página da qual o conteúdo foi extraído para obras com o mesmo autor e documento, mas páginas diferentes. *Idem* ou *Id.* será a nomenclatura utilizada para obras com o mesmo autor, mas documento e páginas diferentes. Ressalta-se apenas que essas expressões somente são utilizadas em notas de rodapé localizadas **na mesma página** e não no corpo do texto.

Exemplos:

SAHLINS, Marshall. *História e cultura*: apologias a Tucídides. Rio de Janeiro: Zahar, 2006. p. 31.

Ibid., p. 34.

GITMAN, Lawrence J. *Princípios de administração financeira*. 10. ed. São Paulo: Addison Wesley Brasil, 2004. p. 230.

Id., *Principles of managerial finance*. 11. ed. Massachusetts: Addison Wesley, 2005, p. 118.

OU

Ibid., p. 118 (caso a obra já tenha sido mencionada por completo).

Se a obra não estiver na mesma seqüência, pode-se utilizar a expressão *op. cit.* (cujo significado é obra citada). É importante ressaltar que essa expressão somente deve ser utilizada quando as notas estiverem **na mesma página.**

Exemplos:

BREALEY, Richard A. *Investimentos de capital e avaliação*. Porto Alegre: Bookman, 2006. p. 25.

PASCHOARELLI, Rafael. *A regra do jogo*. São Paulo: Saraiva, 2007. p. 55.

BREALEY, op. cit., p. 34.

HIGGINS, Philip J. *Analysis for financial management*. New York: McGraw-Hill Professional, 2007. p. 83.

BREALEY, op. cit., p. 18.

Quando as citações envolverem até três linhas, devem ser incluídas no corpo do texto, impressas entre aspas. Antes ou depois da inclusão da citação, o autor deve registrar a referência da obra consultada.

Exemplo:

Parece elucidativo quando Kettl (1999, p. 89) explica que, ao serem criados incentivos à eficiência, devem ser igualmente criados os mecanismos de avaliação compatíveis visando conhecer: O que será feito e como? O autor prescreve que tais avaliações devem ocorrer em dois planos diferentes e complementares: "no da produção, para poder modelar o comportamento dos administradores e gestores; e no dos resultados para que possam ser elaboradas políticas [públicas] consistentes". Conseqüentemente, a resposta às questões antes formuladas depende da fixação de critérios de avaliação e da adoção de programas de avaliação, que permitam aferir resultados capazes de orientar a formulação e o controle das políticas públicas.

As citações que excederem três linhas devem ser destacadas com um recuo de quatro centímetros da margem esquerda, com fonte menor que a do texto utilizado e sem aspas.

Exemplo:

Referindo-se à política universitária alemã, Theodor Berchem retrata uma realidade conhecida pela maioria dos países ocidentais, quando o assunto é educação superior. De acordo com sua perspectiva,

... como nunca anteriormente, as universidades, ao longo das últimas décadas, tiveram que justificar sua rentabilidade e demonstrar como sua atividade, aliás dispendiosa, pode se converter em moeda sonante. Parece [finaliza o autor] que as estatísticas do mercado de trabalho e o número de diplomas expedidos tornaram-se o critério determinante, às vezes único, para medir o êxito de uma política universitária (BERCHEM, 1991, p. 81).

Ao explorar os documentos bibliográficos consultados, é fortemente recomendável o autor utilizar as citações extraídas da obra original. No entanto, quando o

REFERÊNCIAS E ELABORAÇÃO DO RELATÓRIO FINAL DE PESQUISA ▪ 185

acesso a esse material não for possível, pode-se recorrer à citação de citação. Nesse caso, no texto deve ser indicado o sobrenome do autor do documento original seguido das expressões tais como *apud*, ou *citado* por, ou *segundo*, ou *conforme*, e o último sobrenome do autor da obra consultada, fazendo-se desta última a referência bibliográfica completa.

Exemplo 1:

No texto:

Descartes, citado por Salomon (1996, p. 257), adverte que "os que procuram dar preceitos devem julgar-se mais hábeis do que aqueles a quem os dão; e se falham na menor cousa, são por isso passíveis de censura".

Na bibliografia:

SALOMON, Délcio Vieira. *Como fazer uma monografia*. 4. ed. São Paulo: Martins Fontes, 1996.

Exemplo 2:

Como lembra o filósofo Carlos Nelson Coutinho na sua análise sobre os dilemas brasileiros:

Os movimentos neste sentido, ocorridos no século passado e no início deste século, foram sempre agitações superficiais, sem nenhum caráter verdadeiramente nacional e popular. Aqui, a burguesia se ligou às antigas classes dominantes, operou no interior da economia retrógrada e fragmentada. Quando as transformações políticas se tornaram necessárias, elas eram feitas "pelo alto" através de conciliações e concessões mútuas, sem que o povo participasse das decisões e impusesse organicamente a sua vontade coletiva. Em suma, o capitalismo brasileiro, ao invés de promover uma transformação social revolucionária — o que implicaria, pelo menos momentaneamente, a criação de um "grande mundo" democrático — contribuiu, em muitos casos, para acentuar o isolamento e a solidão, a restrição dos homens ao pequeno mundo de uma mesquinha vida privada (COUTINHO apud BORGES, 1999, p. 60-61).

8.4.2 Utilização de locuções e de palavras em língua estrangeira

Ao elaborar o texto, é preciso considerar que as locuções e as palavras em latim, assim como as de outra língua estrangeira, devem ser impressas em itálico.

Exemplo 1:

Discutindo aspectos pertinentes ao método qualitativo, Demo (2001, p. 146) se preocupa, inicialmente, em resgatar a etimologia do termo. De acordo com o autor, *qualitas*, do latim, significa essência. Designaria a parte mais relevante e central das coisas.

Exemplo 2:

Peter Evans (1995) denominou as burocracias dos Estados desenvolvimentistas de *embedded autonomy* para expressar a idéia de que, embora desfrutem de expressiva autonomia, encontram-se plenamente inseridas na sociedade.

8.5 INDICAÇÕES SOBRE NOTAS EXPLICATIVAS

Em um relatório de pesquisa, as notas explicativas devem vir no rodapé, devidamente enumeradas, lembrando que, a cada capítulo, a numeração reinicia.

O conteúdo das notas explicativas pode variar em função de necessidades específicas do texto. A seguir, reunimos algumas situações em que sua utilização se justificaria.

- As notas podem ter a função de explicar um conceito.

Exemplo:

Paradigma reflete um modelo teórico da realidade social que propõe uma explicação ou uma classificação se apoiando em postulados (PARSONS, 1972).

- As notas podem ilustrar o texto com exemplo.

Exemplo:

No texto:

Ao refletir sobre o impacto da globalização sobre a Universidade é possível perceber que as taxas de desemprego não diminuem com a formação superior. Se forem levados em consideração alguns países europeus é possível perceber, "por exemplo, que 60% dos jovens diplomados franceses não conseguem encontrar um trabalho seis meses depois de terem obtido seu diploma e 30% continuam desempregados depois de um ano de formados. [...]. Em 1998, na França ainda, 11.000 estudantes concluíram o doutorado. Desses, 6.750 continuavam desempregados após um ano"[1].

No rodapé:

[1] DIAS SOBRINHO, José. *Avaliação da educação superior*. Petrópolis: Vozes, 2000. p. 21.

- As notas podem reunir referências de fontes bibliográficas suplementares para permitir, caso o leitor tenha interesse, eventual aprofundamento da questão tratada.

Exemplo:

Ao construir-se o objeto desta investigação, o corte estabelecido não prevê o aprofundamento de questões ligadas ao processo de reforma do Estado na direção de uma administração pública de caráter gerencial. Entretanto, caso haja interesse em aprofundar esse aspecto da questão, vale a pena consultar Pereira; Przeworski; Kettl; Glade; Spink; Abrucio (1999).

- As notas podem, igualmente, remeter às fontes de materiais primários utilizados, e só você, na qualidade de autor-pesquisador, tem responsabilidade e controle sobre eles.

> *Exemplo:*
>
> O conteúdo do material analisado origina-se de dinâmica de grupo realizada durante a XIV Reunião da ANGRAD, ocorrida na cidade do Rio de Janeiro. Nessa ocasião, foi possível reunir os coordenadores dos programas de graduação de cinco instituições de educação superior de origem pública e cinco instituições particulares.

- As notas podem explicar melhor uma idéia sem ter, necessariamente, que interromper a dinâmica do texto.

> *Exemplo:*
>
> O conceito de *Homo Economicus*, utilizado por Fayol na formulação dos postulados da Escola Clássica, fortaleceu a idéia de que o comportamento do homem organizacional é previsível, transferindo para a administração a visão mecanicista de homem.

- As notas podem indicar fontes adicionais de dados primários e/ou secundários sobre algum aspecto importante mencionado no texto, mas secundário no contexto do raciocínio em construção.

> *Exemplo:*
>
> [2] Sobre a questão do uso da linguagem nas organizações, consulte J. Girin (1982).

- As notas podem remeter o leitor a elementos internos do texto, facilitando a leitura na medida em que interligam pontos e evitam repetições desnecessárias.

> *Exemplo:*
>
> Veja o aprofundamento desta questão no Capítulo 2, Métodos científicos. In: MÁTTAR NETO, João Augusto. *Metodologia científica na era da informática.* São Paulo: Saraiva, 2002. p. 32-77.

◉ Por último, as notas são cada vez menos utilizadas para indicar as referências bibliográficas das obras consultadas e exploradas na argumentação do texto. É cada vez mais freqüente referenciar as obras consultadas no próprio corpo do texto no sistema Autor/Data.

> *Exemplo:*
>
> Discutindo aspectos ligados à ampliação da eficiência na administração pública, Kettl (1999, p. 105) enfatiza que "uma reforma [do Estado] genuína deve procurar sempre o equilíbrio entre os novos mecanismos geradores de eficiência, sem jamais perder de vista as eternas questões relativas à res-pública".

● 8.6 A ELABORAÇÃO DO RELATÓRIO FINAL DE PESQUISA

Para alguns autores, o processo investigatório se encerra com a publicação do relatório final de pesquisa, pois a legitimação desse processo e dos resultados alcançados com a realização da pesquisa só será alcançada com o acesso dos pares à leitura do relatório final da pesquisa — em forma de relatório, artigo, capítulo de livro, livro etc. Então, cabe destacar que a redação do relatório de pesquisa é uma tentativa de comunicação a ser estabelecida entre o pesquisador-autor — e o(s) leitor(es). No âmbito dos trabalhos acadêmicos, quem são os leitores com potencial de se interessar pelo texto? Os acadêmicos! Logo, ao escrever o texto, os códigos acadêmicos devem ser conhecidos e respeitados em termos de linguagem (prevalecerá o estilo formal na redação do texto e a terminologia da área deve ser respeitada), conteúdos privilegiados (definição de objetivos, metodologia e referencial teórico; descrição, interpretação e análise dos materiais, resultados e recomendações) e forma de apresentação do texto.

Então, ao elaborar o relatório final de pesquisa — monografia ou trabalho de conclusão de curso —, o autor precisa considerar que esse documento envolve a existência de diferentes seções, que devem reunir conteúdos capazes de expressar os objetivos que nortearam a investigação (o que foi feito?), os fundamentos teóricos e empíricos que justificaram a realização da pesquisa na direção traçada (por que foi feito?), quais os recursos técnicos e metodológicos que viabilizaram a realização da pesquisa (como foi feito?), quais as contribuições que a pesquisa foi capaz de agregar (quais os resultados alcançados?), qual o teor das discussões que imprimiram fundamentação às conclusões alcançadas.

8.6.1 Elementos básicos sobre o núcleo do texto

Os conteúdos do relatório final de pesquisa são organizados em diferentes seções. O que é chamado de núcleo reúne três seções: a introdução, o desenvolvimento e a conclusão. Na seqüência, os conteúdos que caracterizam cada uma delas serão apresentados e explicados.

8.6.1.1 Elementos básicos da introdução

Em um relatório final de pesquisa, a função da **introdução** reside em informar ao leitor sobre os objetivos perseguidos pela pesquisa realizada, sua importância para a área de conhecimento e para o pesquisador, de acordo com os seguintes aspectos: como a investigação foi realizada e por que; a metodologia de pesquisa explorada e como os conteúdos foram distribuídos no desenvolvimento do texto. Assim, os conteúdos mínimos que uma introdução deve contemplar são:

- Definição contextualizada do tema, problemas e hipótese privilegiados (uma vez que correspondem a elementos norteadores do processo investigatório), seguida de precisão acerca da importância das contribuições da pesquisa realizada, tanto no plano institucional/acadêmico quanto no plano pessoal/ profissional.

- Apresentação dos recursos técnicos, conceptuais, teóricos e metodológicos que viabilizaram a realização da investigação, em sua plenitude. Nesse caso, é particularmente importante situar o leitor sobre os recursos metodológicos utilizados no processo de coleta de materiais, sejam esses originários de pesquisas bibliográficas, documentais, de campo ou de laboratório (tendo em vista que em um relatório de pesquisa esse conteúdo tende a ser aprofundado em capítulo específico; na introdução ele será apenas informado).

- Indicação do referencial teórico utilizado para interpretar e analisar o material coletado e tratado (tendo em vista que em um relatório de pesquisa esse conteúdo tende a ser aprofundado em capítulo específico cujo título será algo próximo a Quadro Teórico de Referência ou Discussão Bibliográfica, ou ainda Revisão Crítica da Literatura; na introdução ele será apenas informado).

- Descrição sumária da forma pela qual o texto correspondente ao desenvolvimento está estruturado (capítulos e subcapítulos) e suas respectivas bases de fundamentação.

- Inclusão do relato das principais dificuldades vividas durante o processo de planejamento e de execução da pesquisa para, dessa forma, reconhecer e justificar eventuais falhas encontradas no relatório de pesquisa (estas devem estar descritas no texto). Essa atitude de autocrítica demonstra a maturidade do autor, desde que não se tente justificar o injustificável.

● 8.6.1.2 Elementos básicos sobre o desenvolvimento

Em um relatório de pesquisa, a função do **desenvolvimento** é reunir os materiais identificados, coletados, tratados ou processados e selecionados para que, uma vez descritos, interpretados e analisados com o respaldo dos referenciais conceptuais e teóricos, possa permitir ao autor alcançar o estágio conclusivo da pesquisa. Logo, seu conteúdo assume três etapas interdependentes e, não raro, simultâneas:

- apresentar/descrever dados e informações localizados, coletados, tratados e selecionados;

- classificar/interpretar/relacionar/analisar os dados e informações apresentados/descritos com o suporte conceptual e teórico do quadro teórico de referência formulado;

- formular sucessivas conclusões (o conjunto dessas conclusões será ordenado na conclusão), ilustrando com casos, citações, figuras (quadros, tabelas, gráficos, fotos, desenhos, fluxogramas).

É importante considerar que as afirmações contidas no desenvolvimento não devem se encerrar em opiniões — *eu acho, eu penso, eu acredito, eu pressuponho, algo me diz que*. Devem ter o respaldo dos materiais coletados, sejam esses primários (resultantes de pesquisas de campo e/ou documental realizadas) ou secundários (resultante de pesquisa bibliográfica), desde que devidamente indicadas as fontes e os referenciais teóricos que, em seu conjunto, dão forma e conteúdo ao quadro teórico.

O desenvolvimento é uma seção do relatório de pesquisa, mas não assume jamais a forma de título, como são os casos da introdução e da conclusão. Os conteúdos correspondentes ao desenvolvimento devem ser organizados em capítulos e subcapítulos, como ilustra o exemplo impresso no sumário (Capítulo 8). Ressalta-se que, embora algumas instituições de educação superior definam um número mínimo e máximo de páginas para se elaborar o desenvolvimento do relatório de pesquisa, a validade dessa exigência é, no mínimo, questionável. Parece que o texto do desenvolvimento deve dispor do número de páginas necessário para que o autor, respeitando seu estilo, as exigências técnicas, conceptuais, teóricas e metodológicas típicas de uma investigação acadêmica, fundamente as respostas, ou as soluções, ou ainda as interpretações pertinentes ao problema formulado ou verifique de maneira justificada a validade das hipóteses previamente formuladas.

● 8.6.1.3 Elementos básicos da conclusão

Freqüentemente, os estudantes que se iniciam nos exercícios de pesquisa sistematizada questionam: considerando que a ciência é um conhecimento provisório, em constante busca de superação e, por isso, incapaz de alcançar verdades absolutas (no sentido de inquestionáveis, como é o caso do conhecimento de cunho religioso), é desejável chegar-se a conclusões? O autor de todo e qualquer texto acadêmico — artigos, relatórios de pesquisa, capítulos de livro, livros etc. — deve elaborar uma conclusão?

O término de um trabalho acadêmico pode assumir diferentes formas — o autor pode finalizar com conclusões, com considerações finais ou com considerações gerais. Então, quais são os aspectos que podem influir na escolha entre uma e outra forma? De modo geral, os artigos acadêmicos não excedem 16 páginas (incluídas notas, referências, eventuais anexos e apêndices) e, conseqüentemente, os limites da extensão do texto dificilmente permitem o aprofundamento dos exercícios de descrição, interpretação e análise que validariam conclusões. Nesse caso, por mais que os objetivos fixados tenham sido alcançados, seria recomendável que o autor formulasse *considerações finais*. No âmbito dos relatórios de pesquisa, esta decisão irá variar de acordo com o tipo de pesquisa realizado:

- Se considerarmos que as *pesquisas exploratórias* não se prestam a formular conclusões, e sim elaborar hipóteses, seria curioso encontrar textos conclusivos.

Referências e Elaboração do Relatório Final de Pesquisa ◼ 193

◉ Considerando as pesquisas cujo processo investigatório está ancorado à formulação de dúvidas (problemas) ou à verificação de hipóteses, será pouco provável que o pesquisador não alcance conclusões cujo conteúdo responda ao problema ou fundamente a confirmação ou a infirmação da hipótese.

Esclarecido esse aspecto, cabe salientar que a função da conclusão na elaboração de um relatório de pesquisa não será mais descrever, interpretar, discutir, analisar, reunir argumentos capazes de comprovar aquilo que afirma/infere. Mas reunir, de forma articulada, o conjunto de conclusões atingidas no desenvolvimento a partir do problema e da hipótese formulados. Mais precisamente, o objetivo da conclusão é responder ao problema norteador do processo investigatório e/ou verificar a validade da hipótese construída. Logo, embora reúna um conjunto de conclusões, o título deve permanecer no singular (Conclusão), uma vez que tal título remete à seção do relatório de pesquisa e não ao número de conclusões alcançadas.

O texto da conclusão assume uma estrutura linear e não-esquemática. Deve reunir todas as conclusões formuladas ao longo do desenvolvimento, considerando, para isso, os diferentes capítulos do relatório de pesquisa. Seu conteúdo pode, ainda, destacar aspectos relevantes do tema investigado que não foram suficientemente aprofundados na pesquisa realizada, justificando as razões pelas quais não houve o aprofundamento desses aspectos e as razões pelas quais se justifica a realização de uma investigação mais detalhada, em etapas futuras de uma possível investigação. Entretanto, se a conclusão envolver um grande número de páginas, é desejável o autor organizar, após a conclusão, outra seção, cujo título será algo próximo a *Sugestões e Recomendações*. Como o próprio nome sugere, seu conteúdo versará basicamente sobre o que afirmamos anteriormente. A capacidade de elaborar conteúdos pertinentes para essa seção reflete o nível de maturidade pessoal e intelectual alcançado pelo autor, após a conclusão da pesquisa realizada.

◻ **8.6.2 Indicações sobre conteúdo e forma dos apêndices e anexos**

Por analogia, podemos comparar um relatório de pesquisa a um processo jurídico, cujo conteúdo só terá validade/credibilidade na medida em que o autor reunir provas irrefutáveis e comprobatórias e essas possam demonstrar/fundamentar as conclusões formuladas, quando necessário. É nessa perspectiva que o autor deve entender a função do *apêndice* e do *anexo* em um relatório de pesquisa. Eles devem ser organizados imediatamente após as *Referências*.

Ao organizar apêndices e anexos, não há limite de páginas, mas é aconselhável restringir-se ao número de páginas *necessário*, visto que a sua função não é aumentar o número de páginas da monografia/relatório de pesquisa, mas imprimir mais credibilidade aos argumentos explorados nas discussões que legitimaram as conclusões alcançadas.

Embora freqüentemente sejam termos utilizados como sinônimos, metodologicamente remetem a conteúdos distintos. O **apêndice** é composto de material formulado pelo próprio pesquisador, tais como fotos, desenhos, quadros, tabelas, gráficos, fluxogramas, cópia dos instrumentos de coleta de dados, como questionários e formulários ou outros materiais que não merecem ser incluídos no texto correspondente ao desenvolvimento, mas ampliam a credibilidade acerca do que foi realizado em termos de coleta e tratamento de materiais. Tem como função acrescentar, complementar, ilustrar o próprio raciocínio, comprovar argumentos com materiais ilustrativos, sem comprometer a unidade e a seqüência lógica dos conteúdos do desenvolvimento.

O **anexo**, por sua vez, é constituído de elementos igualmente ilustrativos, complementares, comprobatórios e esclarecedores. Entretanto, resulta de material produzido por terceiros. São exemplos de documentos possíveis de serem anexados: uma carta, um registro de imóvel, um balanço financeiro de determinada empresa, os termos de uma lei, um processo de falência, um quadro produzido e publicado pelo Dieese, uma tabela produzida e publicada pela Unesco, um gráfico construído e divulgado pela Fiesp, entre outros.

Em outras palavras, podemos afirmar que, em geral, os apêndices reúnem material primário, cuja responsabilidade pela coleta, registro e tratamento é do pesquisador, enquanto os anexos reúnem materiais secundários coletados, tratados e interpretados por terceiros.

8.6.3 Indicações sobre o processo redacional do relatório de pesquisa/do trabalho de conclusão de curso/da monografia

A experiência revela que a maioria dos estudantes universitários tem expressiva dificuldade em elaborar textos, em geral, e particularmente, textos de natureza acadêmica. Em muito, isso se deve ao reduzido número de vezes que foram estimulados a produzir materiais escritos orientados pelas características que singularizam o estilo redacional desses textos. Considerando essa realidade, o objetivo desta seção será propor processo redacional constituído de etapas que, uma vez seguidas, ajudarão ao autor apresentar os resultados da pesquisa realizada.

■ 8.6.3.1 Como iniciar a redação do relatório de pesquisa/do trabalho de conclusão de curso/da monografia

A experiência mostra que o estudante adia ao máximo o momento de começar a redigir o relatório de pesquisa. A visão de uma folha em branco ou de uma tela branca assusta e, em alguns casos, bloqueia. As questões mais freqüentes giram em torno de *como começar?, por onde começar?, qual o ponto de partida?, o que o professor orientador deseja?, como meus colegas estão fazendo?, como outros estudantes fizeram?*

Independentemente do estilo do autor e do tipo de texto — portanto, a regra é válida para textos de caráter jornalístico, literário, filosófico ou científico —, deve-se ter sempre como base um *plano de redação* (preferencialmente registrado por escrito, no caso dos textos acadêmicos). Desprovido de um plano redacional, o autor corre o risco de comprometer a evolução lógica das diferentes seções que compõem o texto a ser elaborado. Assim, é possível reconhecer a existência de duas condições que favorecem o início do processo redacional do relatório de pesquisa:

- O material coletado, seja ele de caráter primário e/ou secundário, qualitativo/quantitativo, bibliográfico/documental e/ou de campo é suficiente para fundamentar os exercícios de descrição, interpretação, explicação e análise que permitirão chegar às conclusões?

- O material coletado está devidamente tratado/processado, ou seja, o material bibliográfico fichado, questionários e/ou formulários tabulados, entrevistas passadas da fita cassete para o papel e fichadas, documentos que irão compor apêndices e anexos organizados, tabelas, quadros, gráficos, mapas, plantas encaminhados de acordo com a configuração gráfica necessária?

Em tais condições, é importante que a sua mesa de trabalho não esteja congestionada de papéis (tais como livros, revistas, cópias de artigos, anotações dispersas, papéis avulsos etc.), mas organizada apenas com o material coletado, selecionado e tratado/processado, de acordo com os objetivos fixados para a pesquisa.

Com os materiais adequadamente organizados, o próximo passo é planejar como explorar tais materiais em função do problema e da hipótese definidos. A resposta a essa questão implicará a formulação do *índice provisório*. Este representará o plano de redação do desenvolvimento e, por isso, deverá tornar clara a sua estrutura básica: quais os conteúdos privilegiados e, considerando tais conteúdos, qual é a seqüência que será respeitada. Em outras palavras, é o momento de construir a "espinha dorsal" do desenvolvimento de forma esquemática, visualizando e intitulando os itens (capítulos) e subitens (subcapítulos) que serão privilegiados.

A realização desse índice provisório pressupõe que o autor disponha de uma visão de conjunto do texto em função do problema e da hipótese norteadores da investigação e do material reunido, selecionado e tratado. Isso favorece a construção de um raciocínio orientado pela preocupação de imprimir evolução lógica aos conteúdos. Concluído o índice provisório, convém sumarizar cada capítulo previsto (sumário expandido). Ou seja, agora, por meio do material localizado, coletado, selecionado e tratado o qual irá funcionar como suporte dos exercícios de descrição, interpretação e análise, é oportuno transformar o texto, até então esquemático, em texto linear em que haja a preocupação de estabelecer o objetivo de cada capítulo, sua contribuição para o alcance do objetivo da pesquisa, além de se preocupar em indicar a base de fundamentação teórica/empírica que será utilizada para que o objetivo seja satisfatoriamente alcançado (em páginas anteriores os conceitos de *índice provisório, índice sumarizado* ou *sumário expandido* foram apresentados e exemplificados).

A etapa seguinte consiste no detalhamento exaustivo desse sumário expandido. Assim, cada capítulo será ampliado em função dos materiais disponíveis e da discussão que o autor irá travar, de forma que a validade das conclusões seja reflexo natural da capacidade de fundamentar descrições, interpretações, análises e explicações.

Em estudos de caráter acadêmico, é aconselhável o autor-pesquisador oferecer previamente uma cópia de todas as etapas do processo redacional (o *índice provisório*, o *índice sumarizado* ou o *sumário expandido* e a primeira versão do relatório de pesquisa) para que o professor orientador detecte eventuais falhas e haja tempo hábil para a correção e o prosseguimento até a versão definitiva do texto. Esse procedimento, além de ser o esperado em uma atividade marcada pela orientação/supervisão de alguém mais experiente — o professor orientador —, auxilia muito a reduzir o retrabalho característico da fase de redação. Entretanto, convém destacar que tais procedimentos não configuram uma fórmula infalível. Expressar por escrito e de forma seqüenciada, articulada e argumentada um conjunto ordenado e lógico de idéias pressupõe o domínio dos conteúdos explorados, a pré-existência de material consistente para apoiar descrições, interpretações, análises e explicações argumentadas, ter o domínio da engenharia redacional dos trabalhos acadêmicos, da língua e das regras ortográficas e gramaticais, além de treino e alguma experiência são alguns dos fatores fundamentais para se obter maior êxito nos exercícios que envolvem redação acadêmica.

Porém, observa-se que o desenvolvimento satisfatório dessas competências não é evidente nos programas de graduação. O estudante que, até então, foi estimulado a entender e a transcrever os conteúdos introduzidos pelos professores responsáveis das diferentes disciplinas presentes no desenho curricular, no último ano do curso, é promovido a autor. Essa ruptura, embora seja um dos maiores méritos dos programas de trabalho de conclusão de curso, é, igualmente, o fator que responde pelos maiores desafios e pelas maiores dificuldades dos pesquisadores iniciantes. Dessa forma, é fundamental que os pesquisadores desenvolvam essa parceria com o professor orientador, pois essa experiência pode representar expressivos ganhos em aprendizagem.

● 8.6.3.2 Como obter uma estrutura redacional mais compreensível

Os textos de caráter científico têm como finalidade comunicar os resultados alcançados por uma pesquisa sistematizada, realizada de acordo com o rigor que caracteriza os princípios metodológicos disponíveis e adequados às especificidades do objeto de estudo explorado. Ou seja, não buscam simplesmente informar nem persuadir, emocionar ou seduzir o leitor, como os textos de estilo jornalístico ou literário. Objetivam criar condições que sustentem exercícios consistentemente argumentados de descrição, interpretação, análise, reflexão para alcançar respostas ou soluções para o problema investigado. Logo, devem primar pela clareza e pela fundamentação que só o rigor conceptual é capaz de oferecer. A seguir, reunimos algumas indicações para o autor-pesquisador que visam facilitar a redação do relatório final de pesquisa.

- Inicie cada capítulo com a síntese do que o leitor encontrará naquela seção do desenvolvimento. Para tanto, é indispensável precisar o objetivo que o capítulo se compromete a atingir, a contribuição deste para o alcance do objetivo geral da pesquisa realizada e a indicação das principais bases que serão exploradas na fundamentação das idéias.
- Inicie cada parágrafo com uma oração que sintetize o conteúdo daquela unidade redacional.
- Construa orações na ordem direta: sujeito + verbo + objeto.
- Na medida do possível, evite os excessos de adjetivos e privilegie os substantivos. Essa prática tende a contribuir para a formulação de textos com elevado grau de precisão e clareza. Deve-se destacar que esta recomendação é inadequada quando o autor apresenta os resultados de pesquisas em que foram utilizados métodos subordinados à abordagem qualitativa, uma vez que no esforço de elaborar "textos vividos", resultantes de descrições densas, inevitavelmente o autor terá que explorar esse recurso de linguagem.
- Prefira o uso de verbos conjugados na voz ativa, por exemplo:
  — "fiz contatos/fizemos contatos prévios com as pessoas que participaram da dinâmica de grupo";

— "apresentei/apresentamos conclusões e recomendações suficientemente argumentadas";

— "observei/observamos o fenômeno investigado por um período correspondente a dez meses";

— "formulei/formulamos várias hipóteses de estudo durante a elaboração do projeto de pesquisa";

— "examinei/examinamos cuidadosamente a literatura pertinente aos aspectos tratados na investigação".

- Evite os verbos conjugados na voz passiva, por exemplo:

— "as equipes de trabalho investigadas foram observadas por um período correspondente a vinte semanas";

— "várias hipóteses de estudo foram levantadas no momento de concepção do projeto de pesquisa";

— "a literatura pertinente ao tema investigado foi cautelosamente examinada".

- Dê prioridade à formulação de orações curtas, para não incorrer no erro de iniciar o período com um sujeito e terminá-lo com outro, como no exemplo:

"Achamos que este procedimento era intolerável, tendo em vista a importância de não comprometer o trabalho que vinha sendo realizado pela equipe, por isso ficou decidido que...";

- Evite o uso de palavras inúteis, que nada acrescentam ao texto, como:

"*no sentido de*", "*com efeito*", "*para fins de*", "*por sinal*", "*não obstante*", "*em nível de*", "*em termos de*" etc.

- Fuja das expressões longas, prolixas e desnecessárias, por exemplo:

— em vez de "todos eles desconhecem as decisões tomadas durante a última reunião", o melhor seria "nenhum deles conhece ...";

— em vez de "os mapas que acompanham o relatório de pesquisa foram reduzidos", ficaria mais claro como "os mapas anexos ao relatório de pesquisa foram reduzidos...";

— em vez de "há possibilidade de que o problema de distribuição se agrave", seria melhor sintetizar em "pode ser que...".

- Evite a mutilação do verbo ao construir as orações, tais como:

— em vez de "o transporte desta máquina é fácil", seria melhor "esta máquina é fácil de transportar";

— em vez de "fazer uma recomendação", seria melhor "recomendar"; em vez de "tomar uma decisão", seria melhor "decidir";

— em vez de "o diretor vai proferir um discurso", seria melhor "o diretor irá discursar".

○ Reduza ao mínimo possível o uso de prefixos e sufixos tais como "logicamente", "formalmente", "sistematicamente", "atualmente".

○ Procure evitar expressões que conferem sentido indefinido ao conteúdo do texto, tais como *"muitos"*, *"a maioria"*, *"uma pequena parte"*, *"alguns"*, *"um grupo representativo da comunidade..."*, *"nos últimos anos..."* e privilegie o uso do dado ou da informação que indica a dimensão exata do que quer dizer, tais como *"80% da população investigada concordam que o curso realizado amplia as oportunidades de trabalho para o egresso"*, *"apenas os diretores de recursos humanos das empresas X e Y concordaram que, na fase de recrutamento de novos talentos, a experiência profissional do candidato à vaga é mais importante do que a escola de origem"*, *"entre 2000 e 2004 houve crescimento de 3% da população estudantil que procura a Austrália para realizar intercâmbio cultural"*.

○ Utilize os conceitos pertinentes para expressar suas idéias com a clareza necessária, lembrando-se de que não há sinônimo para conceitos, apenas para termos. Entenda, por exemplo, que metodologia, método e técnica remetem a sentidos diferentes e, por isso, não podem ser utilizadas como expressões equivalentes. O mesmo ocorre com dado, informação e conhecimento.

○ Em um texto dessa natureza, não é conveniente a expressão de pontos de vista pessoais, como *"eu penso que..."*; *"parece-me que..."*; *"eu acredito que..."* *"eu tenho convicções de que..."*; *"eu pressuponho que..."*, uma vez que os conteúdos de um relatório de pesquisa não devem estar no universo do "achismo", mas no da explicação argumentada e da demonstração fundamentada.

○ Lembre-se de que não está escrevendo para leigos. Assim, é recomendável a utilização de terminologia (jargão) apropriada à área explorada na pesquisa. Seja rigoroso com as palavras, principalmente quando elas expressam conceito.

○ Racionalize o uso de parágrafos ao elaborar o texto. Um parágrafo muito extenso tende a ser cansativo, pois não permite ao leitor a pausa necessária para alcançar maior entendimento dos conteúdos. Da mesma forma, os parágrafos excessivamente curtos ganham um estilo telegráfico, por isso tendem a fragmentar demais as idéias, a enfraquecer os argumentos e a imprimir caráter superficial aos conteúdos. Assim, toda vez que der um passo a mais no desenvolvimento do raciocínio, mude de parágrafo.

- Padronize sua redação utilizando a forma infinitiva ou a primeira pessoa do singular ou, ainda, a primeira pessoa do plural. Em um trabalho individual é correta a utilização da primeira pessoa do singular, mas saiba que é interpretado de forma pedante. A utilização da primeira pessoa do plural, mesmo em caso de pesquisa realizada individualmente, é mais elegante, e uma vez que pesquisa é uma atividade grupal, não se aprende no isolamento (veja quantas pessoas você pode incluir nos agradecimentos). Entretanto, a comunidade acadêmica das áreas de Administração, Contabilidade ou Economia, por exemplo, valoriza o infinitivo, por ser uma forma impessoal de expressar as idéias: *"foram remetidos 600 questionários e apenas 128 foram devolvidos pelo respondente"*, *"frente aos dados descritos e interpretados é possível afirmar que..."*, *"os limites dos resultados alcançados permitem recomendar o desdobramento dessa investigação na seguinte direção:..."*.

- As citações literais/textuais e as citações conceptuais têm a finalidade de esclarecer, ilustrar e reforçar a argumentação. Assim, o uso de citações transmite o quanto você estudou a literatura disponível sobre o tema tratado. Definitivamente, citar não é sinal de fraqueza intelectual ou desconhecimento do assunto tratado. Contudo, é preciso destacar que as citações devem vir contextualizadas e articuladas ao conjunto de idéias desenvolvidas. Além disso, o autor deve, sistematicamente, indicar a fonte de consulta, de acordo com as normas vigentes, anteriormente apresentadas e exemplificadas.

- O uso de ilustrações pode contribuir para ampliar a compreensão das explicações e das argumentações em torno do problema investigado. Entretanto:
  - quando não são pertinentes à questão tratada, tendem a comprometer o texto;
  - colocadas em excesso, tendem a dispersar o leitor;
  - se não forem exploradas no conteúdo das descrições, interpretações, análises, discussões e reflexões, perdem seu sentido, uma vez que não são auto-explicativas, por mais evidentes que possam parecer no seu ponto de vista.

CHECKLIST E APRESENTAÇÃO ORAL DO RELATÓRIO DE PESQUISA

9

"Ao desenhar o mundo, desenhamo-nos, ou seja, somos o que, contextuadamente, projetamos ser."

Nilson José Machado

Ao concluir a redação de todas as seções constitutivas do relatório final de pesquisa, é possível seguir um roteiro e realizar uma espécie de auto-avaliação. Esse procedimento ajudará duplamente:

a) na identificação de algumas fraquezas do texto que seriam facilmente superadas se tivesse condições de dedicar um pouco mais de tempo na sua elaboração;

b) a contribuir para que se tenha uma visão crítica dos resultados e não se surpreenda com a avaliação que receberá no exame em banca.

No entanto, é necessário considerar que a comunicação dos resultados da pesquisa pode envolver uma dimensão oral — em forma de exame em banca —, o que pressupõe que se invista tempo e algum esforço para planejar tanto a apresentação oral quanto a defesa dos resultados do relatório final de pesquisa. Poucas são as instituições de educação superior que instrumentalizam os estudantes-autores nessas etapas conclusivas do processo. Por isso, nestas páginas finais, reunir-se-ão alguns esclarecimentos sobre essas questões.

● 9.1 *CHECKLIST* PROPOSTO PARA O ESTUDANTE-PESQUISADOR REALIZAR A AUTO-AVALIAÇÃO DO RELATÓRIO DE PESQUISA CONCLUÍDO

Concluídas todas as etapas que caracterizam o processo de planejamento, execução e apresentação escrita dos resultados de uma pesquisa sistematizada, caso se

202 ■ MONOGRAFIA

deseje e haja tempo, é possível e até aconselhável realizar uma auto-avaliação acerca do que se conseguiu tanto da forma quanto do conteúdo. Objetivando contribuir para que o estudante-autor desenvolva uma visão crítica dos resultados conquistados com a realização da pesquisa, neste capítulo o leitor encontrará um rol de perguntas que podem nortear o processo de auto-avaliação do relatório final.

É possível utilizar este roteiro ao longo da elaboração do relatório de pesquisa como um mapa capaz de orientar o desenvolvimento de cada uma das etapas. Esse cuidado pode reduzir a reelaboração do trabalho, típica das atividades intelectuais, mas que corresponde à maior fonte de frustração dos pesquisadores iniciantes. Para tanto, o estudante deve tentar responder às perguntas aqui reunidas, consultando o relatório final de pesquisa no estágio em que ele se encontrar.

1. Ao elaborar o tema-título do relatório final de pesquisa, foi capaz de traduzir, com fidelidade, o conteúdo explorado no desenvolvimento do trabalho?

2. As informações impressas na capa e no dorso do relatório final de pesquisa respeitaram rigorosamente, em termos de conteúdo e de forma, o padrão estabelecido pela instituição de educação superior a que está vinculado?

3. A linguagem utilizada nos agradecimentos é adequada à natureza do trabalho acadêmico?

4. Até que ponto os *títulos dos capítulos* e *dos subcapítulos* constantes do sumário transmitem elevado nível de clareza nos respectivos enunciados? E, também:

   a) Todos eles são indispensáveis para alcançar os propósitos fixados ao realizar a investigação?

   b) Os conteúdos privilegiados nos capítulos discriminados no sumário refletem o "fio condutor" que imprimirá evolução lógica aos conteúdos do desenvolvimento?

   c) Há excessos de capítulos ou de subcapítulos que podem contribuir para uma excessiva fragmentação da estrutura dos argumentos que caracterizam o texto?

   d) Se os capítulos e subcapítulos não refletem, de forma suficiente, as unidades de pensamento formuladas no desenvolvimento, isso exige a criação de outras subdivisões capazes de imprimir maior clareza aos conteúdos dessa parte?

5. Os conteúdos do resumo foram capazes de retratar os objetivos da investigação, os meios utilizados para alcançar tais objetivos e os resultados efetivamente atingidos?

CHECKLIST E APRESENTAÇÃO ORAL DO RELATÓRIO DE PESQUISA ■ 203

6. O texto correspondente ao *abstract* está corretamente escrito em língua inglesa?

7. As palavras-chave (ou *key words*) escolhidas refletem a tônica das discussões travadas a partir do tema e/ou problemas aprofundados?

8. O *texto da introdução* prioriza o uso de verbos conjugados no futuro? Ou, ainda:

    a) Apresenta de forma justificada os objetivos que moveram a realização da investigação — tema, problema(s), hipótese(s) e variáveis — cujo percurso, discussão e resultados estão reunidos no relatório final de pesquisa/TCC?

    b) Apresenta sumariamente os recursos metodológicos explorados (abordagem, método, tipo de pesquisa, técnicas de coleta de materiais e de tratamento, método de análise dos materiais coletados) para viabilizar o alcance dos objetivos fixados?

    c) Apresenta a estrutura do desenvolvimento indicando em quantos capítulos o texto foi organizado, a contribuição de cada um deles para o alcance dos objetivos fixados e a base técnica, conceptual, teórica e metodológica utilizada para fundamentar os conteúdos?

9. No *texto do desenvolvimento*, priorizou-se o uso de verbos conjugados no presente?

    a) O primeiro parágrafo de cada capítulo descreve os objetivos que serão perseguidos e sua contribuição para o alcance dos objetivos da pesquisa e a base técnica, conceptual, teórica e metodológica utilizada para fundamentar os conteúdos?

    b) Os diferentes capítulos e subcapítulos estão bem articulados e claramente elaborados em torno do problema investigado e/ou da hipótese verificada?

    c) A base técnica, conceptual, teórica e metodológica utilizada é suficiente e adequada para fundamentar os conteúdos das descrições, interpretações, análises e reflexões e para imprimir elevado grau de credibilidade aos resultados atingidos e organizados na conclusão?

    d) Há indicação sistemática e correta das fontes de materiais bibliográficos, documentais e/ou resultantes de pesquisa de campo explorados nos diversos capítulos?

e) Essas indicações de fontes respeitam o mesmo padrão de referência ao longo de todo o corpo do texto (ou seja, as normas Associação Brasileira de Normas Técnicas — ABNT)?

f) Nos conteúdos do texto verifica-se terminologia técnica, conceptual, teórica e metodológica adequada aos exercícios de natureza acadêmica?

g) Os conceitos-chave foram definidos de maneira fundamentada e estão suficientemente articulados a ponto de consolidarem o quadro teórico de referência que suportará os esforços interpretativos e analíticos do autor?

h) Todas as ilustrações (quadros, tabelas, gráficos, fluxogramas, mapas, desenhos, fotos, plantas etc.) são efetivamente necessárias e ajudam claramente a fundamentar as idéias desenvolvidas no texto?

i) Os textos escritos exploram os conteúdos de tais ilustrações? As ilustrações estão bem produzidas ou reproduzidas? Todas as ilustrações estão acompanhadas de título, número em ordem crescente, indicação de fonte e, nos casos justificáveis, há inclusão de notas explicativas ou de legendas? As siglas e as abreviaturas existentes no texto foram, inicialmente, impressas por extenso?

j) Os termos em língua estrangeira e em latim foram impressos em itálico?

k) As fontes de consulta (sejam elas bibliográficas, documentais ou resultantes de pesquisa de campo) foram sistematicamente indicadas ao longo do corpo do texto?

l) As citações foram respeitadas? E, uma vez transcritas para o texto, os procedimentos previstos pela ABNT foram utilizados?

m) As notas de rodapé estão na seqüência correta? Todas elas são relevantes para tornar o texto mais rico em explicação, fundamentação e ilustração das idéias desenvolvidas? Todas aparecem integralmente impressas nas páginas correspondentes?

10. O *texto da conclusão* prioriza o uso de verbos conjugados no passado?

a) Resgata os objetivos da pesquisa realizada para que as conclusões parciais (diluídas ao longo do desenvolvimento) sejam reunidas e finalmente assumam pleno sentido?

b) Levanta alguns aspectos relacionados ao tema/problema/hipótese da pesquisa concluída e recomenda desdobramentos possíveis, porque pertinentes, e justifica as razões disso?

CHECKLIST E APRESENTAÇÃO ORAL DO RELATÓRIO DE PESQUISA ■ 205

11. Ao elaborar os conteúdos da conclusão e da introdução do trabalho, é possível observar estreita articulação entre tais seções?

12. Ao organizar o(s) apêndice(s), houve reunião de materiais cuja responsabilidade pela elaboração é, inteiramente, sua?

13. Ao organizar o(s) anexo(s), houve reunião de materiais cuja responsabilidade pela elaboração é, inteiramente, de terceiros?

14. A *seção referente à bibliografia* reuniu apenas e somente materiais documentais e bibliográficos efetivamente explorados na fundamentação das argumentações presentes no relatório final de pesquisa?

    a) Há, nessa seção, uma separação correta entre os materiais originários de livros, periódicos e documentos?

    b) Todo material referenciado está organizado em ordem alfabética e de acordo com as normas da ABNT?

15. O relatório de pesquisa/TCC reúne todas as seções obrigatórias: capa, folha de rosto, sumário, resumo, *abstract*, introdução, desenvolvimento, conclusão, referências e contracapa?

16. Os conteúdos do texto apresentam o rigor ortográfico e gramatical esperado dos textos acadêmicos? As orações estão bem formuladas? Obedecem às normas pertinentes à pontuação? Os parágrafos estão bem constituídos para formarem unidades de raciocínio no conjunto do texto?

17. A penúltima versão do texto foi submetida à revisão final capaz de identificar deficiências de conteúdo (incoerências, repetições desnecessárias, argumentação deficiente etc.) e de forma (problemas de digitação, de impressão, de numeração de títulos e de páginas, de fontes etc.) que pudessem ser corrigidas antes da entrega final das cópias solicitadas pela instituição de educação superior a que está vinculado?

18. O padrão mecanográfico foi respeitado no que tange ao tamanho e à cor das folhas utilizadas, ao tipo e tamanho de fonte utilizada no corpo do texto, nos títulos e subtítulos, às determinações referentes aos espaços e margens, à paginação, à cor da capa dura etc.?

19. A impressão e a encadernação do texto estão corretas — não é raro ocorrerem problemas, tais como: erros de digitação das informações que devem constar na capa e no dorso do documento, existência de algumas folhas posicionadas de forma invertida, ausência ou duplicação de algumas páginas, ilegibilidade de algumas ilustrações (particularmente gráficos com legendas coloridas) etc.

206 ■ MONOGRAFIA

Agora mais seguro sobre o conjunto de questões relativas à apresentação escrita do relatório de pesquisa, é oportuno iniciar o planejamento da apresentação oral dos resultados alcançados. Dessa forma, ampliará as condições que favorecerão a realização do exame em banca. A maioria dos trabalhos acadêmicos, uma vez concluídos, é submetida a diferentes processos de avaliação. O procedimento que prevalece entre as instituições de educação superior é aquele que combina a avaliação do trabalho (relatório de pesquisa, TCC, monografia etc.) com a avaliação do conhecimento conquistado pelo autor ao concluir a pesquisa, por meio da realização do exame em banca.

A avaliação dos textos escritos produzidos pelos estudantes já faz parte da rotina da educação básica e fundamental. Entretanto, a defesa oral dos resultados, por não configurar uma prática pedagógica freqüente em nenhum dos níveis que antecedem a formação superior, não raro suscita ansiedade, angústia, reações de medo e de insegurança por parte do estudante-pesquisador — sentimentos que desfavorecem a participação em exames orais. Buscando reunir algumas recomendações úteis àqueles estudantes mais inexperientes em exposições orais, elaboramos o texto a seguir.

● 9.2 CONTEÚDOS BÁSICOS DA DEFESA ORAL DO RELATÓRIO FINAL DE PESQUISA, TCC, MONOGRAFIA E SUA SEQÜÊNCIA LÓGICA

Com a conclusão das etapas que caracterizam o processo de planejamento, execução e apresentação escrita dos resultados da pesquisa realizada, aproxima-se o momento em que o estudante-pesquisador deve planejar e realizar a apresentação oral desses resultados. Dependendo da situação vivenciada, este momento pode implicar ou não uma avaliação que, respeitados critérios previamente estabelecidos, resultará em nota, aprovação ou reprovação. Caso esteja apresentando os resultados de uma pesquisa realizada no contexto do Programa de Iniciação Científica (PIC), dificilmente a apresentação oral destes resultará em avaliação que aprova ou reprova. No entanto, caso esteja apresentando os resultados da investigação que resultou no seu Trabalho de Conclusão de Curso (TCC), certamente o exame em banca representa a última avaliação do processo investigatório. Assim, parece relevante reunirmos algumas indicações de como planejar e realizar esta atividade.

Cumpre lembrar que o exame em banca figura uma atividade pública. Logo, sua ocorrência é divulgada e — além do estudante-pesquisador, seu professor orientador, o professor qualificador, o terceiro membro da banca, pais, demais familiares e amigos — é possível ocorrer a presença de acadêmicos e profissionais interessados

CHECKLIST E APRESENTAÇÃO ORAL DO RELATÓRIO DE PESQUISA ■ 207

no tema discutido. Dependendo do regulamento que normaliza esta atividade acadêmica, apenas o estudante-pesquisador e os membros da banca têm participação ativa durante o exame. O momento da defesa do relatório final de pesquisa em banca examinadora pode ser dividido em sete etapas:

a) abertura do evento pelo professor orientador;

b) agradecimentos proferidos pelo estudante e autor;

c) apresentação oral do trabalho escrito;

d) indicação dos pontos fortes do texto apresentado, das limitações identificadas e a formulação de questões pelos membros da banca examinadora;

e) argüição do estudante e autor;

f) reunião dos membros da banca examinadora para a definição da nota atribuída, o preenchimento da ata de avaliação com o registro da síntese da avaliação e a assinatura dos membros da banca examinadora;

g) comunicação do resultado da avaliação e leitura dos termos que justificaram a nota atribuída.

9.2.1 Abertura do evento pelo professor orientador

Em geral, o professor orientador do estudante, autor do trabalho, é quem preside o exame em banca. Por essa razão, assume a responsabilidade de abrir o evento, descrevendo para os presentes a importância do programa do trabalho de conclusão de curso para a formação acadêmica do estudante, apresentando-se e apresentando seu/sua orientando(a), os membros que compõem a banca e os procedimentos que caracterizam a realização do exame. Com esses esclarecimentos, todos os presentes ficam familiarizados com o tema tratado, os sujeitos envolvidos e o sentido de ser de cada etapa do exame.

9.2.2 Os agradecimentos proferidos pelo estudante, autor do trabalho

Desde que não configure uma inverdade, tampouco ironia, é justo e elegante que o estudante-autor inicie o exame em banca com agradecimentos nominais à(s) pessoa(s) e à(s) instituição(ões) que contribuiu(íram) de forma decisiva para a realização da pesquisa em questão e para seu amadurecimento pessoal, intelectual e profissional.

Nessa ocasião, espera-se que o estudante faça breve agradecimento àqueles que tiveram uma participação direta nos resultados apresentados. Normalmente, estão

208 ■ MONOGRAFIA

incluídos o corpo acadêmico do curso — diretores, professores e estudantes —, os professores orientador e qualificador, profissionais ligados ao centro de documentação/biblioteca da instituição de educação superior, as instituições/organizações que, de alguma forma, contribuíram no processo de coleta de materiais, os familiares e amigos.

☐ **9.2.3 Apresentação oral do trabalho elaborado**

Considerando que se dispõe de tempo limitado — aproximadamente vinte minutos — para expor o conteúdo de um pouco mais de uma centena de páginas, há a necessidade de se identificar e extrair a essência dos resultados do relatório de pesquisa. Logo, quanto mais o texto do trabalho de conclusão de curso estiver estruturado de forma lógica, mais fácil será identificar e extrair o que é essencial. Assim, é desejável que se desenvolva a exposição oral, privilegiando os aspectos indicados a seguir:

a) Precisão contextualizada dos objetivos que nortearam a investigação — tema, problema(s), hipótese(s) verificadas e variáveis consideradas.

b) Precisão justificada das estratégias metodológicas que viabilizaram a realização da pesquisa — abordagem privilegiada, método, unidades de estudo ou tipo e tamanho da amostra utilizada, tipos de pesquisa mais adequados, natureza das técnicas de coleta e de tratamento de materiais, instrumentos de coleta de materiais, técnicas de análise dos dados.

c) Síntese do conteúdo dos diferentes capítulos do desenvolvimento. Nesse momento, é pertinente ressaltar a contribuição de cada um deles para o alcance dos objetivos da pesquisa, enfatizando aqueles mais relevantes por concentrar as contribuições empíricas e teóricas, o esforço analítico que permitiu ao autor inferir conclusões parciais. Do mesmo modo, é importante informar a base de fundamentação que imprimiu suporte aos exercícios de interpretação e análise encontrados em cada capítulo. Essa prática, em geral, imprime maior ou menor credibilidade aos conteúdos.

d) Síntese dos resultados alcançados. Aqui, é importante o autor do relatório final de pesquisa resgatar a problemática que norteou a investigação para, então, ter condições de atrelar as conclusões alcançadas. Ao retomar o(s) problema(s) e a(s) hipótese(s), estabelecerá a relação correta entre estes e as conclusões alcançadas, sendo, desse modo, possível argumentar para a confirmação ou informação da(s) hipótese(s) de forma lógica.

CHECKLIST E APRESENTAÇÃO ORAL DO RELATÓRIO DE PESQUISA ■ 209

e) Realizar breve auto-avaliação, ponderando o que considera os méritos e as limitações da pesquisa diante dos resultados apresentados. Reunir sugestões de desdobramentos possíveis, considerando todo o trabalho concluído.

FIGURA **9.1** Conteúdos básicos da defesa oral do TCC e sua seqüência lógica

1) Agradecimentos	■ Professores orientador(a) e qualificador ■ Membros da banca examinadora ■ Demais pessoas e/ou instituições	
2) Objetivos da investigação realizada	■ Tema ■ Problema ■ Hipótese (caso haja) ■ Variáveis (caso haja)	Justificativas teóricas e/ou empíricas
3) Estratégias metodológicas utilizadas na investigação	■ Abordagem metodológica ■ Método ■ Tipos de pesquisa ■ Técnicas de coleta de materiais ■ Técnicas de tratamento e análise dos materiais coletados	Justificativas teóricas e/ou empíricas
4) Síntese do conteúdo dos diferentes capítulos	Enfatizar os capítulos mais relevantes, porque aprofundam os exercícios de interpretação e análise que levam à conclusão	Base de fundamentação teórico-empírica utilizada
5) Síntese dos resultados atingidos	Resgatar a problemática que norteou a investigação e relacionar com as conclusões formuladas	Descrever, interpretar, analisar, demonstrar, inferir, responder, solucionar etc.
6) Auto-avaliação	Recomendações de desdobramentos possíveis, considerando o estudo concluído	

Fonte: Elaborada pela autora.

Esclarecimentos importantes

Composição da banca examinadora — em geral, a banca é composta por três profissionais — o professor orientador (que nessa ocasião exercerá as funções de avaliador e mediador), o professor qualificador e um profissional convidado (que poderá ser interno ou externo à instituição de educação superior, mas que deverá ter formação acadêmica e inserção em atividades de pesquisa).

Distribuição do tempo no exame em banca — em média, o exame em banca envolve 120 minutos distribuídos da seguinte forma: 20 minutos dedicados à exposição do estudante-autor, 20 minutos dedicados à apreciação e argüição de cada examinador; 20 minutos dedicados às respostas das questões formuladas pelos membros da banca, 15 minutos dedicados à elaboração e assinatura da ata de avaliação e, finalmente, 5 minutos dedicados à leitura pública da ata.

Recomenda-se que, no exame em banca, o estudante anote as questões formuladas pelos examinadores, consulte o relatório final de pesquisa e/ou os materiais explorados, caso seja necessário, e não se arvore a responder questões que fujam do escopo da pesquisa concluída (a menos que saiba responder com argumentos, e não com base em opinião pessoal).

▢ 9.2.4 Avaliação do TCC pelos membros da banca examinadora e formulação de questões

Nesse contexto, cada membro da banca examinadora identifica e justifica os pontos que julgou positivos, contributivos, relevantes, e apresenta também eventuais pontos frágeis. Considerando, particularmente, as limitações encontradas, alguns esclarecimentos de caráter técnico, conceptual, teórico, metodológico e/ou analítico serão solicitados ao estudante-pesquisador. Esse procedimento marca o início da argüição propriamente dita. Por isso, é desejável que o estudante esteja suficientemente calmo para entender e anotar todas as questões formuladas.

▢ 9.2.5 Argüição

No exame em banca, a argüição tem tripla função: obter esclarecimentos a respeito de pontos em que o relatório de pesquisa é omisso, avaliar as competências de pesquisador esperadas do estudante e avaliar o conhecimento que este adquiriu com a realização da pesquisa. Isso equivale a afirmar que tanto autores de textos exemplares quanto autores de textos limitados serão expostos à argüição. Então, vejamos quais atitudes são consideradas legítimas:

a) O estudante dispõe de algum tempo para organizar e expor as respostas formuladas. Logo, é recomendável que se certifique com antecedência de quanto tempo dispõe para não extrapolar o limite previsto.

CHECKLIST E APRESENTAÇÃO ORAL DO RELATÓRIO DE PESQUISA ■ 211

b) Ao organizar os argumentos que darão fundamentação às respostas, o estudante pode consultar todo e qualquer material disponível, particularmente o relatório final de pesquisa, e estabelecer um esquema de resposta para não se perder no raciocínio que irá construir.

c) No caso de o estudante não entender alguma questão formulada por um ou mais membros da banca, é possível solicitar esclarecimentos complementares. O importante é compreender o enunciado para argumentar adequadamente na resposta.

d) Admitindo que toda pesquisa acadêmica constrói o objeto de pesquisa e, ao fazer isso, delimita o campo da investigação, caso alguma questão formulada não contenha aspectos que foram explorados na pesquisa, o estudante pode elegantemente se furtar de responder — "sua questão nos parece extremamente interessante, entretanto, para que pudéssemos nos distanciar de abordagens panorâmicas e ao mesmo tempo responder às exigências de um estudo de natureza monográfica, fomos levados a estabelecer um foco na pesquisa realizada e, ao proceder dessa forma, esse aspecto do tema explorado não foi contemplado...". Mas se, ao contrário, a questão apresentar vínculos claros com aquilo que foi objeto da investigação, respostas evasivas ou o absoluto desconhecimento do que foi perguntado podem refletir de forma desfavorável na avaliação final do estudante-pesquisador. Em um exame em banca, o desconhecimento de partes relevantes do conteúdo do texto é reconhecido como falta grave; dessa forma, é importante o autor demonstrar intimidade com o texto que produziu. Para tanto, é possível o estudante retomar o trabalho, alguma tela do computador (*data show*) ou o retroprojetor para reforçar/ilustrar o raciocínio da resposta ou, ainda, utilizar a lousa, caso haja alguma no ambiente em que a avaliação está ocorrendo.

◻ 9.2.6 Reunião dos membros da banca examinadora para a discussão que resultará na definição da nota

Concluída a argüição, os membros da banca agradecem os esclarecimentos prestados pelo expositor e solicitam a saída de todos os presentes para que haja discussão que deságüe na atribuição de uma nota consensual para o trabalho apresentado. Não é raro encontrar instituições de educação superior que adotam o cálculo aritmético de modo que as notas atribuídas por cada membro da banca sejam respeitadas no cálculo da média final. Terminado esse procedimento, há registro dos aspectos que foram considerados na atribuição das notas em ata própria para, finalmente, o documento ser assinado por todos.

9.2.7 Leitura do conteúdo da ata do exame em banca

Concluída a fase anterior, os presentes retomam os seus lugares e o exame é finalizado no momento em que o professor orientador faz a leitura dos conteúdos registrados na ata (média alcançada e respectivas justificativas) para o conhecimento de todos.

9.2.8 Procedimentos que podem ajudar durante a apresentação oral do trabalho e na argüição

É importante destacar que o exame em banca é uma avaliação pública do relatório final de pesquisa e de conhecimento alcançado pelo autor. Por isso, a instituição cria mecanismos para divulgar essas reuniões. Assim, não estranhe se no dia, horário e local de sua defesa encontrar várias pessoas presentes sem que tenham sido diretamente convidadas por você. Certamente, são pessoas interessadas pelo tema explorado ou em aprender com sua experiência.

Caso a instituição em que você estude não tenha incorporado a prática de realizar o exame de qualificação tão logo a primeira versão do relatório de pesquisa esteja concluída, é desejável obter parecer favorável emitido pelo professor orientador sobre sua participação no exame em banca antes de agendar tal reunião. Isso porque eventual reprovação pública tende a ser uma experiência muito dolorosa para todos: estudante-pesquisador, professor orientador, os demais membros da banca e convidados (colegas de trabalho, amigos e familiares, por exemplo).

Com o apoio do professor orientador, leia criticamente seu texto. Com esse exercício, busque identificar os pontos fracos, objetivando reunir explicações e argumentos plausíveis para você se sentir fortalecido para contra-argumentar caso tais aspectos venham a ser objeto de crítica e questionamento por parte dos membros da banca.

Procure conhecer com antecedência o perfil dos membros que formam a banca examinadora (particularmente no que tange aos aspectos relacionados à formação acadêmica, à produção acadêmica, à atividade profissional e como tendem a se comportar quando participam de exame em banca), visando, no planejamento das estratégias da defesa, prever as possíveis questões formuladas pelos diferentes membros da banca. Isso propiciará condições de se preparar adequadamente para contra-argumentar.

O código de linguagem que deve prevalecer nessas ocasiões é a língua culta, e não a coloquial. Você deve usar uma terminologia apropriada às circunstâncias e à problemática investigada, respeitando o jargão da área e utilizando o referencial teórico que ofereceu a base interpretativa e analítica à pesquisa. Tal preocupação tem por objetivo imprimir maior precisão ao discurso, maior credibilidade ao conteúdo da exposição e domínio acerca dos conteúdos.

O tom da voz e a articulação das palavras devem ser suficientemente claros para não dificultar o entendimento do conteúdo por todos os presentes. Falar baixo ou alto demais é cansativo para quem ouve. Procure enfatizar com gestos e modulações de voz o que deseja destacar por considerar aspectos fundamentais do discurso.

Não é recomendável fazer a defesa do trabalho sentado. Isso reduz a atenção dos presentes sobre os conteúdos explorados. O ideal será movimentar-se com moderação e desenvoltura pelo espaço disponível para a apresentação e dirigir a visão para todos os presentes, e não apenas para os membros da banca examinadora.

Ao referir-se à pesquisa que resultou o relatório final, é polido utilizar a primeira pessoa do plural. Essa é uma forma de reconhecer e valorizar a contribuição de várias pessoas que influíram no processo investigatório, particularmente a figura do professor orientador e do professor qualificador.

Antes de planejar a exposição oral, consulte o regulamento que normaliza essa prática na instituição em que estuda. Esse pequeno cuidado poderá evitar vários problemas. A quantidade exata do número de cópias do trabalho que deverá ser entregue à instituição de educação superior, a possibilidade de decorar o ambiente de acordo com o tema tratado, a permissão de distribuir errata, a responsabilidade de estabelecer o contato prévio com os membros da banca, o respeito ao tempo previsto para cada etapa do exame e a responsabilidade pela reserva dos equipamentos necessários, de salas ou do auditório são apenas alguns exemplos de um comportamento precavido.

É igualmente desejável que o estudante-pesquisador tenha dedicado algum tempo para assistir ao exame em banca de alguns colegas. Com bom senso, verá que é possível aprender com os erros e com os acertos cometidos por eles.

As estratégias da exposição oral precisam ser definidas previamente. Assim, os materiais didáticos, tais como fichas, transparências, slides, filmes, fotos, disquetes, cartazes, murais etc., precisam ser elaborados, e os equipamentos (retroprojetor, televisão, vídeo, microcomputador etc.) devem ser reservados com a antecedência solicitada/exigida pela instituição.

Um roteiro de exposição disposto em fichas de papel, em telas de microcomputador, em lâminas de retroprojetor ou em lousas pode/deve ser utilizado. Em hipótese nenhuma o roteiro deve ser lido, pois tal procedimento tende a revelar insegurança, pouco domínio dos conteúdos tratados, além de ser bastante cansativo para quem ouve. O roteiro representa apenas um ponto de apoio para que o pesquisador e os ouvintes não percam o "fio condutor" das idéias durante a exposição. Logo, é preciso identificar e extrair o que é essencial no texto para desenvolver a exposição de forma objetiva, segura e clara, sobretudo porque, na condição de autor do material apresentado, você deve ser um *expert* no assunto investigado.

Lembramos que a delimitação do tema (o recorte que construiu o objeto de estudo) representa um álibi importante no exame oral na medida em que restringe o questionamento dos membros da banca em relação aos aspectos que o autor se propôs a investigar. Entretanto, sobre esses aspectos, o pesquisador deve ter domínio igual ou maior do que os membros da banca. Será imperdoável o pesquisador não dispor de argumentos que respondam às possíveis questões relativas à problemática abordada na pesquisa concluída ou relativas às estratégias metodológicas que viabilizaram o alcance de objetivos.

Dependendo dos aspectos tratados no tema/problema da investigação, é possível fazer circular documentos e/ou amostras que possam ilustrar o que está sendo explicado de forma argumentativa. Esse recurso tende a envolver o público presente, embora possa contribuir mais para a dispersão da atenção do público e do próprio expositor se utilizado em excesso.

Quanto ao material didático e equipamento, é possível e recomendável a exploração de recursos mais modernos. É o caso do retroprojetor, dos microcomputadores, dos aparelhos de televisão e de vídeo, dos projetores de *slides* (*data show*). Entretanto, é indispensável que você tenha absoluta intimidade com os recursos utilizados para não comprometer sua exposição. Além disso, deve saber que esses recursos precisam ser compatíveis com a problemática tratada e que não passam de instrumentos. Por isso, nada substitui sua capacidade de exposição e argumentação.

Não é raro ocorrer uma pane em algum equipamento durante a exposição. Isso não pode servir de justificativa para o exame em banca ser adiado. Assim, é recomendável preparar materiais diferentes que possam ser utilizados em mais de um equipamento. Por exemplo, preparar a exposição salvando-a em disquete ou CD-ROM, como também em lâminas, possibilitando a apresentação pelo computador e/ou retroprojetor.

É também importante destacar que, em um curto espaço de tempo, utilizar múltiplos recursos termina por fragmentar o discurso, enfraquecer os conteúdos, desconcentrar a atenção dos presentes, em um processo de múltiplos estímulos, fator que acaba comprometendo a qualidade da exposição oral.

Só faça uso de equipamentos eletrônicos se tiver domínio desse recurso — o que pode ser conquistado com um pouco de preparo prévio (ensaio/simulação). Caso utilize retroprojetor durante a exposição, um colega pode ajudá-lo a colocar as lâminas na seqüência desejada — esse pequeno cuidado ajudará em sua concentração.

Dependendo do material reunido e de seu valor no contexto da argumentação dos problemas e das hipóteses, lembramos que é igualmente possível a utilização de *slides* e de filmes desde que esses recursos não substituam a defesa oral do autor da pesquisa, tampouco sejam utilizados como justificativa capaz de explicar o descumprimento do tempo previsto do exame oral.

Lembramos que o pesquisador deve estar munido de documentos que julgue importantes para a argumentação/demonstração de suas hipóteses/conclusões. Em circunstâncias anteriores, comparamos um estudo de caráter acadêmico a um processo jurídico na medida em que sua validade está nas provas, nas evidências que possa reunir. Agora, comparamos a defesa oral do relatório final de pesquisa a um julgamento em que as "provas do crime" conferem credibilidade aos argumentos e segurança às conclusões por figurarem como evidências comprobatórias. Quadros, tabelas, gráficos, mapas, cartas, livros, vídeos, fitas cassete, entrevistas, questionários, formulários e dicionários são exemplos do que queremos enfatizar.

O pesquisador deve utilizar apenas o tempo previsto para sua exposição, sem excedê-lo ou abreviá-lo. Para isso, deve preparar com antecedência um roteiro de exposição e simular a apresentação, de forma a evidenciar os aspectos essenciais da pesquisa nos limites do tempo previsto. Possíveis deficiências durante o exame oral podem ser minimizadas se se tentar gravar em fita cassete a exposição completa e ouvi-la atentamente, de modo a situar tais deficiências e corrigi-las — repetições de termos, excesso de gesticulação e tendência a ler transparências são erros mais freqüentes do que parecem. Portanto, o espelho também pode ser um bom recurso.

Concluída a etapa de planejamento da exposição oral dos resultados do trabalho em banca, não é raro que os professores orientadores se prestem a participar de apresentações-piloto. Essa prática é muito vantajosa para iniciantes, pois as sucessivas repetições levam à identificação e à correção de erros inicialmente cometidos.

É oportuno destacar que um texto é sempre uma "obra aberta", em permanente processo de construção/reconstrução. Logo, é natural que os membros da banca examinadora apontem algumas debilidades do texto e que sugiram alguns ajustes. Por isso, algumas instituições de educação superior permitem e até estimulam o estudante a corrigir tais debilidades antes de entregar a cópia final do relatório de pesquisa que será encaminhada à biblioteca. Para tanto, é estipulado um prazo a ser respeitado pelo autor do relatório final de pesquisa. Nesse caso, parece indispensável o registro do que foi afirmado pelos membros da banca. Isso pode ser feito por meio de anotações ou de gravações em cassete.

9.2.9 Utilizando o retroprojetor ou o *data show*

Ainda com o propósito de colaborar com os iniciantes em exames em banca, resta reunir algumas dicas que podem ajudar a preparação do material da apresentação:

a) Prepare as telas em termos de conteúdo e forma para apoiar a exposição, e não para simplesmente serem lidas. Assim, os conteúdos podem esquematizar a evolução lógica do que está sendo descrito, interpretado, analisado, explicado e/ou argumentado, e podem ilustrar a exposição com fotos, gráficos, tabelas, cifras etc.

b) Prepare o conteúdo e o *layout* das telas de forma a obter um texto legível para, em vez de atrapalhar, ajudar na compreensão das idéias desenvolvidas. Evite poluir as telas com muitas informações e imagens, diversas cores, várias fontes de tamanhos diferentes.

c) É possível enumerar as telas que serão utilizadas para, dessa forma, não correr o risco de se equivocar na seqüência que será respeitada durante a exposição.

d) Cuidado para não utilizar um número excessivo de telas em um curto espaço de tempo. Lembre-se de que todas as telas devem ser comentadas, e não lidas, o que pressupõe tempo. Do mesmo modo, a utilização de telas que precisam de períodos longos para serem expostas pode levar à dispersão, e não à compreensão dos aspectos que você deseja enfatizar.

e) Cuidado para não impedir a visão do público, colocando-se em frente das imagens projetadas. Posicione-se ao lado e utilize instrumentos indicativos dos pontos discutidos em cada uma delas.

FIGURA 9.2   Exemplo de telas para apresentação

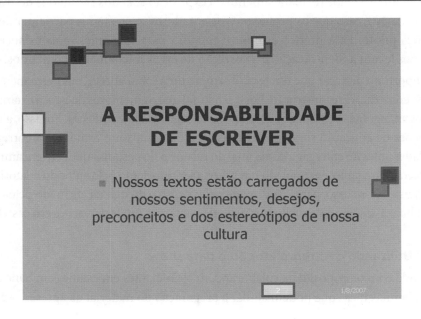

Checklist e Apresentação Oral do Relatório de Pesquisa 217

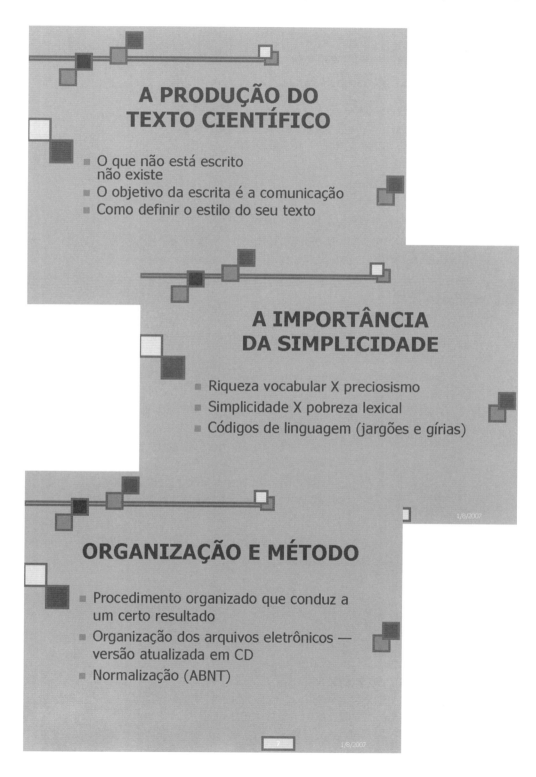

ESTRUTURA DOS TRABALHOS ACADÊMICOS

Pré-textuais (NBR 14724 – elementos obrigatórios)
- Capa
- Folha de rosto
- Folha de aprovação
- Resumo em língua portuguesa
- Resumo em língua estrangeira
  (se for tese, é preciso traduzir para mais de uma língua estrangeira)
- Sumário

Textuais
- **Introdução** *(não coloque nota de rodapé)*
  É a parte inicial do trabalho, na qual devem constar a delimitação do assunto tratado, os objetivos da pesquisa e outros elementos necessários para situar o tema do trabalho.

- **Desenvolvimento**
  É a parte principal do trabalho, na qual é feita a exposição ordenada e pormenorizada do assunto. Divide-se em seções e subseções, que variam em função da abordagem do tema e do método utilizado.

CHECKLIST E APRESENTAÇÃO ORAL DO RELATÓRIO DE PESQUISA   219

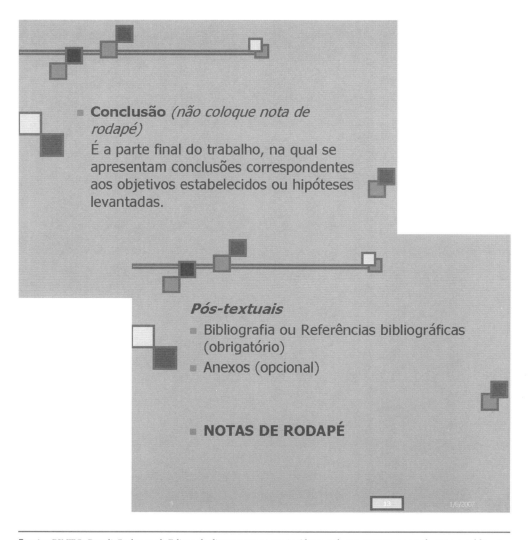

Fonte: PINTO, Roseli Carlos et al. *Edição de dissertações e teses jurídicas:* redação, revisão, normalização e publicação. São Paulo, 2005.

REFERÊNCIAS

ALMEIDA JR., J. B. O estudo como forma de pesquisa. In: CARVALHO, M. C. M. de (Org.). *Construindo o saber*: técnicas de metodologia científica. Campinas: Papirus, 1988.

ANDALOUSSI, Khalid. *Pesquisas-ações*: ciências, desenvolvimento, democracia. São Carlos: EdUFSCar, 2004.

ASSOCIAÇÃO BRASILEIRA DE NORMAS TÉCNICAS. *NBR 6023*: informação e dcumentação: referências: elaboração. Rio de Janeiro, 2002.

_____. *NBR 10520*: informação e documentação: apresentação de citações em documentos. Rio de Janeiro, 2002.

_____. *NBR 6028*: informação e documentação: resumo: apresentação. Rio de Janeiro, 2003.

_____. *NBR 14724*: informação e documentação: trabalhos acadêmicos: apresentação. Rio de Janeiro, 2005.

_____. *NBR 15287*: informação e documentação: projeto de pesquisa: apresentação. Rio de Janeiro, 2005.

BARBIER, René. *A pesquisa-ação*. Brasília: Plano Editora, 2002.

BARDIN, Laurence. *Análise de conteúdo*. Lisboa: Edições 70, 1977. p. 28.

BASTOS, C.; KELLER, V. *Introdução à metodologia científica:* aprendendo a aprender. 2. ed. Petrópolis: Vozes, 1991. 104 p.

BÊRNI, Duílio de Avila (Coord.). *Técnicas de pesquisa em economia*: transformando curiosidade em conhecimento. São Paulo: Saraiva, 2002. 408 p.

CAMBI, Franco. *História da pedagogia*. São Paulo: Editora Unesp, 1987. 701 p.

CAMPBELL, Donald Thomas. *Methodology and epistemology for social science*: selected papers. Chicago: University of Chicago Press, 1982. 609 p.

CARVALHO, Maria Cecília M. de (Org.). *Construindo o saber:* técnicas de metodologia científica. Campinas: Papirus, 1988. 180 p.

CASTRO, Cláudio de Moura. *A prática da pesquisa*. São Paulo: Makron, 1977. 156 p.

COOK, Thomas D.; CAMPBELL, Donald Thomas. *Quasi-experimentation:* design & analysis issues for field settings. Boston: Houghton Mifflin, 1979. 405 p.

DEMO, Pedro. *Introdução à metodologia da ciência*. 2. ed. São Paulo: Atlas, 1990. 118 p.

_____. *Pesquisa*: princípio científico e educativo. 3. ed. São Paulo: Cortez, 1992. 120 p.

DENZIN, Norman; LINCOLN, Yvonna. *Handbook of qualitative research*. 2nd ed. Thousand Oaks: Sage, 2000.

D'ONOFRIO, Salvatore. *Metodologia do trabalho intelectual*. 2. ed. São Paulo: Atlas, 2000.

DOURADO, Luiz Fernandes. *A interiorização do ensino superior e a privatização do público*. Goiânia: Editora da Universidade Federal de Goiás, 2001.

DOWNEY, Kirk; IRELAND, Duane. Quantitative versus qualitative: the case of environmental assessment in organizational study. *Administrative Science Quarterly*, v. 24, n. 4, p. 630-637, Dec. 1979.

ECO, Umberto. *Como se faz uma tese*. São Paulo: Perspectiva, 1991. 170 p.

FACHIN, Odília. *Fundamentos de metodologia*. 5. ed., rev. e atual. pela norma da ABNT 14724, de 30/12/2005. São Paulo: Saraiva, 2006. 228 p.

FREITAS, Henrique et al. O método de pesquisa *survey*. *Revista de Administração de Empresas*, São Paulo, USP, v. 35, n. 3, jul./set. 2000.

FURLAN, Vera Irma. O estudo de textos teóricos. In: CARVALHO, Maria Cecília M. de. *Construindo o saber*: técnicas de metodologia científica. Campinas: Papirus, 1988.

GAGE, N. L. *Educational psychology*. 3rd ed. Boston: Houghton Mifflin, 1989. 809 p.

GALLIANO, A. Guilherme. *O método científico*: teoria e prática. São Paulo: Harbra, 1979. 220 p.

GAMBOA, Sílvo Sanches. Quantidade-qualidade: para além do dualismo técnico e de uma dicotomia epistemológica. In: SANTOS FILHO, José Camilo dos. *Pesquisa educacional*: qualitativa-quantitativa. São Paulo: Cortez, 1995.

GHIGLIONE, Rodolphe; MATALON, Benjamin. *Les enquêtes sociologiques*: théories et pratique. Paris: Armand Colin, 1970.

GIL, Antonio Carlos. *Técnicas de pesquisa em economia*. 2. ed. São Paulo: Atlas, 1991. 195 p.

_____. *Como elaborar projetos de pesquisa*. 3. ed. São Paulo: Atlas, 1996. 158 p.

GODOY, Anilda Schmidt. Pesquisa qualitativa e suas possibilidades. *Revista de Administração de Empresas*, São Paulo: Fundação Getulio Vargas, v. 35, n. 2, mar./abr. 1995.

_____. Pesquisa qualitativa: tipos e fundamentos. *Revista de Administração de Empresas*, São Paulo: Fundação Getulio Vargas, v. 35, n. 3, maio/jun. 1995.

_____. Estudo de caso qualitativo. In: GODOI, Christiane K. et al. *Pesquisa qualitativa em estudos organizacionais*: paradigmas, estratégias e métodos. São Paulo: Saraiva, 2006.

GOODE, W. J.; HATT, P. K. *Métodos de pesquisa social*. São Paulo: Cia. Editora Nacional, 1973. 488 p.

GOLDENBERG, Miriam. *A arte de pesquisar*: como fazer pesquisa qualitativa em ciências sociais. 3. ed. Rio de Janeiro: Record, 1999.

GRAWITZ, Madeleine. *Méthodes des sciences sociales*. 6. ed. Paris: Daloz, 1984.

GUERRA, M.; DONAIRE, Denis. *Estatística indutiva*: teoria e aplicações. 5. ed. São Paulo: Livraria Ciência e Tecnologia, 1991. 311 p.

HORTON, Paul B.; HUNT, Chester L. *Sociologia*. São Paulo: McGraw-Hill do Brasil, 1980. 479 p.

HUSEN, Torsten; POSTHETWAITE, T. Neville. *The international encyclopedia of education research and studies*. Oxford: Pergamon, 1988.

JAVEAU, Claude. *L'enquête par questionnaire*. 3. ed. Bélgica: Editions de l' Université de Bruxelles, 1985.

JICK, Todd D. Mixing qualitative and quantitative methods: triangulation in action. *Administrative Science Quarterly*, v. 24, n. 4, p. 601-611, Dez. 1979.

KEEVES, John P. *Educational research, methodology, and measurement*: an international handbook. Oxford: Pergamon, 1988.

KELLER, Vicente; BASTOS, Cleverson. *Aprendendo a aprender:* introdução à metodologia científica. 2. ed. Petrópolis: Vozes, 1991.

KOCHE, José Carlos. *Fundamentos da metodologia científica*. 2. ed. ampl. Caxias do Sul: Universidade de Caxias do Sul, 1988.

_____. *Fundamentos de metodologia científica*: teoria da ciência e prática da pesquisa. 12. ed. ampl. Petrópolis: Vozes, 1988. 132 p.

KOTAIT, I. *Editoração científica*. São Paulo: Ática, 1981. 118 p.

LAKATOS, Eva Maria; MARCONI, Marina de Andrade. *Metodologia do trabalho científico*: procedimentos básicos, pesquisa bibliográfica, projeto e relatório, publicações e trabalhos científicos. 2. ed. São Paulo: Atlas, 1987. 198 p.

_____; _____. *Fundamentos de metodologia científica*. 3. ed. ampl. São Paulo: Atlas, 1991. 270 p.

LEVY, Henrique; COELHO, José Olimpio M. *Introdução à investigação científica*. Rio de Janeiro: Sudene, 1979.

LIMA, Manolita Correia. O método de pesquisa-ação nas organizações: do horizonte político à dimensão formal. *Revista Gestão,* Universidade Federal de Pernambuco, v. 3, n. 2, maio/ago. 2005. Disponível em: <http://www.gestaoorg.dca.ufpe.br>.

LODI, João Bosco. *A entrevista*: teoria e prática. 2. ed. São Paulo: Pioneira, 1974. 176 p.

MACKE, Janaina. A pesquisa-ação como estratégia de pesquisa participativa. In: GODOI, Christiane K. et al. *Pesquisa qualitativa em estudos organizacionais*: paradigmas, estratégias e métodos. São Paulo: Saraiva, 2006.

MARTINS, Gilberto de Andrade. *Manual para elaboração de monografias*. São Paulo: Atlas, 1990. 90 p.

_____. Epistemologia da pesquisa em administração. *XXX Reunião Anual do Cladea,* 1996.

MATTAR, Fauze Najib. *Pesquisa de marketing.* São Paulo: Atlas, 1992.

MÁTTAR NETO, João Augusto. *Metodologia científica na era da informática.* São Paulo: Saraiva, 2002. 287 p.

MEDEIROS, J. B. *Redação científica:* a prática de fichamentos, resumos, resenhas. São Paulo: Atlas, 1991. 144 p.

MOREIRA, Daniel Augusto. *O método fenomenológico na pesquisa.* São Paulo: Thomson, 2002.

MORIN, André. *Pesquisa-ação integral e sistêmica:* uma antropologia renovada. Rio de Janeiro: DP&A Editora, 2004.

MUNHOZ, Dércio Garcia. *Economia aplicada:* técnicas de pesquisa e análise econômica. Brasília: Universidade de Brasília, 1989. 300 p.

PÁDUA, Elisabeth Matallo Marchesini de. O trabalho monográfico como iniciação à pesquisa científica. In: CARVALHO, Maria Cecília M. de (Org.). *Construindo o saber:* técnicas de metodologia científica. Campinas: Papirus, 1988.

PASQUERO, Jean. A filosofia das abordagens qualitativas no contexto da pesquisa em gestão: explicar ou compreender. *Revista Temas,* Itu, ano 1, n. 1, [19—].

PINEAU, Gaston. *Temporalidades na formação:* rumo a novos sincronizadores. São Paulo: Triom, 2004.

POPE, Catherine; MAYS, Nick. Reaching the parts other methods cannot reach. *Administrative Science Quarterly,* n. 4, p. 560-569, Dec. 1979.

RIBEIRO, M. de Lourdes; OLIVEIRA, Sonia Hinds de. *Relatório de pesquisa acadêmica:* manual de redação e estilo. Rio de Janeiro: Faculdade de Ciências Políticas e Econômicas da Cândido Mendes.

RUIZ, João Álvaro. *Metodologia científica:* guia para eficiência nos estudos. São Paulo: Atlas, 1982. 170 p.

RUTTER, M.; ABREU, S. A. de. *Pesquisa de mercado.* São Paulo: Ática, 1988. 80 p.

SALOMON, Delcio Vieira. *Como fazer um relatório de pesquisa.* 2. ed. rev. e atual. São Paulo: Martins Fontes, 1991. 294 p.

SANTOS, Antonio Raimundo dos. *Metodologia científica:* a construção do conhecimento. 4. ed. Rio de Janeiro: DP&A Editora, 2001.

SELLTIZ, C. et al. *Métodos de pesquisa nas relações sociais.* São Paulo: EPV/Edusp, 1965. 687 p.

SENRA, N. de C. *O cotidiano da pesquisa.* São Paulo: Ática, 1989. 71 p.

SEVERINO, Antônio Joaquim. *Metodologia do trabalho científico.* 19. ed. São Paulo: Cortez, 1993. 250 p.

_____; FAZENDA, Ovani C. Arantes (Org.). *Conhecimento, pesquisa e educação.* Campinas: Papirus, 2001.

SHULMAN, Lee S.; JAEGER, Richard M. *Complementary methods for research in education.* Washington, DC: American Educational Research Association, 1985. 480 p.

SPIEGEL, M. R. *Estatística.* 2. ed. São Paulo: McGraw-Hill do Brasil, 1985. 454 p.

STEVENSON, W. J. *Estatística aplicada à administração.* São Paulo: Harper & Row do Brasil, 1981. 495 p.

THIOLLENT, Michel. *Metodologia da pesquisa-ação.* 6. ed. São Paulo: Cortez, 1994. 112 p.

_____. *Pesquisa-ação nas organizações.* São Paulo: Atlas, 1997. 164 p.

THOMPSON, A. *Manual de orientação para o preparo de monografias:* destinado especialmente a bacharelandos e iniciantes. Rio de Janeiro: Forense Universitária, 1987. 158 p.

TRIVIÑOS, A. N. *Introdução à pesquisa em ciências sociais:* pesquisa qualitativa e educação. São Paulo: Atlas, 1987. 176 p.

TURNER, Frank M. (Org.). *Newman e a idéia de uma universidade.* Bauru: Edusc, 2001.

UNIVERSIDADE FEDERAL DO PARANÁ. Sistema de bibliotecas. *Normas para apresentação de documentos científicos.* Curitiba: Ed. UFPR, 2001. 10 v.

VERGARA, Sylvia Constant. *Métodos de pesquisa em administração.* São Paulo: Atlas, 2005.

VIEIRA, Marcelo Milano Falcão. Por uma boa pesquisa (qualitativa) em administração. In: VIEIRA, Marcelo Milano Falcão; ZOUAIN, Deborah Moraes Zouain (Org.). *Pesquisa qualitativa em administração.* Rio de Janeiro: Editora FGV, 2004.

VILA NOVA, S. *Ciência social:* humanismo ou técnica? Ensaios sobre problemas de teoria, pesquisa e planejamento social. Petrópolis: Vozes, 1985. 81 p.

YIN, Robert K. *Estudo de caso:* planejamento e métodos. 2. ed. Porto Alegre: Bookman, 2001. 206 p.

WEBER, Max. *Economia e sociedade.* 3. ed. Brasília: Editora UnB, 1994.

WONNACOTT, T. H.; WONNACOTT, R. J. *Introductory statistics for business and economics.* 14. ed. Canadá: John Wiley & Sons, 1990. 815 p.

APÊNDICE

A Internet tem se mostrado uma ferramenta de fácil acesso e de boa utilidade para a realização de investigações que resultem em trabalhos acadêmicos. Em atividades de investigação, mais sensato do que simplesmente "entrar" em determinado endereço eletrônico é definir previamente o que se pretende obter ou o que se procura, de maneira objetiva. O motivo para tal sugestão é a existência e disponibilidade de acesso a grande quantidade de textos em versões *.html (Internet), *.doc (Word) ou *.pdf (Accrobat), que pode ocasionar a perda do foco da pesquisa devido ao expressivo leque de possibilidades de acesso a inúmeras páginas. Considerando-se que a realização de pesquisas acadêmicas respeitam determinado cronograma, é importante que o pesquisador defina os critérios de busca, fique atento ao tempo disponível e limite o tempo de navegação ou busca de material por meio eletrônico.

Ao prepararmos esta lista de endereços eletrônicos, focamo-nos no perfil do estudante concluinte de programas de graduação que tem alguma familiaridade com o sistema de acesso, limitando-nos a poucos e importantes endereços que, além de proporcionar informação sobre o tema, funcionam como portal de informações, muitas vezes dispondo de uma página com *links* que também estão relacionados ao tema.

Para pesquisar outras páginas de interesse, podem ser utilizados os chamados sites de busca como www.google.com.br, www.altavista.com.br, www.yahoo.com.br, entre outros, em que digitando palavras-chave no espaço em aberto e clicando no botão de busca, pode-se obter uma lista com os resultados encontrados sobre o assunto.

■ 1. Agências de Fomento à Pesquisa

Conselho Nacional de Desenvolvimento Científico e Tecnológico (CNPq): www.cnpq.br

Coordenação de Aperfeiçoamento de Pessoal de Nível Superior (Capes): www.capes.gov.br

Financiadora de Estudos e Projetos (Finep): www.finep.gov.br

Fundação de Amparo à Pesquisa do Estado de São Paulo (Fapesp): www.fapesp.br

2. Bibliotecas Virtuais

Biblioteca da IEE/USP (lista de *links*, incluindo entidades, bibliotecas e universidades nacionais e internacionais): www.iee.usp.br/biblioteca/links.htm

Biblioteca Digital de Teses e Dissertações: www.teses.usp.br

Biblioteca Nacional (BN): www.bn.br

Biblioteca Virtual de Economia: www.prossiga.br/nuca.ie.ufrj/economia

Bibliotecas Virtuais Temáticas: www.prossiga.br/bvtematicas (Biblioteca Virtual de Estudos Culturais, Biblioteca Virtual de Política Científica e Tecnológica, Biblioteca Virtual de Energia, Biblioteca Virtual de Inovação Tecnológica, Biblioteca Virtual de Economia, Biblioteca Virtual de Educação a Distância, Biblioteca Virtual de Educação, Biblioteca Virtual de Ciências Sociais são exemplos do que o pesquisador irá encontrar).

3. Banco de Dissertações e de Teses

Banco de Dissertações e de Teses da Escola de Pós-graduação em Economia da Fundação Getulio Vargas (EPGE/FGV): www.fgv.br/epge/home/publi

Banco de Dissertações e de Teses da Universidade de São Paulo (USP): www.saber.usp.br

4. Institutos de Pesquisa

Cidade do Conhecimento: www.cidade.usp.br — rede de comunicação que explora temas ligados à educação e ao trabalho mantida pelo Instituto de Estudos Avançados da Universidade de São Paulo (IEA/USP).

Departamento Intersindical de Estatística e Estudos Socioeconômicos (Dieese): www.dieese.org.br

Economática: www.economatica.com — reúne análises de investimentos em ações no Brasil, Argentina, Chile, Colômbia, México, Peru e Venezuela.

Empresa Brasileira de Pesquisa Agropecuária (Embrapa): www.embrapa.gov.br

Fundação Centro de Estudos de Comércio Exterior (Funcex): www.funcex.com.br — oferece extensa lista de *links* governamentais, entidades empresariais e organismos internacionais.

Fundação Instituto de Pesquisas Econômicas (Fipe): www.fipe.org.br

Fundação Sistema Estadual de Análise de Dados (Seade): www.seade.gov.br

Instituto Brasileiro de Análises Sociais e Econômicas (Ibase): www.ibase.org.br

Instituto Brasileiro de Geografia e Estatística (IBGE): www.ibge.gov.br

Instituto de Economia: www.eco.unicamp.br/gerais/links.html — permite *links* nacionais como ANPEC, BOVESPA, IPEA, e internacionais.

Instituto de Estudos das Operações de Comércio Exterior (Icex): www.icex.org.br

Instituto de Pesquisa Econômica Aplicada (Ipea): www.ipea.gov.br

Instituto de Pesquisas Tecnológicas (IPT): www.ipt.br

Portal Universitário: www.universia.net — projeto que cobre o mundo universitário em âmbito internacional oferecendo materiais acadêmicos e serviços.

● 5. Normalização de Textos Acadêmicos

Associação Brasileira de Normas Técnicas (ABNT): www.abnt.org.br

● 6. Modelos de Normalização Adotados por Instituições de Educação Superior

Manual para Elaboração e Normalização de Dissertações e Teses, por Mariza Russo, Ilce G. M. Cavalcanti, Ângela Feliz e Jane M. Medeiros: www.sibi.ufrj.br/manual_01.doc

- Modelo aprovado em 17/10/1997 para ser adotado pela Universidade Federal do Rio de Janeiro.
- Atualizado em 2001.
- Formato *.doc.

Normalização de Textos Acadêmicos: http://www.pucminas.br/documentos/normalizacao_monografias.pdf x

- Modelo adotado pela Pontifícia Universidade Católica de Minas Gerais.

Proposta de Modelo de Relatório para os Cursos de Engenharia, por Conceição A. Fornasari, Erivelto Marino e Maria E. C. Carvalho: http://www.unimep.br/feau/ModeloRelatoriodaPaginaInternet.doc

● 7. Sites elaborados por pesquisadores

Índice Brasileiro de Bibliografia em Administração e índice Brasileiro de Bibliografia de Economia, por Dércio Garcia Munhoz: www.orientador.com.br/orientador.htm

Metodologia de Pesquisa, Elaboração de Relatórios, Artigos de Periódicos, por Gilberto de Andrade Martins: www.eac.fea.usp.br/metodologia

Metodologia do Trabalho Científico, por Saul Goldenberg, Ademar Araújo Castro e Carlos Alberto Guimarães: www.metodologia.org

Normas para Elaboração de Monografias, Dissertações e Teses, por Mauricio Garcia e Maristela Neves: www.mgar.vet.br/normasmonografia

Orientação para Elaboração de Textos Acadêmicos, por Silvio Luiz Indrusiak Weiss: www.icpg.com.br/hp/normas/index.php

● 8. Revistas Acadêmicas

Acompanhamento de Empresas Concessionárias de Energia Elétrica: www. provedor.nuca.ie.ufrj.br/eletrobras/acompanhamento/empresas.htm — periódico on-line do Provedor de Informações Econômico-Financeiras de Empresas de Energia Elétrica produzido pelo Departamento de Planejamento e Orçamento (DFP) da Eletrobrás em parceria com o Núcleo de Computação (Nuca) do Instituto de Economia da Universidade Federal do Rio de Janeiro (IE/UFRJ). A página fornece acesso ao acompanhamento das empresas de energia elétrica situadas no Brasil. Tal acompanhamento é realizado por meio da seleção de artigos publicados nos principais jornais do País. As informações estão organizadas por assunto: Resultados Financeiros; Comportamento das Ações; Dividendos; Investimentos; Novas Parcerias; Linhas de Financiamento; Renegociações; Venda de Participação; Privatização; Posicionamento Estratégico; Perspectivas das Empresas.

Administração On-Line (revista eletrônica da Fecap): www.fecap.br/adm_online/

Boletim de Finanças Públicas: www.ipea.gov.br/pub/boletim/boletim.html — publicação trimestral do Instituto de Pesquisa Econômica e Aplicada (Ipea). Divulga dados e informações sobre a evolução e as perspectivas dos principais componentes relativos às finanças públicas do país e disponibiliza o acesso aos boletins editados a partir de meados da década de 90.

Boletim do Dieese: www.dieese.org.br/bol/boletim.xml — Periódico mensal publicado pelo Departamento Intersindical de Estatística e Estudos Socioeconômicos (Dieese). O conteúdo do periódico explora dados e informações capazes de fundamentar análises acerca das relações de trabalho que prevalecem no Brasil e no mundo. Seu conteúdo está organizado em 12 seções: Conjuntura; Estudos e Pesquisas; Linha de Produção; Negociação; Documentos Sindicais; Internacional; Anuário dos Trabalhadores; Mercado de Trabalho; Acordos; Greves; Custo de Vida e Cesta Básica Nacional.

Boletim ECOSYS: www2.infoecosys.com — boletim eletrônico publicado pelo Instituto de Ciências Econômicas e Gerenciais (Iceg) da Pontifícia Universidade Católica de Minas Gerais (PUC/MG) em parceria com o sistema de informações SIGA, da prefeitura de Belo Horizonte/MG. O periódico é especializado em conjuntura econômica local e regional (BH/MG), brasileira e internacional. Sua publicação é bimestral e fornece *links* para edições anteriores e para base de dados. Disponibiliza ainda uma ferramenta de busca por palavras-chave e um *link* de ajuda. É possível ter acesso ao texto integral da última edição do Boletim por meio do *welcome page* do *site* ECOSYS.

Carta da Indústria: www.firjan.org.br/notas/cgi/cgilua.exe/sys/start.htm?sid=4 — versão on-line do jornal especializado em informações relativas ao setor industrial do Rio de Janeiro. É publicada pela Federação das Indústrias do Rio de Janeiro (Firjan). O *site* só permite o acesso aos textos publicados na última edição do jornal.

Carta de Conjuntura — FEE: www.fee.tche.br/sitefee/pt/content/publicacoes/pg_boletins_carta.php

Cartas de Conjuntura: www.ie.ufrj.br/conjuntura/cartas_de_conjuntura/index.php) — publicação mensal do Instituto de Economia da Universidade Federal do Rio de Janeiro (IE/IJFRJ). O seu conteúdo se presta a analisar o comportamento das variáveis macroeconômicas da economia brasileira. (O *site* fornece acesso ao sumário dos números publicados desde 2002.)

Dicionário Econômico: www.economiaonline.ecn.br

Economia Hoje: www.economiahoje.cjb.net

Economia On-Line: www.economiaonline.com.br

Perspectiva Econômica, Revista eletrônica da Unisinos: www.perspectivaeconomica.unisinos.br

Portal da Economia: www.portaldaeconomia.com.br

Revista de Administração da Universidade de São Paulo (Rausp): www.rausp.usp.br — o *site* permite o acesso aos resumos dos artigos publicados. Além disso, apresenta uma lista de *links* em que estão incluídos o Caderno de Pesquisa em Administração da USP (www.ead.fea.usp.br/cad-pesq/index.htm) com acesso aos textos completos, aos núcleos e programas de pesquisa da FEA/USP e às bibliotecas virtuais.

Revista Eletrônica de Administração da Universidade Federal do Rio Grande do Sul (READ/UFRGS): www.read.adm.ufrgs.br

Revista Eletrônica de Artigos Acadêmicos sobre o Terceiro Setor — publicada pela Fundação Getulio Vargas de São Paulo: integracao.fgvsp.br

Revista Eletrônica de Gestão Organizacional: www.gestaoorg.dca.ufpe.br

Revista eletrônica especializada em negócios internacionais: www.espm.br/ESPM/pt/Home/Global/Publicacoes/Internext

Sociedade Brasileira de Econometria: www.sbe.org.br — este *site* possibilita o acesso à **Revista de Econometria** e *links* econométricos e de macroeconomia.

● 9. Administração

AIESEC Brasil: www.aiesec.org.br

Associação Brasileira da Indústria de Máquinas e Equipamentos (Abimaq): www.abimaq.org.br

Associação Brasileira de Recursos Humanos (ABRH): www.abrhnacional.org.br

Associação dos Cursos de Graduação em Administração (Angrad): www.angrad.org.br

Associação Nacional de Especialistas em Política e Gestão Governamental (Anesp): http://www.anesp.org.br/

Associação Nacional de Pós-Graduação e Pesquisa em Planejamento Urbano e Regional (Anpur): www.unpur.org.br

Associação Nacional dos Fabricantes de Veículos Automotores (Anfavea): www.anfavea.com.br

Associação Nacional dos Programas de Pós-Graduação e Pesquisa em Administração (Anpad): www.anpad.org.br

Confederação Nacional da Indústria (CNI): www.cni.org.br

Confederação Nacional das Profissões Liberais (CNPL): www.cnpl.org.br

Conselho Federal de Administração (CFA): www.cfa.org.br — permite acesso a todos os *sites* dos conselhos regionais (CRA's).

Escola Nacional de Administração Pública (ENAP): www.enap.gov.br

Federação Brasileira de Bancos (Febraban): www.febraban.org.br

Federação Brasileira dos Administradores (Febrad): www.febrad.org.br

Federação das Indústrias do Estado de São Paulo (Fiesp): www.fiesp.org.br

Federação do Comércio do Estado de São Paulo (FCESP): www.fcesp.org.br

Federação Nacional dos Estudantes de Administração (Fenead): www.fenead.org.br

Fundação do Desenvolvimento Administrativo (Fundap): www.fundap.sp.gov.br

Instituto Brasileiro de Administração (IBA): www.iba.org.br

Instituto Brasileiro de Administração Municipal (Ibam): www.ibam.org.br

Instituto Brasileiro de Consultores de Organização (IBCO): www.ibco.org.br

Instituto Nacional da Propriedade Industrial (Inpi): www.inpi.gov.br

Instituto Nacional de Administração (INA): www.ina.pt/

Serviço de Apoio às Micro e Pequenas Empresas (Sebrae): www.sebrae.com.br

Sindicato da Micro e Pequena Indústria do Estado de São Paulo (Simpi): www.simpi.com.br

APÊNDICE **233**

• 10. Economia e Finanças

Banco Central do Brasil (BCB): www.bcb.gov.br

Banco do Brasil (BB): www.bb.com.br

Banco Nacional de Desenvolvimento Econômico e Social (BNDES): www.bndes.gov.br

Bolsa de Valores (Mundo): www.geocities.com/bolsasmundiais

Bolsa de Valores de São Paulo (Bovespa): www.bovespa.com.br

Bolsa de Valores do Rio de Janeiro: www.bvrj.com.br

Bolsa Mercantil de Futuros: www.bmf.com.br

Caixa Econômica Federal: www.caixa.gov.br

Comissão de Valores Mobiliários (CVM): www.cvm.gov.br

Conselho Federal de Economia: www.cofecon.org.br

Conselho Regional de Economia: www.corecon.org.br

Federação Internacional de Bolsas de Valores (FIBV): www.fibv.com

Instituto Brasileiro de Certificação de Planejadores Financeiros (IBCPF): www.ibcpf.org.br

Instituto Brasileiro de Executivos de Finanças de São Paulo (IBEF): www.ibef.com.br

Portal da Economia: www.portaldaeconomia.com.br

• 11. Contabilidade

Associação Nacional dos Contabilistas das Entidades de Previdência Privada (Ancep): www.ancep.org.br

Conselho Federal de Contabilidade (CFC): www.cfc.org.br

Fundação Instituto de Pesquisas Contábeis, Atuariais e Financeiras (Fipecah): www.fipecafi.com.br

Instituto dos Auditores Independentes do Brasil (Ibracon): www.ibracon.com.br

Portal da Contabilidade: www.eac.fea.usp.br — em *publicações* é possível acessar textos completos, de autoria dos docentes e discentes da EAC/FEA/USP

• 12. Comércio Exterior

Aduaneiras (Editora especializada em temas ligados ao Comércio Exterior): www.aduaneiras.com.br

Associação Brasileira de Terminais e Recintos Alfandegários: www.abtra.com.br

Associação Brasileira dos Executivos de Comércio Exterior (Abecex): www.abecex.com.br

Associação do Comércio Exterior do Brasil (AEB): www.aeb.org.br

Banco Central do Brasil (Bacen): www.bacen.gov.br

CEOL — Comércio Exterior On-Line: www.ceol.com.br

Comunidade do Comércio Exterior, Transportes e Logística: www.comnex-net.com.br

Departamento de Comércio Americano: www.commerce.gov/index.htm

Exportnews (o portal do exportador brasileiro): www.exportnews.com.br

Informações sobre Promoção de Comércio Exterior: www.exportabrasil.gov.br

Intermodal South America: www.intermodal.com.br

Investe Brasil: www.planejamento.gov.br/investe_brasil/index.htm

Itamarati — Comércio Exterior: http://www.mre.gov.br/cdbrasil/itamaraty/web/port/economia/comext/apresent/index.htm

LDCI Comércio Exterior: www.ldcinf.com.br

Portal do Exportador: www.portaldoexportador.gov.br

Rede Nacional de Agentes de Comércio Exterior: www.redeagentes.gov.br

Secretaria da Receita Federal (SRF): www.receita.fazenda.gov.br

Sistema de Informação sobre Comércio Exterior (SICE): www.sice.oas.org/default.asp

Sistema de Informações Gerenciais do Programa Especial de Exportações: http://www.desenvolvimento.gov.br/sitio/camex/pee/oQue.php

13. Câmaras de Comércio

Câmara Americana de Comércio (Amcham): www.amcham.com.br

Câmara Brasileira de Comércio com a Alemanha: www.ahkbrasil.com.br

Câmara Brasileira de Comércio na Grã-Bretanha: www.braziliancharnber.org.uk/

Câmara de Comércio Argentino-Brasileira de São Paulo: www.camarbra.com.br

Câmara de Comércio Brasil-Canadá: www.ccbc.org.br

Câmara de Comércio Exterior (Camex): www.desenvolvimento.gov.br/sitio/camex/

Câmara de Comércio França-Brasil: www.ccfb.com.br

Câmara Internacional de Comércio: www.mercosulsc.com.br

Câmara Ítalo-Brasileira de Comércio e Indústria: www.italcam.com.br

Cámara Oficial Española de Comercio en Brasil: www.camaraespanhola.org.br

14. Organismos Internacionais

Associação Latino-Americana de Integração (Aladi): www.aladi.org

Banco Interamericano de Desenvolvimento (BID): www.iadb.org

Banco Mundial (World Bank): www.worldbank.org

Comissão Econômica para América Latina e Caribe (Cepal): www.eclac.cl

Conferência das Nações Unidas para o Comércio e Desenvolvimento (UNC-TAD): www.unctad.org

Fundo Monetário Internacional (FMI): www.imf.org

Organização das Nações Unidas (ONU): www.un.org

Organização das Nações Unidas para a Educação, a Ciência e a Cultura (Unesco): www.unesco.org

Organização dos Estados Americanos (OEA): www.oas.org

Organização Internacional do Trabalho (OIT): www.ilo.org

Organização Mundial da Saúde (OMS): www.who.int

Organização Mundial do Comércio (OMC): www.wto.org

Organização para Cooperação e Desenvolvimento Econômico (OECD): www.oecd.org

Portal do Mercado Comum do Sul (Mercosul): www.mercosur.org

Site **do Mercado Comum do Sul** (Mercosul): www.mre.gov.br/cdbrasil/itamara-ty/web/port/relext/mre/orgreg/mercom/

União Européia (EU): www.europa.eu

15. Publicidade e Propaganda

A Estação da Propaganda: www.dpto.com.br

Associação Brasileira de Agências de Publicidade (Abap): www.abap.com.br

Associação Brasileira de Propaganda (ABP): www.abp.com.br

Associação dos Profissionais de Propaganda (APP): www.appbrasil.org.br

Museu da Propaganda: www.aqp.com.br

Museu Virtual Memória da Propaganda: www.memoriadapropaganda.org.br

OUTDOOR — *Site* **Central de** *Outdoor*: www.outdoor.com.br

Portal de Publicidade: www.portalpublicidade.com.br

Site **do Anuário de Criação de São Paulo** (CCSP): www.ccsp.com.br

16. Periódicos das Áreas de Marketing, Publicidade e Propaganda

Jornal Propaganda e Marketing: www.propmark.com.br

Meio & Mensagem: www.meioemensagem.com.br

Meios & Publicidade: www.meiosepublicidade.pt

17. Imprensa Comercial

Financial Times: www.ft.com

Folha de S.Paulo: www.folha.uol.com.br

Gazeta Mercantil: www.investnews.net

Jornal do Brasil: www.jbonline.terra.com.br

O Estado de S. Paulo: www.estadao.com.br

The New York Times on The Web: www.nytimes.com

USA Today: www.usatoday.com

18. Terceiro Setor e Responsabilidade Social das Empresas

Associação Brasileira de Organizações Não-Governamentais: www.abong.org.br

Association for Research on Nonprofit Organization and Voluntary Action (Arnova): www.arnova.org

Balanço Social (projeto Ibase que tem a missão de difundir o conceito e a prática da "responsabilidade social" nas empresas): www.balancosocial.org.br

Filantropia (portal que divulga informações sobre o terceiro setor): www.filantropia.org

Focuses the Power of Internet in a Specific Humanitarian Need — The Eradication of World Hunger: www.thehungersite.com

GIFE — Terceiro Setor: www.gife.org.br

Global Reporting Initiative (GRI): www.globalreporting.org

Instituto Ethos de Responsabilidade Social (Ethos) — para fazer *download* dos relatórios de pesquisas e indicadores Ethos, clique em *Publicações* e em seguida *Publicações Ethos* — os arquivos estão em *.pdf: www.ethos.org.br

Rede de Informações sobre o Terceiro Setor (RITS): www.rits.org.br

The Copenhagen Centre (TCC) New Partnerships for Social Responsibility: www.copenhagencentre.org

United Nations Research Institute for Sustainable Development (UNRISD): www.unrisd.org — para acessar as publicações, usar o *site search* e digitar a palavra-chave. Ao aparecer a descrição da publicação desejada, clique no *link additional information* do lado direito da tela e novamente, no lado direito, aparecerá novos quadros. O *site* oferece a opção de enviar os arquivos em *.pdf direto para o seu *e-mail*.

World Business Council for Sustainable Development (WBCSD): www.wbcsd.org — para acesso aos documentos publicados pelo WBCSD, clique em *Publications and Reports*; acesso a relatórios anuais e projetos setoriais em *.pdf.

● 19. Desenvolvimento Auto-Sustentável e Meio Ambiente

5 Elementos: www.5elementos.org.br

Agência Nacional de Águas: www.ana.gov.br/links — o *site* traz uma longa lista de *links*, classificados em "Nacionais" (governamentais e não-governamentais) e "Internacionais" (governamentais, não-governamentais, por continente).

Agência Nacional: www.agencianacional.com.br

Ambientebrasil: www.ambientebrasil.com.br

Centro Internacional de Desenvolvimento Sustentável (Cids): http://www.fgv.br/pesquisas/idx_cids.asp

Companhia de Tecnologia de Saneamento Ambiental (Cetesb): www.cetesb.sp.gov.br

Conselho Empresarial Brasileiro para o Desenvolvimento Sustentável (CEBDS) — *site* no Brasil do WBCSD: www.cebds.org.br

Conselho Nacional de Defesa Ambiental (CNDA): www.cnda.org.br

***Greenpeace* Brasil**: www.greenpeace.org.br

Instituto Brasileiro do Meio Ambiente e dos Recursos Naturais Renováveis (Ibama): www.ibama.gov.br

Instituto Ecoar para a Cidadania: www.ecoar.org.br

Instituto Nacional de Colonização e Reforma Agrária (Incra): www.incra.gov.br

Secretaria Estadual do Meio Ambiente: www.ambiente.sp.gov.br

SOS Mata Atlântica: www.sosmatatlantica.org.br

Via Ecológica: www.viaecologica.com.br

WWF-Brasil: www.wwf.org.br

● 20. Governo Brasileiro

Agência Brasil (Radiobras): www.radiobras.gov.br

Câmara dos Deputados: www.camara.gov.br

Diário Oficial da União: www.in.gov.br

Governo Federal Brasileiro: www.brasil.gov.br — este *site* reúne informações sobre o País.

Imprensa Nacional: www.in.gov.br

Legislação de Interesse Geral (Constituição Brasileira, Leis, Decretos e Códigos): www.presidencia.gov.br/legislacao

Ministério da Agricultura e do Abastecimento: www.agricultura.gov.br

Ministério da Ciência e Tecnologia: www.mct.gov.br

Ministério da Educação: www.mec.gov.br

Ministério das Comunicações: www.mc.gov.br

Ministério das Relações Exteriores: www.mre.gov.br

Ministério do Desenvolvimento, Indústria e Comércio Exterior: www.desenvolvimento.gov.br

Ministério do Esporte: www.esporte.gov.br

Ministério do Meio Ambiente: www.mma.gov.br

Ministério do Planejamento, Orçamento e Gestão: www.planejamento.gov.br — clicar em *links* e acessar *sites* como Ipea, IBGE e *e-gov* (governo eletrônico).

Ministério do Trabalho e do Emprego: www.mtb.gov.br

Ministério do Turismo: www.turismo.gov.br

Ministério dos Transportes: www.transportes.gov.br

Procuradoria Geral da República: www.pgr.mpf.gov.br

Procuradoria Geral do Trabalho: www.pgt.mpt.gov.br

Senado Federal: www.senado.gov.br

Tribunal de Contas da União: www.tcu.gov.br

Tribunal Superior do Trabalho: www.tst.gov.br

● 21. Sítios que podem ser explorados em levantamentos bibliográficos orientados por autores e obras que discutem diversos aspectos das Ciências Humanas, Ciências Sociais e Ciências Aplicadas

Biblioteca Digital de Obras Raras e Especiais: www.obrasraras.usp.br — disponibiliza textos completos de obras classificadas como raras.

Biblioteca do Congresso americano: www.loc.gov

Biblioteca Mário de Andrade: www.prefeitura.sp.gov.br/mariodeandrade — divulga o acervo disponível em diferentes áreas de conhecimento.

Biblioteca Nacional da Espanha: www.bne.es

Biblioteca Nacional da França: www.bn.fr

Biblioteca Nacional da República Argentina: www.bibnal.edu.ar

Biblioteca Nacional de Portugal: www.bn.pt

Fundação Biblioteca Nacional: www.bn.br — reúne amplo acervo e oferece vários serviços aos usuários.

Instituto Brasileiro de Informação em Ciência e Tecnologia: www.prossiga.br — bibliotecas virtuais ligadas ao sistema MCT/CNPq/Ibict (Ministério de Ciência e Tecnologia/Conselho Nacional de Pesquisa).

Ministério da Educação — Portal periódicos: http://www.periodicos.capes.gov.br/ — divulga artigos de diversas áreas de conhecimento, publicados em mais de 9.530 periódicos nacionais e internacionais.

Perseus Digital Library: www.perseus.tufts.edu — biblioteca digital dedicada a estudos sobre gregos e romanos antigos.

Projeto Gutenberg: www.gutenberg.net — disponibiliza obras integrais de renomados autores.

Scientific Electronic Library Online: www.scielo.br — reúne periódicos científicos brasileiros de diferentes áreas do conhecimento (desenvolvido pela Fundação de Amparo à Pesquisa do Estado de São Paulo/Fapesp, em parceria com a Bireme e com o apoio do CNPq).

Teses e Dissertações: www.teses.usp.br — reúne textos integrais das dissertações e teses defendidas a partir de 2001.

The British Library Board (biblioteca britânica): www.bl.uk

www.capes.gov.br/capes/portal/conteudo/10/Banco_Teses.htm — divulga o resumo de dissertações e teses apresentadas nos programa de pós-graduação *stricto sensu*, existentes no Brasil, desde 1987.

www.senado.gov.br/biblioteca — dispõe de eficiente sistema de busca entre os títulos que compõem seu acervo (mais de 150 mil).

Índice Remissivo

A

Abordagem quantitativa, 27
  método *survey*, 29
Abreviaturas, 161
Agradecimentos, 156
Amostragens,
  não-probabilísticas, 105
  probabilísticas, 105
Análise
  da variância, 104
  inferência de dados, 105
Anexos, 164, 193
Apêndices, 164, 193
Apud, 185
Argüição, 210, 212
Arquivos
  particulares, 58
  públicos, 58
Artigos
  de jornais, 173
  periódicos, 173

B

Banca examinadora, 209-211

Banco de dissertações e de teses, 228
Bibliografia *ver* Referências
Bibliotecas virtuais, 228

C

Câmaras de comércio, 234
Capa, 152
Checklist, 201-216
Citações, 177-186
Coleta de dados, 71
Coleta de materiais
  formulários, 89
  questionários, 71
Comércio exterior, 234
Conclusão, 192
Contabilidade, 233
Corpo do texto, 164

D

Dados,
  resultantes de pesquisa de campo, 93
  tratamento descritivo, 96
  tratamento estatístico, 93
  tratamento inferencial, 105

Data show, 216
Dedicatória, 156
Desvio-padrão, 104
Digitação, 148
Dissertação, 64, 172

E

Economia e finanças, 233
Encadernação, 25
Entrevistas
    clínica, 119
    estruturada, 115
    focalizada, 118
    não-dirigida, 119
    não-estruturadas ou não-padronizadas, 118
    padronizada, 115
    painel, 119
    planejamento da, 116
    técnica de coleta da materiais, 113
    tipos de, 115
    tratamento do material obtido por meio de, 117
Epígrafe, 155
Erratas, 164-165
Estatística
    descritiva, 94
    indutiva, 94

F

Fichamento, 63
    citações, 64
    conteúdo, 64
    modelo, 67

padronização, 66
    sintetizar partes importantes, 64
Fichas de leitura, 64
Folha de rosto, 154
Fontes estatísticas, 58
Formatação
    corpo do texto, 164
    dimensões de edição, 147
    entrelinhas, 148
    fontes, 148
    margem, 150
    numeração de páginas, 151
    papel, 149
Formulários
    aplicação, 71-72
    coleta de dados, 89
    elaboração, 91
    limitações, 90

G

Grifo do autor, 176, 179

I

Ibidem, 183
Id., 183
Idem, 183
Idid., 183
Ilustrações, 160
Índice
    provisório, 141-146
    sumarizado, 24
Instituições de Educação Superior
    papel, 16

Instituto de pesquisa, 228

Introdução, 190

Investigação científica *ver* Pesquisa científica

L

Leitura
    procedimentos, 62
Lista de abreviaturas, 161
Lista de ilustrações, 160

M

Método *survey*
    abordagem quantitativa, 29
    corte-transversal, 30
    descritiva, 30
    exemplo adotado em estudos
        organizacionais, 31
    explanatória, 30
    exploratória, 30
    longitudinal, 30
Monografia, 10
    objetivos, 12
    planejando a pesquisa, 18

N

Notas
    de rodapé, 177
    explicativas, 186

O

Observação
    técnica, 133

P

Páginas
    numeração, 151
Pesquisa
    acadêmico-científica, 19
    ação, 37
    amostral, 29
    bibliográfica, 47-48, 52-55
    científica, 7
    conceitos, 7
    de campo, 69-70
    documental, 56-61
    fases previstas em uma pesquisa de
        natureza acadêmico-científica, 19
    investigação científica, 7
    laboratório, 134
    planejamento, 18
    qualitativa, 32, 34
    quantitativa, 27
    relatório de, 162
    tipos de, 47
Planejamento
    de pesquisa de campo, 18

Q

Questionário
    aplicação, 71
    avaliando a eficiência do, 75
    elaboração do, 76
    perguntas abertas ou livres, 77
    perguntas de estimação ou de avaliação, 81
    perguntas de múltipla escolha, 80
    perguntas fechadas, 78

perguntas semi-abertas, 81

perguntas-mostruário, 80

questões de ação, 84

questões de fato, 82

questões de intenção, 84

questões de opinião, 85

questões-índice ou teste, 86

R

Redação, 137-138

Referências, 167

artigos de jornais, 173

artigos de periódicos, 173

bibliográfica, 168

dissertações, 172

eventos científicos, 174

internet, 174

livros, 169

monografias, 172

periódicos, 173

publicações periódicas, 173

teses, 172

Relatório pesquisa, 137-138, 162, 167

apresentação oral, 201, 208

capa, 152

elaboração, 189

estrutura, 147

folha de rosto, 154

formatacão segundo a ABNT, 147

redação, 195, 197

Resumo, 158

Revisão

conteúdo do desenvolvimento, 24

final da última versão do relatório de pesquisa, 25

forma do relatório de pesquisa, 25

literatura, 8, 27, 31

Revistas acadêmicas, 229

S

Sumário, 162